Creo 6.0 工程应用精解丛书

Creo 6.0 曲面设计实例精解

北京兆迪科技有限公司　编著

机 械 工 业 出 版 社

本书是进一步学习 Creo 6.0 曲面设计的高级实例书籍。本书介绍了 19 个经典的实际曲面产品的设计全过程，其中 5 个实例采用目前最为流行的 TOP_DOWN（自顶向下）方法进行设计，这些实例涉及各个行业和领域，都是生产一线实际应用中的各种曲面产品，经典而实用。

本书在内容安排上，先针对每一个实例进行概述，说明该实例的特点，使读者对它有一个整体概念的认识，学习也更有针对性；接下来的操作步骤翔实、透彻，图文并茂，引领读者一步一步地完成设计。这种讲解方法能使读者更快、更深入地理解 Creo 曲面设计中的一些抽象的概念、重要的设计技巧和复杂的命令及功能，也能帮助读者尽快进入曲面产品设计实战状态；在写作方式上，本书紧贴 Creo 6.0 软件的实际操作界面，使初学者能够直观、准确地操作软件进行学习，从而尽快上手，提高学习效率。

书中所选用的范例、实例或应用案例覆盖了不同行业，具有很强的实用性和广泛的适用性。本书可作为广大工程技术人员和设计工程师学习 Creo 软件曲面设计的自学教程和参考书，也可作为大中专院校学生和各类培训学校学员的 CAD/CAM/CAE 课程上课及上机练习的教材。

为方便读者学习使用，本书附赠学习资源，包括本书所有的教案文件、实例文件及练习素材文件，还包括大量 Creo 应用技巧和具有针对性实例的教学视频，并进行了详细的语音讲解。读者可在本书导读中按照提示步骤下载使用。

图书在版编目（CIP）数据

Creo 6.0 曲面设计实例精解/北京兆迪科技有限公司编著. —北京：机械工业出版社，2020.6
（2021.11 重印）
（Creo 6.0 工程应用精解丛书）
ISBN 978-7-111-65388-2

Ⅰ. ①C… Ⅱ. ①北… Ⅲ. ①曲面—机械设计—计算机辅助设计—应用软件 Ⅳ. ①TH122

中国版本图书馆 CIP 数据核字（2020）第 064345 号

机械工业出版社（北京市百万庄大街 22 号 邮政编码 100037）
策划编辑：丁锋 责任编辑：丁锋
责任校对：王明欣 陈越 封面设计：张静
责任印制：单爱军
北京虎彩文化传播有限公司印刷
2021 年 11 月第 1 版第 2 次印刷
184mm×260 mm · 22.75 印张 · 451 千字
1501—2500 册
标准书号：ISBN 978-7-111-65388-2
定价：89.90 元

电话服务 网络服务
客服电话：010-88361066 机 工 官 网：www.cmpbook.com
　　　　　010-88379833 机 工 官 博：weibo.com/cmp1952
　　　　　010-68326294 金 书 网：www.golden-book.com
封底无防伪标均为盗版 机工教育服务网：www.cmpedu.com

前　　言

Creo 是由美国 PTC 公司推出的一套博大精深的机械三维 CAD/CAM/CAE 参数化软件系统，它整合了 PTC 公司 3 个软件的技术，即 Pro/ENGINEER 的参数化技术、CoCreate 的直接建模技术和 ProductView 的三维可视化技术。作为 PTC 闪电计划中的一员，Creo 具备交互操作性、开放、易用三大特点。Creo 内容涵盖了产品从概念设计、工业造型设计、三维模型设计、分析计算、动态模拟与仿真、工程图输出，到生产加工的全过程，应用范围涉及航空航天、汽车、机械、数控（NC）加工以及电子等诸多领域。

- 本书介绍了 19 个实际曲面产品的设计全过程，其中 5 个采用目前最为流行的 Top_down（自顶向下）方法进行设计，令人耳目一新，对读者进行实际曲面产品设计具有很好的指导和借鉴作用。
- 讲解详细，条理清晰，图文并茂，保证自学的读者能够独立学习和运用书中的内容。
- 写法独特，采用 Creo 6.0 软件中真实的对话框、按钮和图标等进行讲解，使初学者能够直观、准确地操作软件，从而大大提高学习效率。
- 附加值高，本书附赠学习资源，附赠资源中包含大量曲面设计技巧和具有针对性的实例教学视频并进行了详细的语音讲解，可以帮助读者轻松、高效地学习。

本书由北京兆迪科技有限公司编著，参加编写的人员有詹友刚、王焕田、刘静、詹路、冯元超。本书已经多次校对，如有疏漏之处，恳请广大读者予以指正。

本书学习资源中含有本书"读者意见反馈卡"的电子文档，请认真填写本反馈卡，并 E-mail 给我们。E-mail: 兆迪科技 zhanygjames@163.com，丁锋 fengfener@qq.com。

电子邮箱：zhanygjames@163.com　咨询电话：010-82176248，010-82176249。

编　者

读者回馈活动：

为了感谢广大读者对兆迪科技图书的信任与支持，兆迪科技针对读者推出"免费送课"活动，即日起读者凭有效购书证明，即可领取价值 100 元的在线课程代金券 1 张、此券可在兆迪科技网校（http://www.zalldy.com/）免费换购在线课程 1 门。活动详情可以登录兆迪科技网校或者关注兆迪公众号查看。

兆迪网校

兆迪公众号

本 书 导 读

为了能更好地学习本书的知识，请读者仔细阅读下面的内容。

写作环境

本书使用的操作系统为 64 位的 Windows 7，系统主题采用 Windows 经典主题。本书采用的写作蓝本是 Creo 6.0。

附赠学习资源的使用

为方便读者学习，特将本书所有素材文件、已完成的实例文件、配置文件和视频语音讲解文件等放入随书附赠资源中，读者在学习过程中可以打开相应素材文件进行操作和练习。

建议读者在学习本书前，先将随书附赠资源中的所有文件复制到计算机硬盘的 D 盘中。在 D 盘的 creo6.9 目录下共有 3 个子目录。

（1）creo6.0_system_file 子目录：包含一些系统配置文件。

（2）work 子目录：包含本书讲解中所用到的文件。

（3）video 子目录：包含本书讲解中所有的视频文件（含语音讲解），学习时，直接双击某个视频文件即可播放。

附赠资源中带有 "ok" 扩展名的文件或文件夹表示已完成的实例。

相比于老版本的软件，Creo 6.0 在功能、界面和操作上变化极小，经过简单的设置后，几乎与老版本完全一样（书中已介绍设置方法）。因此，对于软件新老版本操作完全相同的内容部分，光盘中仍然使用老版本的视频讲解，对于绝大部分读者而言，并不影响软件的学习。

本书约定

● 本书中有关鼠标操作的简略表述说明如下。

    ☑ 单击：将鼠标指针移至某位置处，然后按一下鼠标的左键。

    ☑ 双击：将鼠标指针移至某位置处，然后连续快速地按两次鼠标的左键。

    ☑ 右击：将鼠标指针移至某位置处，然后按一下鼠标的右键。

    ☑ 单击中键：将鼠标指针移至某位置处，然后按一下鼠标的中键。

    ☑ 滚动中键：只是滚动鼠标的中键，而不能按中键。

    ☑ 选择（选取）某对象：将鼠标指针移至某对象上，单击以选取该对象。

    ☑ 拖动某对象：将鼠标指针移至某对象上，然后按下鼠标的左键不放，同时移动鼠标，将该对象移动到指定的位置后再松开鼠标的左键。

- 本书中的操作步骤分为三个级别：Task、Stage 和 Step，说明如下。
  - ☑ 对于一般的软件操作，每个操作步骤以 Step 字符开始。
  - ☑ 每个 Step 操作步骤视其复杂程度，下面可含有多级子操作，例如 Step1 下可能包含（1）、（2）、（3）等子操作，（1）子操作下可能包含①、②、③等子操作，①子操作下可能包含 a）、b）、c）等子操作。
  - ☑ 如果操作较复杂，需要几个大的操作步骤才能完成，则每个大的操作冠以 Stage1、Stage2、Stage3 等，Stage 级别的操作下再分 Step1、Step2、Step3 等操作。
  - ☑ 对于多个任务的操作，则每个任务冠以 Task1、Task2、Task3 等，Task 级别的操作下则可包含 Stage 和 Step 级别的操作。
- 由于已经建议读者将随书附赠资源中的所有文件复制到计算机硬盘的 D 盘中，书中在要求设置工作目录或打开附赠资源文件时，所述的路径均以 D: 开始。

技术支持

本书主要编写人员均来自北京兆迪科技有限公司。该公司专门从事 CAD/CAM/CAE 技术的研究、开发、咨询及产品设计与制造服务，并提供 Creo、Ansys、Adams 等软件的专业培训及技术咨询。读者在学习本书的过程中如果遇到问题，可通过访问该公司的网站 http://www.zalldy.com 来获得技术支持。

为了感谢广大读者对兆迪科技图书的信任与厚爱，兆迪科技面向读者推出免费送课、光盘下载、最新图书信息咨询、与主编在线直播互动交流等服务。

- 免费送课。读者凭有效购书证明，可领取价值 100 元的在线课程代金券 1 张，此券可在兆迪科技网校（http://www.zalldy.com/）免费换购在线课程 1 门，活动详情可以登录兆迪网校查看。
- 光盘下载。本套丛书随书光盘中的所有文件已经上传至网络，如果您的随书光盘丢失或损坏，可以登录网站 http://www.zalldy.com/page/book 下载。

  咨询电话：010-82176248，010-82176249。

目　　录

上盖

下盖

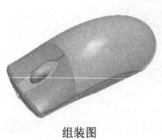

组装图

按键

滚轮

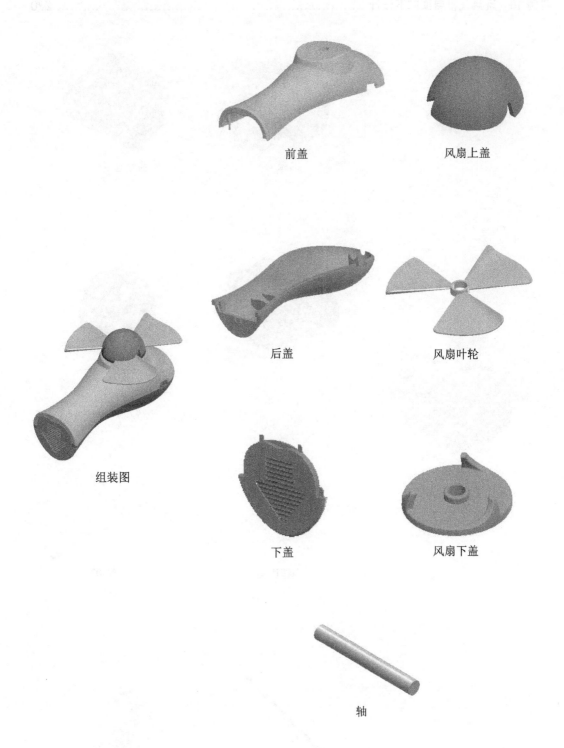

前盖

风扇上盖

后盖

风扇叶轮

组装图

下盖

风扇下盖

轴

上盖

齿轮盒

组装图

下盖

前轮

螺旋桨

轴 02

轴 01

后轮

底座下盖

灯罩后盖

台灯总组装图

底座中部

灯罩前盖

底座组装图

底座上盖

连接器

灯罩组装图

垫片

连接管

灯管

实例 **1**　笔　　帽

实例概述

本实例主要运用了"造型曲面""曲面投影""曲面填充""曲面合并""实体化"等命令，在设计此零件的过程中应注意基准面及基准点的创建，便于特征截面草图的绘制。零件模型及模型树如图 1.1 所示。

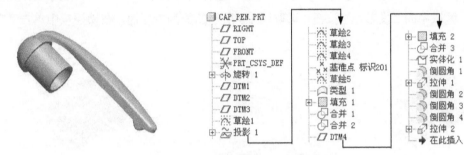

图 1.1　零件模型及模型树

Step1. 新建零件模型。新建一个零件模型，命名为 CAP_PEN。

Step2. 创建图 1.2 所示的旋转曲面 1。在操控板中单击"旋转"按钮 ⬧旋转，按下操控板中的"曲面类型"按钮 ▢；选取 FRONT 基准平面为草绘平面，选取 RIGHT 基准平面为参考平面，方向为右；单击 草绘 按钮，绘制图 1.3 所示的截面草图（包括中心线）；在操控板中选择旋转类型为 ⬒，在角度文本框中输入角度值 360.0；单击 ✔ 按钮，完成旋转曲面 1 的创建。

Step3. 创建图 1.4 所示的基准平面特征 1。单击"平面"按钮 ▢，在模型树中选取 TOP 基准平面为偏距参考面，向下偏移 3.0；单击对话框中的 确定 按钮。

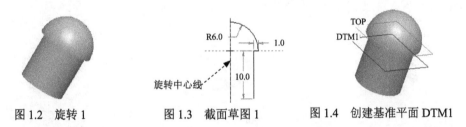

图 1.2　旋转 1　　　　图 1.3　截面草图 1　　　　图 1.4　创建基准平面 DTM1

Step4. 创建图 1.5 所示的基准平面特征 2。单击"平面"按钮 ▢，在模型树中选取 DTM1 基准平面为偏距参考面，向下偏移 15.0；单击对话框中的 确定 按钮。

Step5. 创建图 1.5 所示的基准平面特征 3。单击"平面"按钮 ▢，在模型树中选取 DTM2 基准平面为偏距参考面，向下偏移 25.0；单击对话框中的 确定 按钮。

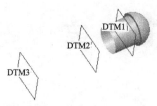

图 1.5　基准面 DTM2 和 DTM3

Step6. 创建图 1.6 所示的投影曲线——投影 1。单击"草绘"按钮 ；选取 FRONT 基准平面为草绘面，选取 TOP 基准平面为草绘参考平面，方向为 上 ；单击 草绘 按钮，绘制图 1.7 所示的截面草图，完成后单击 ✔ 按钮；选择创建的草绘 1，单击 模型 功能选项卡 编辑 ▾ 区域中的"投影" 按钮；选取图 1.8 所示的面为投影面，在操控板中单击"完成"按钮 ✔ 。

图 1.6　投影 1

图 1.7　截面草图 2

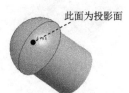

图 1.8　选取投影面

Step7. 创建图 1.9 所示的基准曲线 2。单击"草绘"按钮 ；选取 DTM1 基准平面为草绘平面，选取 RIGHT 基准平面为参照平面，方向为 右 ；单击 草绘 按钮，绘制图 1.9 所示的截面草图，完成后单击 ✔ 按钮。

Step8. 创建图 1.10 所示的基准曲线 3。单击"草绘"按钮 ；选取 DTM2 基准平面为草绘平面，选取 RIGHT 基准平面为参照平面，方向为 右 ；单击 草绘 按钮，绘制图 1.10 所示的截面草图，完成后单击 ✔ 按钮。

Step9. 创建图 1.11 所示的基准曲线 4。单击"草绘"按钮 ；选取 DTM3 基准平面为草绘平面，选取 RIGHT 基准平面为参照平面，方向为 右 ；单击 草绘 按钮，绘制图 1.11 所示的截面草图，完成后单击 ✔ 按钮。

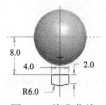

图 1.9　基准曲线 2

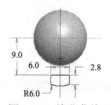

图 1.10　基准曲线 3

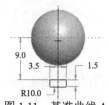

图 1.11　基准曲线 4

Step10. 创建基准点。

（1）创建图 1.12 所示的基准点 PNT0、PNT1。单击"创建基准点"按钮 ，按住 Ctrl 键，选择基准曲线 4 和基准平面 RIGHT 为参考，即可完成基准点 PNT0 的创建；在

"基准点"列表框中单击 新点 命令，按住 Ctrl 键，分别选取基准曲线 4 的边线和 FRONT 基准平面为参考，即可完成基准点 PNT1 的创建。

图 1.12 基准点 PNT0、PNT1

（2）创建图 1.13 所示的基准点 PNT2、PNT3。单击 新点 命令，按住 Ctrl 键，分别选取基准曲线 3 的边线和 RIGHT 基准平面即可完成基准点 PNT2 的创建；单击 新点 命令，按住 Ctrl 键，分别选取基准曲线 3 的边线和 RIGHT 基准面即可完成基准点 PNT3 的创建。

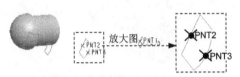

图 1.13 基准点 PNT2、PNT3

（3）参照上一步创建图 1.14 所示的基准点 PNT4、PNT5。按住 Ctrl 键，分别选取基准曲线 2 的边线和 RIGHT 基准平面即可完成基准点 PNT4 的创建；按住 Ctrl 键，分别选取基准曲线 2 的边线和 RIGHT 基准平面即可完成基准点 PNT5 的创建。

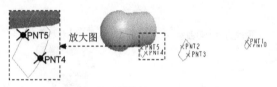

图 1.14 基准点 PNT4、PNT5

（4）参照上一步创建图 1.15 所示的基准点 PNT6、PNT7。按住 Ctrl 键，分别选取投影 1 的边线和 RIGHT 基准平面即可完成基准点 PNT6 的创建；按住 Ctrl 键，分别选取投影 1 的边线和 RIGHT 基准平面即可完成基准点 PNT7 的创建，完成后单击 确定 按钮。

Step11. 创建图 1.16 所示的基准曲线 5。单击"草绘"按钮 ；选取 RIGHT 基准平面为草绘面，选取 TOP 基准平面为草绘参考平面，方向为 右 ；单击 草绘 按钮，绘制图 1.16 所示的截面草图，完成后单击 ✔ 按钮。

图 1.15 基准点 PNT6、PNT7   图 1.16 基准曲线 5

Step12. 创建图 1.17 所示的造型曲面特征 1。

图 1.17　造型曲面特征 1

（1）单击 模型 功能选项卡 曲面 ▾ 区域中的"造型"按钮 ☐造型 。

（2）单击 样式 功能选项卡 曲面 区域中的"曲面"按钮 ▱ ；在操控板中单击 参考 按钮，在 首要 的界面中选取图 1.18 所示的边线为主曲线，在 内部 的界面中按住 Ctrl 键依次选取图 1.19 所示的边线为链参照；单击操控板中的"确定"按钮 ✔ ，完成图 1.20 所示的曲面特征 1 的创建。

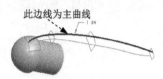
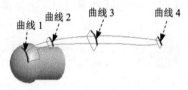

图 1.18　定义曲面的主曲线 1　　图 1.19　定义曲面的边界曲线链参照 1　　图 1.20　曲面特征 1

（3）单击 样式 功能选项卡 曲面 区域中的"曲面"按钮 ▱ ；在操控板中单击 参考 按钮，在 首要 的界面中选取图 1.21 所示的边线为主曲线，在 内部 的界面中按住 Ctrl 键依次选取图 1.22 所示的边线为链参照；单击操控板中的"确定"按钮 ✔ ，完成图 1.23 所示的曲面特征 2 的创建。

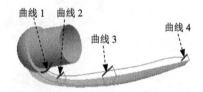

图 1.21　定义曲面的主曲线 2　　　　图 1.22　定义曲面的边界曲线链参照 2

图 1.23　曲面特征 2

（4）单击 样式 功能选项卡 曲面 区域中的"曲面"按钮 ▱ ；在操控板中单击 ▱ 后的 单击此处添加项目 命令，按住 Ctrl 键，选取图 1.24 所示的两条曲面边界为参照；单击操控板中的"确定"按钮 ✔ ，完成图 1.25 所示的曲面特征 3 的创建。

（5）单击 样式 功能选项卡 曲面 区域中的"曲面"按钮 ▱ ；在操控板中单击 ▱ 后的 单击此处添加项目 命令，按住 Ctrl 键，选取图 1.26 所示的两条曲面边界为参照；单击操控板中的"确定"按钮 ✔ ，完成图 1.27 所示的曲面特征 4 的创建。

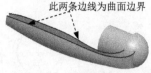

图 1.24 设置曲面边界 1

图 1.25 曲面特征 3

图 1.26 设置曲面边界 2

图 1.27 曲面特征 4

（6）单击工具栏中的"造型特征完成"按钮 ✔，完成造型曲面的创建。

Step13. 创建图 1.28 所示的填充曲面 1。选取图 1.28 所示的曲线为参照，单击 ✔ 按钮，完成填充曲面 1 的创建。

Step14. 创建图 1.29 所示的曲面合并 1。按住 Ctrl 键，分别选取类型 1 和填充 1 为合并对象，单击 🗗合并 按钮；单击 ✔ 按钮，完成曲面合并 1 的创建。

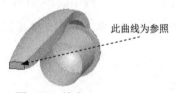

图 1.28 填充 1

图 1.29 合并 1

Step15. 创建图 1.30 所示的曲面合并 2。选取图 1.31 所示的面 1，按住 Ctrl 键，选取图 1.31 所示的面 2，单击 🗗合并 按钮，单击第二个 ⚬ 按钮；单击 ✔ 按钮，完成曲面合并 2 的创建。

图 1.30 合并 2

图 1.31 定义合并对象

Step16. 创建图 1.32 所示的基准平面特征 4。单击"平面"按钮 ▱，选取图 1.32 所示的边线为放置参照，将其设置为 穿过；单击对话框中的 确定 按钮。

Step17. 创建图 1.33 所示的填充曲面 2。单击 ▢填充 按钮；选取 DTM4 基准平面为草绘平面，选取 RIGHT 基准平面为参照平面，方向为 上；绘制图 1.34 所示的截面草图；单击 ✔ 按钮，完成填充曲面 2 的创建。

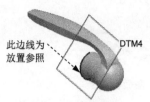

图 1.32 基准平面 DTM4

图 1.33 填充 2

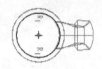

图 1.34 截面草图 3

Step18. 创建图 1.35 所示的曲面合并 3。分别选取填充 2 和合并 2 为合并对象，单击 ✔ 按钮，完成曲面合并 3 的创建。

Step19. 创建图 1.36 所示的曲面实体化 1。选取合并 3 的曲面为实体化对象，单击 实体化 按钮；单击 ✔ 按钮，完成曲面实体化 1 的创建。

图 1.35 合并 3

图 1.36 实体化 1

Step20. 创建倒圆角特征 1。单击 模型 功能选项卡 工程 ▾ 区域中的 倒圆角 ▾ 按钮，按住 Ctrl 键，选取图 1.37 所示的边线为倒圆角的边线；单击 集 选项，在其界面中单击 完全倒圆角 按钮。

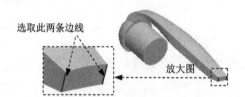

图 1.37 选取倒圆角 1 的边线

Step21. 创建图 1.38 所示的拉伸特征 1。在操控板中单击"拉伸"按钮 拉伸；选取 RIGHT 基准平面为草绘平面，选取 FRONT 基准平面为参考平面，方向为 上；单击 草绘 按钮，绘制图 1.39 所示的截面草图；在操控板中选择拉伸类型为 ❏，输入深度值 2.0；单击 ✔ 按钮，完成拉伸特征 1 的创建。

图 1.38 拉伸 1

图 1.39 截面草图 4

Step22. 创建倒圆角特征 2。选取图 1.40 所示的边线为倒圆角的边线；输入倒圆角半径值 1.0。

Step23. 创建倒圆角特征 3。选取图 1.41 所示的边线为倒圆角的边线；输入倒圆角半径值 0.5。

图 1.40 选取倒圆角 2 的边线

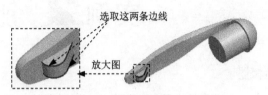
图 1.41 选取倒圆角 3 的边线

Step24. 创建倒圆角特征 4。选取图 1.42 所示的边线为倒圆角的边线；输入倒圆角半径值 1.0。

图 1.42 选取倒圆角 4 的边线

Step25. 创建图 1.43 所示的拉伸特征 2。在操控板中单击"拉伸"按钮 ⬚拉伸；在操控板中按下"移除材料"按钮 ◿；选取图 1.44 所示的面为草绘平面，选取 RIGHT 基准平面为参考平面，方向为 上；单击 草绘 按钮，绘制图 1.45 所示的截面草图；在操控板中选择拉伸类型为 ⬚，输入深度值 10.0，单击 ✕ 按钮调整拉伸方向；单击 ✓ 按钮，完成拉伸特征 2 的创建。

图 1.43 拉伸 2

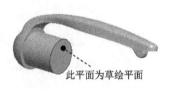
图 1.44 定义草绘平面

图 1.45 截面草图 5

Step26. 保存零件模型文件。

实例 **2** 肥　　皂

实例概述

本实例主要讲述了一款肥皂的创建过程，在整个设计过程中运用了曲面拉伸、旋转、合并、扫描、倒圆角等命令。零件模型及模型树如图 2.1 所示。

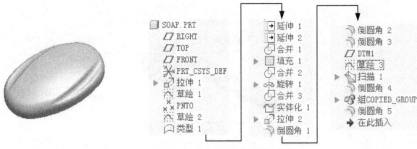

图 2.1　零件模型及模型树

Step1. 新建零件模型。新建一个零件模型，命名为 SOAP。

Step2. 创建图 2.2 所示的拉伸曲面 1。在操控板中单击"拉伸"按钮，按下操控板中的"曲面类型"按钮；选取 TOP 基准平面为草绘平面，选取 FIGHT 基准平面为参考平面，方向为右；绘制图 2.3 所示的截面草图，在操控板中定义拉伸类型为，输入深度值 18.0；单击 按钮，完成拉伸曲面 1 的创建。

图 2.2　拉伸 1

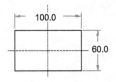

图 2.3　截面草图 1

Step3. 创建图 2.4 所示的基准曲线 1。单击"草绘"按钮；选取 RIGHT 基准平面为草绘面，选取 TOP 基准平面为草绘参考平面，方向为上；单击 草绘 按钮，选取点 1 和点 2 为参照，绘制图 2.5 所示的截面草图，完成后单击 按钮。

图 2.4　基准曲线 1

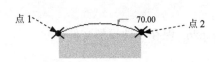

图 2.5　草绘 1

Step4. 创建图 2.6 所示的基准点 PNT0。单击"创建基准点"按钮，选择上一步创建的曲线 1 和 FRONT 基准平面（也称基准面）为参照，完成后单击 确定 按钮。

Step5. 创建图 2.7 所示的基准曲线 2。单击"草绘"按钮 ✎；选取 FRONT 基准平面为草绘面，选取 RIGHT 基准平面为草绘参考平面，方向为 右；单击 草绘 按钮，绘制图 2.8 所示的截面草图，完成后单击 ✔ 按钮。

图 2.6　PNT0　　　　　图 2.7　基准曲线 2　　　　　图 2.8　草绘 2

Step6. 创建图 2.9b 所示的 ISDX 曲面 1。单击 模型 功能选项卡 曲面 ▾ 区域中的 ⚪造型 按钮，单击 样式 功能选项卡 曲面 区域中的"曲面"按钮 ▣；在操控板中单击 参考 选项卡，首要栏选取图 2.9a 所示的曲线为 2，横切栏选取曲线 1，单击 ✔ 按钮；单击 ✔ 按钮，退出 ISDX 曲面造型环境。

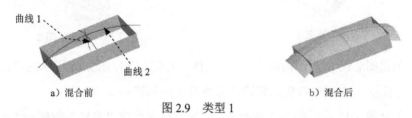

a）混合前　　　　　　　　　　　　　　b）混合后

图 2.9　类型 1

Step7. 创建图 2.10 所示的曲面延伸 1。单击 "智能"选取栏后面的按钮 ▾，选择 几何 选项，选取图 2.11 所示的边线为要延伸的参考；单击 ➡延伸按钮，输入延伸长度值 6.0；单击 ✔ 按钮，完成曲面延伸 1 的创建。

图 2.10　延伸 1　　　　　　　　　　图 2.11　延伸参考边线

Step8. 创建图 2.12 所示的曲面延伸 2。具体操作步骤参见上一步。

图 2.12　延伸 2

Step9. 创建图 2.13b 所示的曲面合并 1。按住 Ctrl 键，选取图 2.13a 所示的面组为合并对象；单击 ⬠合并 按钮，单击 ✔ 按钮，完成曲面合并 1 的创建。

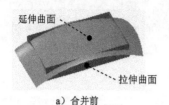

延伸曲面

拉伸曲面

a）合并前   b）合并后

图 2.13 合并 1

Step10. 创建图 2.14 所示的填充曲面 1。单击 □填充 按钮；选取 TOP 基准平面为草绘平面，选取 RIGHT 基准平面为参考平面，方向为 上；绘制图 2.15 所示的截面草图；单击 ✔ 按钮，完成填充曲面 1 的创建。

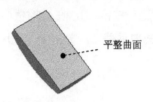

平整曲面

图 2.14 填充 1   图 2.15 截面草图 2

Step11. 创建图 2.16 所示的曲面合并 2。按住 Ctrl 键，选取图 2.16 所示的填充 1 与合并 1，单击 ⏷合并 按钮，单击 ✔ 按钮，完成曲面合并 2 的创建。

Step12. 创建图 2.17 所示的旋转曲面 1。在操控板中单击"旋转"按钮 ⏷旋转，按下操控板中的"曲面类型"按钮 ◲；选取 FRONT 基准平面为草绘平面，选取 RIGHT 基准平面为参考平面，方向为 上；单击 草绘 按钮，绘制图 2.18 所示的截面草图（包括中心线）；在操控板中选择旋转类型为 ⎬，在角度文本框中输入角度值 360.0；单击 ✔ 按钮，完成旋转曲面 1 的创建。

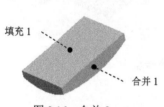

填充 1

合并 1

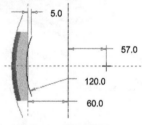

5.0
57.0
120.0
60.0

图 2.16 合并 2   图 2.17 旋转 1   图 2.18 截面草图 3

Step13. 创建图 2.19b 所示的曲面合并 3。按住 Ctrl 键，选取图 2.19a 所示的合并 2 与旋转 1 特征，单击 ⏷合并 按钮，单击 ✔ 按钮，完成曲面合并 3 的创建。

说明：在合并操控板中分别单击两个 ⁒ 按钮，可以改变合并后曲面所保留的部分。

Step14. 添加实体化特征 1。在"智能选取"栏中选择 几何 选项，然后选取上一步创建的合并曲面；单击 ⏷实体化 按钮，单击 ✔ 按钮，完成曲面实体化 1 的创建。

a）合并前

b）合并后

图 2.19　合并 3

Step15. 创建图 2.20 所示的拉伸特征 2。在操控板中单击"拉伸"按钮 拉伸；在操控板中按下"移除材料"按钮 ；选取 TOP 基准平面为草绘平面，选取 RIGHT 基准平面为参考平面，方向为 右；单击 草绘 按钮，绘制图 2.21 所示的截面草图，单击 按钮；在操控板中选择拉伸类型为 ，在操控板中单击最后面的 按钮；单击 ✓ 按钮，完成拉伸特征 2 的创建。

图 2.20　拉伸 2

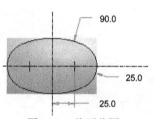

图 2.21　截面草图 4

Step16. 创建图 2.22b 所示的倒圆角特征 1。单击 模型 功能选项卡 工程 ▼ 区域中的 倒圆角 ▼ 按钮，选取图 2.22a 所示的边线为倒圆角的边线；输入倒圆角半径值 10.0。

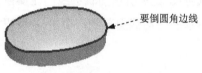

要倒圆角边线

a）倒圆角前

b）倒圆角后

图 2.22　倒圆角 1

Step17. 创建图 2.23b 所示的倒圆角特征 2。单击 模型 功能选项卡 工程 ▼ 区域中的 倒圆角 ▼ 按钮，选取图 2.23a 所示的边线为倒圆角的边线；输入倒圆角半径值 5.0。

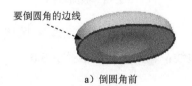

要倒圆角的边线

a）倒圆角前

b）倒圆角后

图 2.23　倒圆角 2

Step18. 创建图 2.24b 所示的倒圆角特征 3。单击 模型 功能选项卡 工程 ▼ 区域中的 倒圆角 ▼ 按钮，选取图 2.24a 所示的边线为倒圆角的边线；输入倒圆角半径值 10.0。

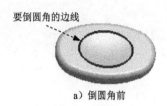

要倒圆角的边线

a）倒圆角前   b）倒圆角后

图 2.24　倒圆角 3

Step19. 创建图 2.25 所示的基准平面特征 1。单击 模型 功能选项卡 基准 ▾ 区域中的"平面"按钮 ▱，在模型树中选取 TOP 基准平面为偏距参考面，在对话框中输入偏移距离值为 -20.0，单击对话框中的 确定 按钮。

Step20. 创建图 2.26 所示的草绘 3。在操控板中单击"草绘"按钮 ∿；选取 DTM1 基准平面作为草绘平面，选取 RIGHT 基准平面为参考平面，方向为 上，单击 草绘 按钮，绘制图 2.27 所示的草图。

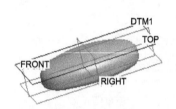      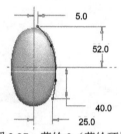

图 2.25　创建基准面 DTM1   图 2.26　草绘 3（建模环境）   图 2.27　草绘 3（草绘环境）

Step21. 创建图 2.28 所示的扫描特征 1。单击 模型 功能选项卡 形状 ▾ 区域中的 🖘 扫描 ▾ 按钮；在操控板中按下"移除材料"按钮 △；选择图 2.29 所示的轨迹线，在操控板中单击"创建或编辑扫描截面"按钮 �，绘制图 2.30 所示的扫描截面草图；单击 ✔ 按钮，完成扫描特征 1 的创建。

   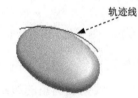   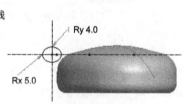

图 2.28　扫描 1   图 2.29　扫描轨迹线   图 2.30　截面草图 5

Step22. 创建图 2.31b 所示的倒圆角特征 4。单击 模型 功能选项卡 工程 ▾ 区域中的 ⌒ 倒圆角 ▾ 按钮，选取图 2.31a 所示的边线为倒圆角的边线；输入倒圆角半径值 3.0。

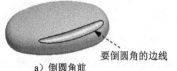   

要倒圆角的边线

a）倒圆角前   b）倒圆角后

图 2.31　倒圆角 4

Step23. 创建图 2.32b 所示的旋转复制特征 1。单击 模型 功能选项卡 操作 ▼ 区域中的 按钮，然后单击 ▼ 按钮中的 ▼，在系统弹出的菜单中选择 选择性粘贴 命令，在"选择性粘贴"对话框中选中 ✓ 从属副本 和 ✓ 对副本应用移动/旋转变换(A) 复选框，然后单击 确定(0) 按钮，单击"移动（复制）"操控板中的 ⊍ 按钮，选取 Y 轴为旋转轴线；在操控板的文本框中输入旋转角度值 180.0，并按 Enter 键；单击 ✓ 按钮，完成旋转复制操作。

a）旋转前   b）旋转后

图 2.32   旋转复制特征 1

Step24. 创建图 2.33b 所示的倒圆角特征 5。单击 模型 功能选项卡 工程 ▼ 区域中的 倒圆角 ▼ 按钮，选取图 2.33a 所示的边线为倒圆角的边线；输入倒圆角半径值 3.0。

要倒圆角的边线

a）倒圆角前   b）倒圆角后

图 2.33   倒圆角 5

Step25. 保存零件模型文件。

<h1>实例 3 千 叶 板</h1>

实例概述

本实例讲述了千叶板的设计过程，运用了如下命令：边界混合曲面、扫描曲面、阵列、曲面合并和曲面加厚特征建模。其中主要形状是通过对两个曲面合并修剪而成的，本实例中合并修剪和层的操作技巧性很强，需要读者用心体会。下面讲解千叶板的创建过程，零件模型及模型树如图 3.1 所示。

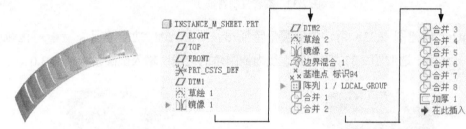

图 3.1 零件模型及模型树

Step1. 新建零件模型。新建一个零件模型，命名为 INSTANCE_M_SHEET。

Step2. 创建图 3.2 所示的基准平面 1。

（1）选择命令。单击 模型 功能选项卡 基准 ▾ 区域中的"平面"按钮 ▱。

（2）定义平面参考。选择 RIGHT 基准平面为偏距参考，在对话框中输入偏移距离值 100。

（3）单击对话框中的 确定 按钮。

Step3. 创建图 3.3 所示的草图 1。在操控板中单击"草绘"按钮 ◠；选取 DTM1 基准平面为草绘平面，选取 FRONT 基准平面为参考平面，方向为 左，单击 草绘 按钮，绘制图 3.3 所示的草图。

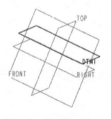

图 3.2 基准平面 1

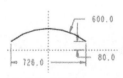

图 3.3 草图 1

Step4. 创建图 3.4b 所示的镜像特征 1。

（1）选取镜像特征。选取图 3.4a 所示的草图 1 为要镜像的特征。

（2）选择"镜像"命令。单击 模型 功能选项卡 编辑 ▾ 区域中的"镜像"按钮 ▯◁。

（3）定义镜像平面。在图形区选取 RIGHT 基准平面为镜像平面。

（4）在操控板中单击 ✔ 按钮，完成镜像特征 1 的创建。

a）镜像前　　　　　　　　　　　　　　　　　　　b）镜像后

图 3.4　镜像特征 1

Step5. 创建图 3.5 所示的基准平面 2。单击 模型 功能选项卡 基准 ▾ 区域中的"平面"按钮 □，选取草图 1 的终点为参考，将其约束类型设置为 穿过 ，然后按住 Ctrl 键，选取 FRONT 基准平面为参考平面，将其约束类型设置为 平行 ，单击对话框中的 确定 按钮。

Step6. 创建图 3.6 所示的草图 2。在操控板中单击"草绘"按钮 ；选取 DTM2 基准平面为草绘平面，选取 RIGHT 基准平面为参考平面，方向为 右 ，单击 草绘 按钮，绘制图 3.6 所示的草图。

图 3.5　基准平面 2　　　　　　　　　　　　图 3.6　草图 2

Step7. 创建图 3.7b 所示的镜像特征 2。选取 Step6 创建的草图 2 为镜像特征；选取 FRONT 基准平面为镜像平面；单击 ✔ 按钮，完成镜像特征 2 的创建。

选取草图 2

a）镜像前　　　　　　　　　　　　　　　　　　　b）镜像后

图 3.7　镜像特征 2

Step8. 创建图 3.8 所示的边界混合曲面 1。

（1）选择命令。单击 模型 功能选项卡 曲面 ▾ 区域中的"边界混合"按钮 。

（2）选取边界曲线。在操控板中单击 曲线 按钮，系统弹出"曲线"界面，按住 Ctrl 键，依次选取图 3.9 所示的曲线 1、曲线 2 为第一方向曲线；单击"第二方向"区域中的"单击此…"字符，然后按住 Ctrl 键，依次选择图 3.9 所示的曲线 3、曲线 4 为第二方向曲线。

（3）单击 ✔ 按钮，完成边界混合曲面 1 的创建。

图 3.8 边界混合曲面 1

图 3.9 选取边界曲线

Step9. 创建图 3.10 所示的基准点 PNT0、PNT1。

（1）选择命令。单击 模型 功能选项卡 基准 ▼ 区域中的"基准点"按钮 ×× 点 ▼ 。

（2）定义基准点参考。选取图 3.11 所示的模型边线为参考，将其约束类型设置为 居中 ；选取对话框中的 ◆ 新点 选项，选取图 3.12 所示的模型边线为参考，将其约束类型设置为 居中 ，创建图 3.10 所示的点。

（3）单击 确定 按钮，完成基准点的创建。

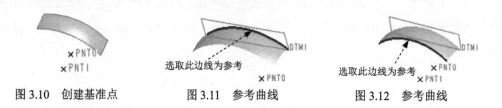

图 3.10 创建基准点   图 3.11 参考曲线   图 3.12 参考曲线

Step10. 创建图 3.13 所示的基准轴 A_1。单击 模型 功能选项卡 基准 ▼ 区域中的"基准轴"按钮 ✓ 轴 ，选取基准点 PNT0，将其约束类型设置为 穿过 。按住 Ctrl 键，选择基准点 PNT1，将其约束类型设置为 穿过 ；单击对话框中的 确定 按钮。

Step11. 创建图 3.14 所示的基准平面 3。单击 模型 功能选项卡 基准 ▼ 区域中的"平面"按钮 ▱ ，选取 A_1 基准轴为参考，将其约束类型设置为 穿过 ，按住 Ctrl 键，选取 FRONT 基准平面为参考，将其约束类型设置为 偏移 ，输入旋转角度值 30，单击对话框中的 确定 按钮。

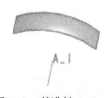

图 3.13 基准轴 A_1

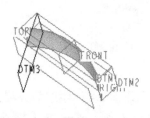

图 3.14 基准平面 3

Step12. 创建图 3.15 所示的草图 3。在操控板中单击"草绘"按钮 ；选取 RIGHT 基准平面为草绘平面，选取 DTM3 基准平面为参考平面，方向为 左 ，单击 草绘 按钮，绘制图 3.16 所示的草图。

图 3.15　草图 3（建模环境）

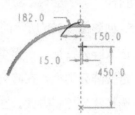

图 3.16　草图 3（草绘环境）

Step13. 创建图 3.17 所示的扫描特征 1。

（1）选择"扫描"命令。单击 模型 功能选项卡 形状 ▼ 区域中的 🔧扫描 ▼ 按钮。

（2）定义扫描轨迹。

① 在操控板中确认"曲面"按钮 ⬜ 和"恒定截面"按钮 — 被按下。

② 在图形区中选取草图 3 为扫描轨迹曲线。

③ 单击箭头，切换扫描的起始点，切换后的扫描轨迹曲线如图 3.18 所示。

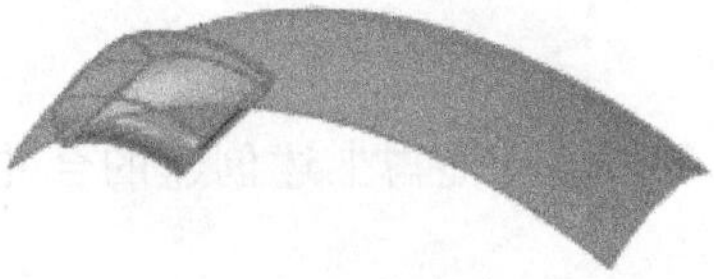

图 3.17　扫描特征 1

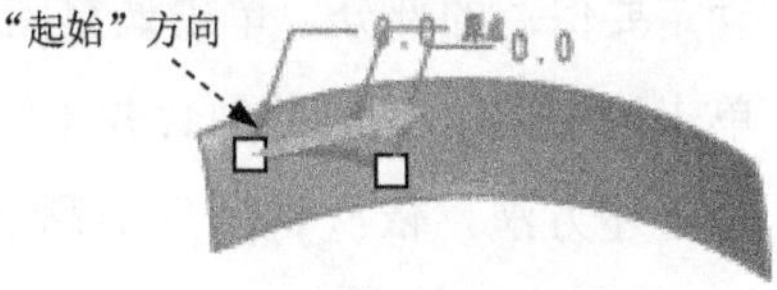

图 3.18　定义起始方向

（3）创建扫描特征的截面。

① 在操控板中单击"创建或编辑扫描截面"按钮 📝，系统自动进入草绘环境。

② 绘制并标注扫描截面的草图，如图 3.19 所示。

③ 完成截面的绘制和标注后，单击"确定"按钮 ✔。

（4）定义扫描属性。单击 选项 按钮，在"选项"界面中选中 ☑ 封闭端点 复选框。

（5）单击操控板中的 ✔ 按钮，完成扫描特征的创建。

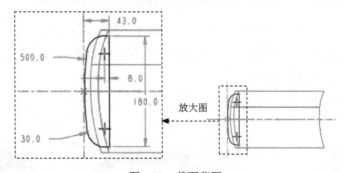

图 3.19　截面草图

Step14. 创建组特征。按住 Ctrl 键，在模型树中选取基准平面 DTM3、基准轴 A_1、草图 3 以及上一步创建的扫描特征 1 后右击，在系统弹出的快捷菜单中选择 📁 命令，所创建

的特征即可合并为 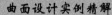 。

Step15. 创建图 3.20b 所示的阵列特征 1。

（1）选取阵列特征。在模型树中选中上步创建的组特征并右击，选择 ⊞ 命令。

（2）定义阵列类型。在阵列操控板的 选项 选项卡的下拉列表中选择 常规 选项。

（3）选择阵列控制方式。在操控板的阵列控制方式下拉列表中选择 尺寸 选项。

（4）定义阵列增量。在操控板中单击 尺寸 选项卡，在图形区选取角度尺寸值 30 作为第一方向阵列参考尺寸，在 方向1 区域的 增量 文本栏中输入增量值-8.0。

（5）定义阵列个数。在操控板的第一方向阵列个数栏中输入值 8。

（6）在操控板中单击 ✔ 按钮，完成阵列特征 1 的创建。

Step16. 创建图 3.21 所示的曲面合并 1。

（1）选取合并对象。按住 Ctrl 键，选取边界混合曲面 1 和扫描特征 1 为合并对象。

（2）选择命令。单击 模型 功能选项卡 编辑 ▾ 区域中的 合并 按钮。

（3）确定要保留的部分。单击调整图形区中的箭头使其指向要保留的部分。

（4）单击 ✔ 按钮，完成曲面合并 1 的创建。

（5）按上述方法，依次将阵列中剩余的每一个扫描特征与上述创建的合并特征进行合并。

a）阵列前　　　　　　　　　　b）阵列后

图 3.20　阵列特征 1　　　　　　　　　　图 3.21　曲面合并 1

Step17. 创建图 3.22 所示的曲面加厚 1。

（1）选取加厚对象。选中上步创建的合并特征为要加厚的对象。

（2）选择命令。单击 模型 功能选项卡 编辑 ▾ 区域中的 加厚 按钮。

（3）定义加厚参数。调整加厚方向如图 3.23 所示，选取图 3.23 所示的面为要排除的面，在操控板中输入厚度值 3.0。

（4）单击 ✔ 按钮，完成加厚操作。

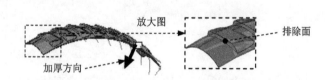

图 3.22　曲面加厚 1　　　　　　　　　　图 3.23　加厚方向和排除面

Step18. 为了要出现镂空的效果，可将未加厚的曲面加入一个新建的层中，然后将该层进行遮蔽，操作如下。

（1）在模型树区域选取 目· 下拉列表中的 层树(L) 选项，即可进入"层"操作界面。

（2）在"层"操作界面中右击，在系统弹出的快捷菜单中选择 新建层... 命令，系统弹出"层属性"对话框。

（3）确认对话框中的 包括... 按钮被按下，然后分别选取模型中 8 个未被加厚的曲面，相应的项目就会创建到该层中。单击 确定 按钮，关闭对话框。

（4）右击新建的层，在系统弹出的菜单中选择 隐藏 命令，隐藏后的零件模型如图 3.24所示。

图 3.24　隐藏效果图

Step19. 保存零件模型文件。

学习拓展：扫一扫右侧二维码，可以免费学习更多视频讲解。
讲解内容：曲面的边界约束，曲面的连续性等。

实例 **4** 塑料玩具

实例概述

本实例主要讲述塑料玩具的设计过程，主要运用了螺旋扫描、拉伸、边界混合、合并、加厚和倒圆角等命令。其中螺旋扫描的操作技巧性较强，读者从中可以体会到螺旋扫描命令不仅可以创建螺纹特征，而且可以创建图 4.1 所示的扭转曲面。下面讲解塑料玩具的创建过程，零件模型及模型树如图 4.1 所示。

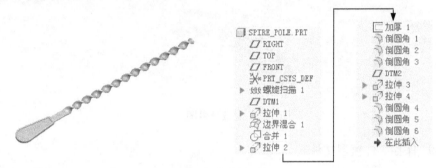

图 4.1　零件模型及模型树

Step1. 新建零件模型。新建一个零件模型，命名为 SPIRE_POLE。

Step2. 创建图 4.2 所示的螺旋扫描特征 1。

（1）选择命令。单击 模型 功能选项卡 形状 ▼ 区域 扫描 ▼ 按钮中的 ▼，在系统弹出的菜单中选择 螺旋扫描 命令。

（2）定义螺旋扫描轨迹。

① 在操控板中确认"曲面"按钮 和"使用右手定则"按钮 被按下。

② 单击操控板中的 参考 按钮，在系统弹出的界面中单击 定义... 按钮，系统弹出"草绘"对话框。

③ 选取 RIGHT 基准平面作为草绘平面，选取 TOP 基准平面作为参考平面，方向为 右，系统进入草绘环境，绘制图 4.3 所示的螺旋扫描轨迹草图（包括几何中心线）。

④ 单击 按钮，退出草绘环境。

（3）定义螺旋节距。在操控板中输入螺旋节距值 30。

（4）创建螺旋扫描特征的截面。在操控板中单击按钮 ，系统进入草绘环境，绘制图 4.4 所示的截面草图，然后单击草绘工具栏中的 按钮。

注意：系统自动选取草图平面并进行定向。在三维场景中绘制截面比较直观。

Step3. 单击操控板中的 按钮，完成螺旋扫描特征的创建。

图 4.2 螺旋扫描特征 1 　　图 4.3 螺旋扫描轨迹草图 　　图 4.4 截面草图

Step4. 创建图 4.5 所示的基准平面 1。

（1）选择命令。单击 模型 功能选项卡 基准 ▾ 区域中的"平面"按钮 ▱ 。

（2）定义平面参考。选取 FRONT 基准平面为偏距参考面，在对话框中输入偏移距离值 -8.0。

（3）单击对话框中的 确定 按钮。

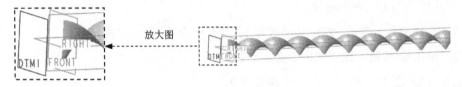

图 4.5 基准平面 1

Step5. 创建图 4.6 所示的拉伸曲面 1。

（1）选择命令。单击 模型 功能选项卡 形状 ▾ 区域中的"拉伸"按钮 ，按下操控板中的"曲面类型"按钮 ▱ 。

（2）绘制截面草图。在图形区右击，从系统弹出的快捷菜单中选择 定义内部草绘… 命令；选取 DTM1 基准平面为草绘平面，选取 RIGHT 基准平面为参考平面，方向为 右 ；单击 草绘 按钮，绘制图 4.7 所示的截面草图。

（3）定义拉伸属性。在操控板中选择拉伸类型为 ，输入深度值 20.0，单击 按钮调整拉伸方向。

（4）在操控板中单击 ✔ 按钮，完成拉伸曲面 1 的创建。

图 4.6 拉伸曲面 1

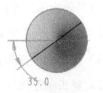

图 4.7 截面草图

Step6. 创建图 4.8 所示的边界混合曲面 1。

（1）选择命令。单击 模型 功能选项卡 曲面 ▾ 区域中的"边界混合"按钮 。

（2）选取边界曲线。在操控板中单击 曲线 按钮，系统弹出"曲线"界面，按住 Ctrl

键，依次选择图 4.9 所示的曲线 1 和曲线 2。

（3）设置边界条件。在操控板中单击 约束 按钮，在"约束"界面中将"方向 1"的两条曲线的"条件"均设置为 相切 。

（4）单击 ✔ 按钮，完成边界混合曲面 1 的创建。

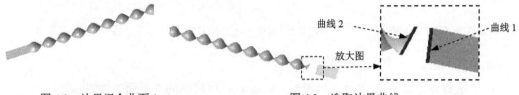

图 4.8　边界混合曲面 1　　　　　图 4.9　选取边界曲线

Step7. 创建曲面合并 1。

（1）选取合并对象。按住 Ctrl 键，选取前面步骤中创建的螺旋扫描特征 1、边界混合曲面 1 和拉伸曲面 1 为合并对象。

（2）选择命令。单击 模型 功能选项卡 编辑 ▾ 区域中的 合并 按钮。

（3）单击 ✔ 按钮，完成曲面合并 1 的创建。

Step8. 创建图 4.10 所示的拉伸曲面修剪 2。

（1）选择命令。单击 模型 功能选项卡 形状 ▾ 区域中的 拉伸 按钮，按下操控板中的"曲面类型"按钮 及"移除材料"按钮 。

（2）选取修剪对象。选取拉伸曲面 1 为要修剪的曲面，单击"反向"按钮 调整方向朝外。

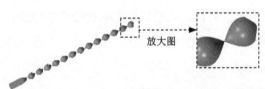

图 4.10　拉伸曲面修剪 2

（3）绘制截面草图。单击 放置 按钮，在系统弹出的界面中单击 定义... 按钮；选取 RIGHT 基准平面为草绘平面，选取 TOP 基准平面为参考平面，方向为 右 ，单击 草绘 按钮，绘制图 4.11 所示的截面草图。

（4）定义切削参数。在操控板中选取深度类型为 ，输入深度值 10.0。

（5）单击 ✔ 按钮，完成拉伸曲面修剪 2 的创建。

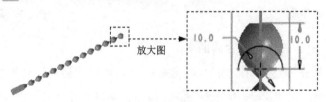

图 4.11　截面草图

Step9. 创建图 4.12 所示的曲面加厚 1。

（1）选取加厚对象。选取图 4.12 所示的面组为要加厚的对象。

（2）选择命令。单击 模型 功能选项卡 编辑 ▾ 区域中的 加厚 按钮。

（3）定义加厚参数。在操控板中输入厚度值 2.0，调整加厚方向如图 4.12 所示。

（4）单击 ✔ 按钮，完成加厚操作。

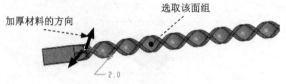

图 4.12 曲面加厚 1

Step10. 创建图 4.13b 所示的圆角特征 1。单击 模型 功能选项卡 工程 ▾ 区域中的 倒圆角 ▾ 按钮，选取图 4.13a 所示的四条边线为圆角放置参考，在圆角半径文本框中输入值 5.0。

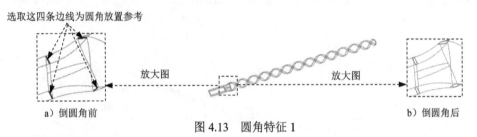

a）倒圆角前   b）倒圆角后

图 4.13 圆角特征 1

Step11. 创建图 4.14b 所示的圆角特征 2。选取图 4.14a 所示的两条边线为圆角放置参考，输入圆角半径值 2.0。

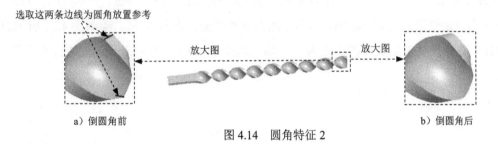

a）倒圆角前   b）倒圆角后

图 4.14 圆角特征 2

Step12. 创建图 4.15b 所示的圆角特征 3。选取图 4.15a 所示的两条边线为圆角放置参考，输入圆角半径值 0.5。

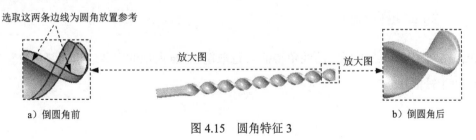

a）倒圆角前   b）倒圆角后

图 4.15 圆角特征 3

Step13. 创建图 4.16 所示的基准平面 2。单击 模型 功能选项卡 基准 ▼ 区域中的"平面"按钮 ▱ ，选取图 4.17 所示的模型表面为偏距参考面，在对话框中输入偏移距离值 1.0，单击对话框中的 确定 按钮。

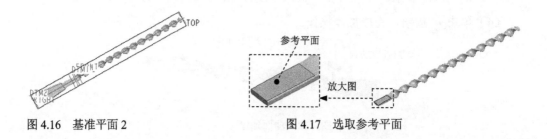

图 4.16　基准平面 2　　　　　　　　图 4.17　选取参考平面

Step14. 创建图 4.18 所示的拉伸特征 3。在操控板中单击"拉伸"按钮 ⬚ 拉伸。选取 DTM2 基准平面为草绘平面，选取 FRONT 基准平面为参考平面，方向为 上；绘制图 4.19 所示的截面草图，在操控板中定义拉伸类型为 ⊟，输入深度值 1.5，单击 ✔ 按钮，完成拉伸特征 3 的创建。

图 4.18　拉伸特征 3　　　　　　　　图 4.19　截面草图

Step15. 创建图 4.20 所示的拉伸特征 4。在操控板中单击"拉伸"按钮 ⬚ 拉伸。选取 DTM2 基准平面为草绘平面，选取 FRONT 基准平面为参考平面，方向为 上；绘制图 4.21 所示的截面草图，在操控板中定义拉伸类型为 ⊟，输入深度值 4.0，单击 ✔ 按钮，完成拉伸特征 4 的创建。

图 4.20　拉伸特征 4　　　　　　　　图 4.21　截面草图

Step16. 创建图 4.22b 所示的圆角特征 4。选取图 4.22a 所示的四条边线为圆角放置参考，输入圆角半径值 0.5。

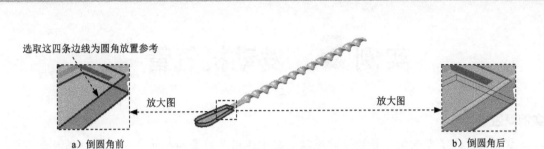

图 4.22 圆角特征 4

Step17. 创建图 4.23b 所示的圆角特征 5。选取图 4.23a 所示的四条边线为圆角放置参考，输入圆角半径值 0.5。

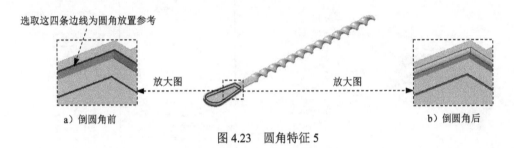

图 4.23 圆角特征 5

Step18. 创建图 4.24b 所示的圆角特征 6。选取图 4.24a 所示的两条边线为圆角放置参考，输入圆角半径值 1.0。

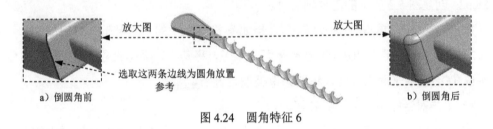

图 4.24 圆角特征 6

Step19. 保存零件模型文件。

学习拓展：扫一扫右侧二维码，可以免费学习更多视频讲解。

讲解内容：曲面产品的自顶向下设计。

实例 5　发动机气管

实例概述

本实例讲述了发动机气管的设计过程，其中运用了较多的曲面命令，如扫描混合、交截等。本实例利用两个拉伸曲面相交的一条曲线，作为扫描混合的轨迹，这点需要读者在学习过程中认真体会。下面讲解发动机气管的创建过程，零件模型及模型树如图 5.1 所示。

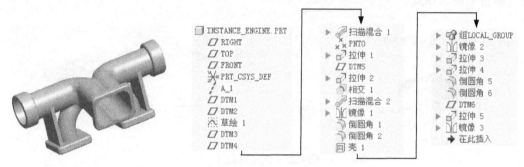

图 5.1　零件模型及模型树

Step1. 新建零件模型。新建一个零件模型，命名为 INSTANCE_ENGINE。

Step2. 创建图 5.2 所示的基准轴 A_1。

（1）选择命令。单击 模型 功能选项卡 基准 ▾ 区域中的"基准轴"按钮 ✗ 轴 。

（2）定义参考。选择 RIGHT 基准平面为参考，将其约束类型设置为 穿过 。按住 Ctrl 键，选取 TOP 基准平面为参考，将其约束类型设置为 穿过 。

（3）单击对话框中的 确定 按钮。

Step3. 创建图 5.3 所示的基准平面 1。单击 模型 功能选项卡 基准 ▾ 区域中的"平面"按钮 ▱ ，选取基准轴 A_1 为参考，将其约束类型设置为 穿过 。按住 Ctrl 键，选取 TOP 基准平面为参考，将其约束类型设置为 偏移 ，输入旋转角度值 15.0，单击对话框中的 确定 按钮。

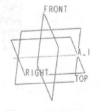

图 5.2　基准轴 A_1

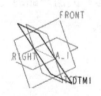

图 5.3　基准平面 1

Step4. 创建图 5.4 所示的基准平面 2。单击 模型 功能选项卡 基准 ▾ 区域中的"平面"

按钮▱，选取基准轴 A_1 为参考，将其约束类型设置为 穿过。按住 Ctrl 键，选取 RIGHT 基准平面为参考，将其约束类型设置为 偏移，并输入旋转角度值 15.0，单击对话框中的 确定 按钮。

Step5. 创建图 5.5 所示的草图 1。在操控板中单击"草绘"按钮 ；选取 DTM2 基准平面为草绘平面，选取 DTM1 基准平面为参考平面，方向为 上，单击 草绘 按钮，选取 FRONT 基准平面为参考，绘制图 5.5 所示的草图。

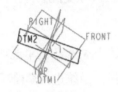

图 5.4　基准平面 2

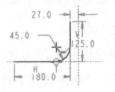

图 5.5　草图 1

Step6. 创建图 5.6 所示的基准平面 3。单击 模型 功能选项卡 基准 ▼ 区域中的"平面"按钮▱，选取图 5.7 所示的点为参考，将其约束类型设置为 穿过，按住 Ctrl 键，选取 FRONT 基准平面为参考，将其约束类型设置为 平行，单击对话框中的 确定 按钮。

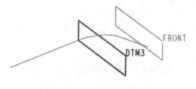

图 5.6　基准平面 3

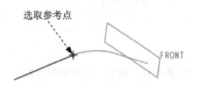

图 5.7　定义基准平面

Step7. 创建图 5.8 所示的基准平面 4。单击 模型 功能选项卡 基准 ▼ 区域中的"平面"按钮▱，选取图 5.9 所示的点，将其约束类型设置为 穿过，按住 Ctrl 键，选取 DTM1 基准平面为参考，将其约束类型设置为 平行，单击对话框中的 确定 按钮。

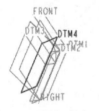

图 5.8　基准平面 4

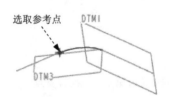

图 5.9　定义基准平面

Step8. 创建图 5.10 所示的扫描混合特征 1。

（1）选择命令。单击 模型 功能选项卡 形状 ▼ 区域中的 扫描混合 按钮。

（2）定义扫描轨迹。

① 在操控板中确认"实体"按钮▱被按下。

② 选取 Step5 创建的草图 1 作为扫描轨迹曲线。

③ 单击箭头，切换扫描混合的起始点，切换后的轨迹曲线如图 5.11 所示。

图 5.10　扫描混合特征 1

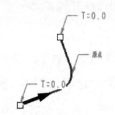

图 5.11　定义扫描方向

（3）创建截面 1。

① 在操控板中单击 截面 按钮，在系统弹出的界面中选中 ◉ 草绘截面 单选项，系统默认图 5.12 所示的点作为截面 1 的放置位置点；单击 草绘 按钮，系统进入草绘环境，草绘的原点在轨迹起始点处。

② 在草绘环境绘制图 5.13 所示的截面草图。

③ 单击 ✔ 按钮，退出草绘环境。

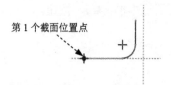

图 5.12　选取第 1 个截面位置点

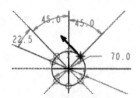

图 5.13　截面草图

（4）创建截面 2。创建扫描混合特征的第 2 个截面。单击"扫描混合"操控板 截面 界面中的 插入 按钮，选取图 5.14 所示的点为第 2 个截面的放置位置点，然后单击 草绘 按钮，绘制图 5.15 所示的截面草图，单击 ✔ 按钮，完成截面的创建。

图 5.14　选取第 2 个截面位置点

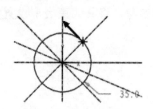

图 5.15　截面草图

（5）创建截面 3。选取图 5.16 所示的点为截面 3 的放置位置点，绘制图 5.17 所示的截面草图，单击 ✔ 按钮，完成截面的创建。

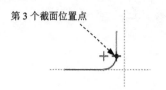

图 5.16　选取第 3 个截面位置点

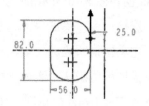

图 5.17　截面草图

（6）创建截面 4。选取图 5.18 所示的点为截面 4 的放置位置点，绘制图 5.19 所示的截面草图，单击 ✔ 按钮，完成截面的创建。

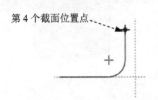

图 5.18　选取第 4 个截面位置点

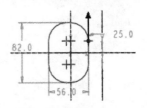

图 5.19　截面草图

（7）单击操控板中的 ✔ 按钮，完成扫描混合特征的创建。

Step9. 创建图 5.20 所示的基准点 PNT0。单击 模型 功能选项卡 基准 ▾ 区域中的"基准点"按钮 ✕✕点 ▾，选取图 5.21 所示的草绘中的直线段为基准点参考；定义"偏移"类型为 比率，输入数值 0，单击对话框中的 确定 按钮。

图 5.20　基准点 PNT0

图 5.21　定义基准点参考

Step10. 创建图 5.22 所示的拉伸曲面 1。

（1）选择命令。单击 模型 功能选项卡 形状 ▾ 区域中的"拉伸"按钮 拉伸，按下操控板中的"曲面类型"按钮 。

（2）绘制截面草图。在图形区右击，从系统弹出的快捷菜单中选择 定义内部草绘... 命令；选取 TOP 基准平面为草绘平面，选取 RIGHT 基准平面为参考平面，方向为 下，单击 草绘 按钮，绘制图 5.23 所示的截面草图。

（3）定义拉伸属性。在操控板中选择拉伸类型为 ，输入深度值 45.0。

（4）在操控板中单击 ✔ 按钮，完成拉伸曲面 1 的创建。

图 5.22　拉伸曲面 1

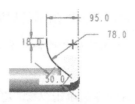

图 5.23　截面草图

Step11. 创建图 5.24 所示的基准平面 5。单击 模型 功能选项卡 基准 ▾ 区域中的"平面"按钮 □，选取图 5.25 所示的模型表面为参考，将其约束类型设置为 穿过，单击对话框中的 确定 按钮。

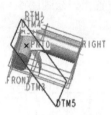

图 5.24　基准平面 5

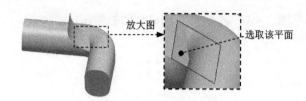

图 5.25　定义参考平面

Step12. 创建图 5.26 所示的拉伸曲面 2。在操控板中单击"拉伸"按钮 ，按下操控板中的"曲面类型"按钮 。选取 DTM5 基准平面为草绘平面，选取 TOP 基准平面为参考平面，方向为 ，选取 A_1 轴和 PNT0 点为参考，绘制图 5.27 所示的截面草图，在操控板中定义拉伸类型为 ，输入深度值 90.0，单击 按钮调整拉伸方向；单击 按钮，完成拉伸曲面 2 的创建。

图 5.26　拉伸曲面 2

图 5.27　截面草图

Step13. 创建图 5.28 所示的交截曲线 1。

（1）选取交截对象。按住 Ctrl 键，选取图 5.29 所示的曲面 1 和曲面 2 为交截对象。

（2）选择命令。单击 模型 功能选项卡 编辑 ▼ 区域中的 相交 按钮。

交截曲线

图 5.28　交截曲线 1

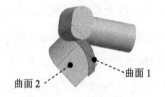

曲面 2　　曲面 1

图 5.29　定义交截对象

Step14. 创建图 5.30 所示的扫描混合特征 2。

说明：为了便于后面的操作和更清晰地查看边线，将上面创建的拉伸曲面 1 和拉伸曲面 2 隐藏。

（1）选择命令。单击 模型 功能选项卡 形状 ▼ 区域中的 扫描混合 按钮。

（2）定义扫描轨迹。

① 在操控板中确认"实体"按钮 被按下。

② 选取 Step13 创建的交截曲线作为扫描轨迹曲线。

③ 单击箭头，切换扫描混合的起始点，切换后的轨迹曲线如图 5.31 所示。

图 5.30　扫描混合特征 2

图 5.31　定义扫描方向

（3）创建扫描混合特征的第 1 个截面。选取图 5.32 所示的端点为第 1 个截面的放置位置点，绘制图 5.33 所示的截面草图。

图 5.32　选取第 1 个截面位置点

图 5.33　截面草图

（4）创建扫描混合特征的第 2 个截面。选取图 5.34 所示的点为第 2 个截面的放置位置点，绘制图 5.35 所示的截面草图。

（5）单击操控板中的 ✔ 按钮，完成扫描混合特征的创建。

图 5.34　选取第 2 个截面位置点

图 5.35　截面草图

Step15. 创建图 5.36b 所示的镜像特征 1。

（1）选取镜像特征。按住 Ctrl 键，选取扫描混合特征 1 和扫描混合特征 2 为镜像特征。

（2）选择"镜像"命令。单击 模型 功能选项卡 编辑 ▾ 区域中的"镜像"按钮 ◗◖。

（3）定义镜像平面。选取 FRONT 基准平面为镜像平面。

（4）在操控板中单击 ✔ 按钮，完成镜像特征 1 的创建。

a）镜像前

b）镜像后

图 5.36　镜像特征 1

Step16. 创建图 5.37b 所示的圆角特征 1。单击 模型 功能选项卡 工程 ▾ 区域中的 ⌐ 倒圆角 ▾ 按钮，选取图 5.37a 所示的边线为圆角放置参考，在圆角半径文本框中输入值 10.0。

Creo 6.0

曲面设计实例精解

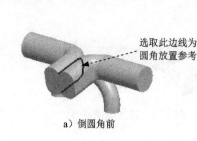

选取此边线为
圆角放置参考

a）倒圆角前 　　　　图 5.37　圆角特征 1　　　　 b）倒圆角后

Step17. 创建图 5.38b 所示的圆角特征 2。选取图 5.38a 所示的两条边线为圆角放置参考，输入圆角半径值 5.0。

选取这两条边线
为圆角放置参考

a）倒圆角前 　　　　图 5.38　圆角特征 2　　　　 b）倒圆角后

Step18. 创建图 5.39b 所示的抽壳特征 1。

（1）选择命令。单击 模型 功能选项卡 工程 ▾ 区域中的"壳"按钮 回 壳 。

（2）定义移除面。按住 Ctrl 键，选取图 5.39a 所示的五个模型表面为移除面。

（3）定义壁厚。在 厚度 文本框中输入壁厚值 1.0。

（4）在操控板中单击 ✔ 按钮，完成抽壳特征 1 的创建。

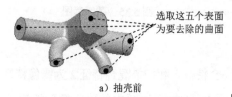

选取这五个表面
为要去除的曲面

a）抽壳前 　　　　图 5.39　抽壳特征 1　　　　 b）抽壳后

Step19. 创建图 5.40 所示的旋转特征 1。

（1）选择命令。单击 模型 功能选项卡 形状 ▾ 区域中的"旋转"按钮 ⬧ 旋转 。

（2）绘制截面草图。在图形区右击，从系统弹出的快捷菜单中选择 定义内部草绘... 命令；选取 TOP 基准平面为草绘平面，选取 RIGHT 基准平面为参考平面，方向为 上 ；单击 草绘 按钮，绘制图 5.41 所示的截面草图（包括中心线）。

（3）定义旋转属性。在操控板中选择旋转类型为 ⊥ ，在角度文本框中输入角度值 360.0，并按 Enter 键。

（4）在操控板中单击"完成"按钮 ✔ ，完成旋转特征 1 的创建。

图 5.40　旋转特征 1

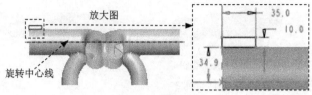

图 5.41　截面草图

Step20. 创建图 5.42b 所示的圆角特征 3。选取图 5.42a 所示的边线为圆角放置参考，输入圆角半径值 2.0。

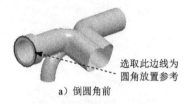

a）倒圆角前

b）倒圆角后

图 5.42　圆角特征 3

Step21. 创建图 5.43b 所示的圆角特征 4。选取图 5.43a 所示的边线为圆角放置参考，输入圆角半径值 2.0。

a）倒圆角前

b）倒圆角后

图 5.43　圆角特征 4

Step22. 创建组特征。按住 Ctrl 键，选中旋转特征 1、圆角特征 3 和圆角特征 4 后右击，在系统弹出的快捷菜单中选择 组 命令，所创建的特征即可合并为 组LOCAL_GROUP。

Step23. 创建图 5.44b 所示的镜像特征 2。选取 Step22 所创建的组特征，选取图 5.44a 所示的 FRONT 基准平面为镜像平面，单击 ✔ 按钮，完成镜像特征 2 的创建。

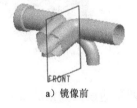

a）镜像前

b）镜像后

图 5.44　镜像特征 2

Step24. 创建图 5.45 所示的拉伸特征 3。在操控板中单击"拉伸"按钮 拉伸。选取图 5.46 所示的模型表面为草绘平面，选取 FRONT 基准平面为参考平面，方向为 右；选取 A_1 轴为参考，绘制图 5.47 所示的截面草图，在操控板中定义拉伸类型为 些，输入深度值 20.0，单击 ✔ 按钮，完成拉伸特征 3 的创建。

图 5.45 拉伸特征 3

图 5.46 选取草绘平面

Step25. 创建图 5.48 所示的拉伸特征 4。在操控板中单击"拉伸"按钮 拉伸。选取图 5.49 所示的面为草绘平面，选取 FRONT 基准平面为参考平面，方向为 右；绘制图 5.50 所示的截面草图，在操控板中定义拉伸类型为 ，输入深度值 20，单击 按钮，完成拉伸特征 4 的创建。

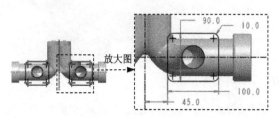

图 5.47 截面草图

图 5.48 拉伸特征 4

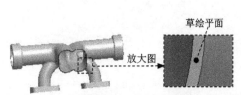

图 5.49 选取草绘平面

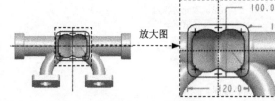

图 5.50 截面草图

Step26. 创建图 5.51b 所示的圆角特征 5。选取图 5.51a 所示的两条边线为圆角放置参考，输入圆角半径值 5.0。

a）倒圆角前　　　图 5.51 圆角特征 5　　　b）倒圆角后

Step27. 创建图 5.52b 所示的圆角特征 6。选取图 5.52a 所示的四条边线为圆角放置参考，输入圆角半径值 5.0。

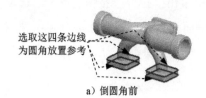

a）倒圆角前　　　图 5.52 圆角特征 6　　　b）倒圆角后

Step28. 创建图 5.53 所示的基准平面 6。单击 模型 功能选项卡 基准 ▼ 区域中的"平面"按钮 ▱，选择 FRONT 基准平面为偏距参考面，在对话框中输入偏移距离值 130.0，单击对话框中的 确定 按钮。

Step29. 创建图 5.54 所示的拉伸特征 5。在操控板中单击"拉伸"按钮 ▱拉伸。选取 DTM6 基准平面为草绘平面，选取 RIGHT 基准平面为参考平面，方向为 上；绘制图 5.55 所示的截面草图，选取深度类型为 ⊟，输入深度值 10.0，单击 ✔ 按钮，完成拉伸特征 5 的创建。

图 5.53　基准平面 6

图 5.54　拉伸特征 5

图 5.55　截面草图

Step30. 创建图 5.56b 所示的镜像特征 3。选取 Step29 创建的拉伸特征 5 为镜像的特征，选取 FRONT 基准平面为镜像平面，单击 ✔ 按钮，完成镜像特征 3 的创建。

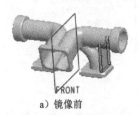

a）镜像前

图 5.56　镜像特征 3

b）镜像后

Step31. 保存零件模型文件。

学习拓展：扫一扫右侧二维码，可以免费学习更多视频讲解。
讲解内容：产品的运动分析。

实例 **6** 水 杯 盖

实例概述

　　本实例讲述了一款水杯盖的设计过程，在该设计过程中值得读者注意的是五次阵列命令的应用及杯盖内部螺纹的创建过程，在创建螺纹时，本实例只应用了一个"螺旋扫描"命令便达到理想的螺纹收尾效果。下面讲解水杯盖的创建过程，零件模型及模型树如图 6.1 所示。

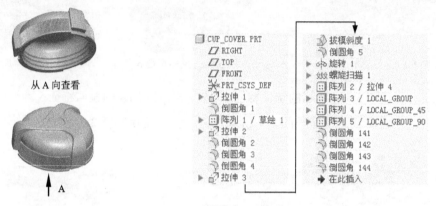

图 6.1　零件模型及模型树

　　Step1. 新建零件模型。选择下拉菜单 文件▼ ━━▶ [新建]命令，系统弹出"新建"对话框，在 类型 选项组中选择 ⊙ □ 零件 选项，在 名称 文本框中输入文件名称 CUP_COVER，取消选中 □ 使用默认模板 复选框，单击 确定 按钮，在系统弹出的"新文件选项"对话框的 模板 选项组中选择 mmns_part_solid 模板，单击 确定 按钮，系统进入建模环境。

　　Step2. 创建图 6.2 所示的拉伸特征 1。

　　（1）选择命令。单击 模型 功能选项卡 形状▼ 区域中的"拉伸"按钮 拉伸。

　　（2）绘制截面草图。在图形区右击，从系统弹出的快捷菜单中选择 定义内部草绘... 命令；选取 TOP 基准平面为草绘平面，选取 RIGHT 基准平面为参考平面，方向为 右；单击 草绘 按钮，绘制图 6.3 所示的截面草图。

　　（3）定义拉伸属性。在操控板中定义拉伸类型为 ⊥，输入深度值 25.0。

　　（4）在操控板中单击"完成"按钮 ✓，完成拉伸特征 1 的创建。

图 6.2　拉伸特征 1

图 6.3　截面草图

Step3. 创建图 6.4b 所示的圆角特征 1。单击 模型 功能选项卡 工程 ▾ 区域中的 ⏝倒圆角 ▾ 按钮，选取图 6.4a 所示的边线为圆角放置参照，在圆角半径文本框中输入值 10。

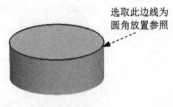

选取此边线为圆角放置参照

a）倒圆角前

b）倒圆角后

图 6.4　圆角特征 1

Step4. 创建图 6.5 所示的草图 1。在操控板中单击"草绘"按钮 ⌇；选取图 6.6 所示的平面为草绘平面，选取 RIGHT 基准平面为参考平面，方向为 右，单击 草绘 按钮，绘制图 6.7 所示的草图。

草绘平面

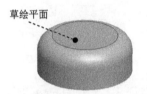

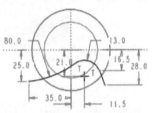

图 6.5　草图 1（零件环境）

图 6.6　选取草绘平面

图 6.7　草图 1（草绘环境）

Step5. 创建图 6.8 所示的阵列特征 1。

（1）选取阵列特征。选取 Step4 创建的草图 1 并右击，选择 ⊞ 命令。

（2）选择阵列控制方式。在操控板的阵列控制方式下拉列表中选择 轴 选项。

（3）定义阵列参考。选取图 6.9 所示的基准轴 A_1 为阵列参考；接受系统默认的阵列角度方向，输入阵列的角度值为 120。

（4）定义阵列个数。输入阵列个数值为 3。

（5）在操控板中单击 ✔ 按钮，完成阵列特征 1 的创建。

A_1 轴

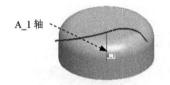

图 6.8　阵列特征 1

图 6.9　选取阵列参考

Step6. 创建图 6.10 所示的拉伸特征 2。在操控板中单击"拉伸"按钮 ⬚拉伸。选取图 6.11 所示的平面为草绘平面，选取 RIGHT 基准平面为参考平面，方向为 右；绘制图 6.12 所示的截面草图，在操控板中单击 选项 按钮，在系统弹出的 深度 界面的 侧 1 下拉列表中

选择 ⊥ 盲孔 选项，输入深度值 2.0，在 侧 2 下拉列表中选择 ⊥ 盲孔 选项，输入深度值 22.0，单击 ✔ 按钮，完成拉伸特征 2 的创建。

图 6.10　拉伸特征 2

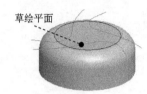
图 6.11　选取草绘平面

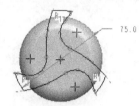
图 6.12　截面草图

Step7. 创建图 6.13b 所示的圆角特征 2。选取图 6.13a 所示的三条边线为圆角放置参照，输入圆角半径值 12。

选取这三条边线
为圆角放置参照
a）倒圆角前

b）倒圆角后

图 6.13　圆角特征 2

Step8. 创建图 6.14b 所示的圆角特征 3。选取图 6.14a 所示的三条边线为圆角放置参照，输入圆角半径值 1.0。

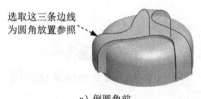
选取这三条边线
为圆角放置参照
a）倒圆角前

b）倒圆角后

图 6.14　圆角特征 3

Step9. 创建图 6.15b 所示的圆角特征 4。选取图 6.15a 所示的三条边线为圆角放置参照，输入圆角半径值 1.0。

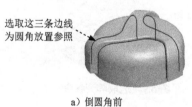
选取这三条边线
为圆角放置参照
a）倒圆角前

b）倒圆角后

图 6.15　圆角特征 4

Step10. 创建图 6.16 所示的拉伸特征 3。在操控板中单击 "拉伸" 按钮 □拉伸，按下操控板中的 "移除材料" 按钮 ⬜。选取图 6.17 所示的平面为草绘平面，选取 RIGHT 基准平面为参考平面,方向为 右 ,绘制图 6.18 所示的截面草图,在操控板中定义拉伸类型为 ⩙ ,输入深度值 1.0;单击 ✓ 按钮,完成拉伸特征 3 的创建。

图 6.16 拉伸特征 3

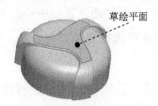

图 6.17 选取草绘平面

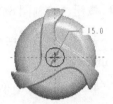

图 6.18 截面草图

Step11. 创建图 6.19 所示的拔模特征 1。

(1)选择命令。单击 模型 功能选项卡 工程 ▾ 区域中的 ⟐ 拔模 ▾ 按钮。

(2)定义拔模曲面。在操控板中单击 参考 选项卡,激活 拔模曲面 文本框,选取图 6.20 所示的圆柱面为拔模平面。

(3)定义拔模枢轴平面。激活 拔模枢轴 文本框,选取图 6.20 所示的平面为拔模枢轴平面。

(4)定义拔模参数。在拔模角度文本框中输入拔模角度值 20.0,单击 ✗ 按钮反转角度方向。

(5)在操控板中单击 ✓ 按钮,完成拔模特征 1 的创建。

图 6.19 拔模特征 1

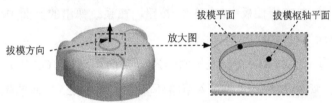

图 6.20 定义拔模参考

Step12. 创建圆角特征 5。选取图 6.21 所示的两条边线为圆角放置参照,输入圆角半径值 0.5。

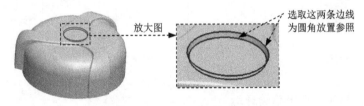

图 6.21 定义圆角参照

Step13. 创建图 6.22 所示的旋转特征 1。

(1)选择命令。单击 模型 功能选项卡 形状 ▾ 区域中的"旋转"按钮 ⬩ 旋转 ,按下操控板中的"移除材料"按钮 ⬚ 。

（2）绘制截面草图。在图形区右击，从系统弹出的快捷菜单中选择 定义内部草绘... 命令；选取 FRONT 基准平面为草绘平面，选取 RIGHT 基准平面为参考平面，方向为 右；单击 草绘 按钮，绘制图 6.23 所示的截面草图（包括中心线）。

（3）定义旋转属性。在操控板中选择旋转类型为 ⊥，在角度文本框中输入角度值 360.0，并按 Enter 键。

（4）在操控板中单击"完成"按钮 ✓，完成旋转特征 1 的创建。

图 6.22　旋转特征 1

图 6.23　截面草图

Step14. 创建图 6.24 所示的螺旋扫描特征 1。

（1）选择命令。单击 模型 功能选项卡 形状 ▼ 区域 🗔扫描 ▼ 按钮中的 ▼，在系统弹出的菜单中选择 🗔🗔 螺旋扫描 命令。

（2）定义螺旋扫描轨迹。

① 在操控板中确认"实体"按钮 🗔 和"使用右手定则"按钮 � 被按下。

② 单击操控板中的 参考 按钮，在系统弹出的界面中单击 定义... 按钮，系统弹出"草绘"对话框。

③ 选取 FRONT 基准平面作为草绘平面，选取 TOP 基准平面作为参照平面，方向为 上；单击 草绘 按钮，系统进入草绘环境。绘制图 6.25 所示的螺旋扫描轨迹草图。

图 6.24　螺旋扫描特征 1

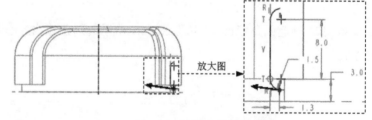

图 6.25　螺旋扫描轨迹草图

④ 单击 ✓ 按钮，退出草绘环境。

（3）定义螺旋节距。在操控板中输入螺旋节距值 4.0，然后按 Enter 键。

（4）创建螺旋扫描特征的截面。在操控板中单击 🗹 按钮，系统进入草绘环境，绘制图 6.26 所示的截面草图，然后单击草绘工具栏中的 ✓ 按钮。

注意：系统自动选取草图平面并进行定向。在三维场景中绘制截面比较直观。

Step15. 单击操控板中的 ✔ 按钮，完成螺旋扫描特征的创建。

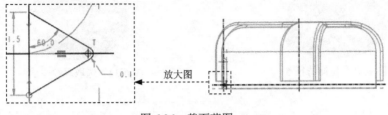

图 6.26 截面草图

Step16. 创建图 6.27 所示的拉伸特征 4。在操控板中单击"拉伸"按钮 ⬚ 拉伸 。选取 TOP 基准平面为草绘平面，选取 RIGHT 基准平面为参考平面，方向为 右；绘制图 6.28 所示的截面草图，在操控板中定义拉伸类型为 ⊥，输入深度值 1.5，单击 ✔ 按钮，完成拉伸特征 4 的创建。

图 6.27 拉伸特征 4

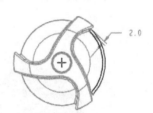

图 6.28 截面草图

Step17. 创建图 6.29 所示的阵列特征 2。在模型树中单击选中 Step16 创建的拉伸特征 4 并右击，选择 ⬚ 命令。在阵列操控板 选项 选项卡的下拉列表中选择 常规 选项。在阵列控制方式下拉列表中选择 轴 选项。选取图 6.30 所示的基准轴 A_1 为阵列参考，接受系统默认的阵列角度方向，输入阵列的角度值为 120，输入阵列个数值为 3；单击 ✔ 按钮，完成阵列特征 2 的创建。

图 6.29 阵列特征 2

图 6.30 选取阵列参考

Step18. 创建图 6.31 所示的拉伸特征 5。在操控板中单击"拉伸"按钮 ⬚ 拉伸 。选取图 6.32 所示的平面为草绘平面，选取 RIGHT 基准平面为参考平面，方向为 右；绘制图 6.33 所示的截面草图，在操控板中定义拉伸类型为 ⊥，输入深度值 12.0；单击 ✔ 按钮，完成拉伸特征 5 的创建。

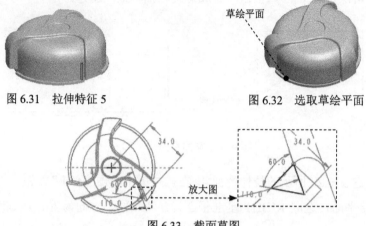

图 6.31　拉伸特征 5　　　　　　　　　图 6.32　选取草绘平面

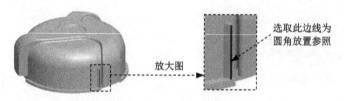

图 6.33　截面草图

Step19. 创建圆角特征 6。选取图 6.34 所示的边线为圆角放置参照，输入圆角半径值 0.2。

图 6.34　圆角特征 6

Step20. 创建组特征。按住 Ctrl 键，选取 Step18 和 Step19 创建的拉伸特征 5 和圆角特征 6 后右击，在系统弹出的快捷菜单中选择 命令，所创建的特征即可合并为 组LOCAL_GROUP 。

Step21. 创建图 6.35 所示的阵列特征 3。在模型树中选取 Step20 所创建的组特征并右击，选择 命令。在阵列控制方式下拉列表中选择 轴 选项。选取图 6.36 所示的基准轴 A_1 为阵列参考，单击 按钮调整阵列角度方向，输入阵列的角度值为 2.0，输入阵列个数值为 45，单击 按钮，完成阵列特征 3 的创建。

Step22. 参照 Step18~ Step21，创建阵列特征 4 和阵列特征 5，结果如图 6.37 所示。

图 6.35　阵列特征 3　　　　图 6.36　定义阵列参考　　　　图 6.37　阵列特征 4 和阵列特征 5

Step23. 创建圆角特征 141。选取图 6.38 所示的 12 条边线为圆角放置参照，输入圆角半径值 0.5。

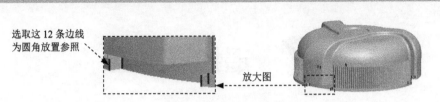

选取这 12 条边线
为圆角放置参照

放大图

图 6.38 定义圆角放置参照

Step24. 创建圆角特征 142。选取图 6.39 所示的三条边线为圆角放置参照，输入圆角半径值 0.2。

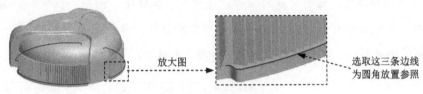

放大图

选取这三条边线
为圆角放置参照

图 6.39 定义圆角放置参照

Step25. 创建圆角特征 143。选取图 6.40 所示的三条边线为圆角放置参照，输入圆角半径值 1.0。

Step26. 创建圆角特征 144。选取图 6.41 所示的三条边线为圆角放置参照，输入圆角半径值 0.5。

选取这三条边线
为圆角放置参照

图 6.40 定义圆角放置参照

选取这三条边线
为圆角放置参照

图 6.41 定义圆角放置参照

Step27. 保存零件模型文件。

学习拓展：扫一扫右侧二维码，可以免费学习更多视频讲解。

讲解内容：ISDX 曲面的背景知识，ISDX 曲面的基本操作，ISDX 渐消曲面等。

Creo 6.0 曲面设计实例精解

实例 7 遥控器上盖

实例概述

本实例主要讲述遥控器上盖的设计过程，其中主要运用了曲面拉伸、偏移、投影、边界混合、扫描和实体化等命令。该模型是一个很典型的曲面设计实例，其中曲面的偏移、投影、边界混合和合并是曲面创建的核心，在应用了实体化、抽壳、拉伸和倒圆角进行细节设计之后，即可达到图 7.1 所示的效果。这种曲面设计的方法很值得读者学习。下面讲解遥控器上盖的创建过程，零件模型及模型树如图 7.1 所示。

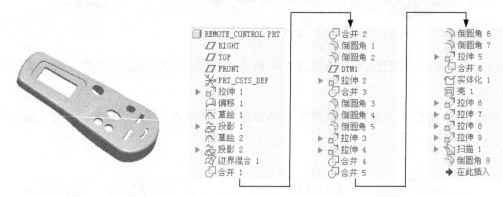

图 7.1　零件模型及模型树

Step1. 新建零件模型。新建一个零件模型，命名为 REMOTE_CONTROL。

Step2. 创建图 7.2 所示的拉伸曲面 1。

（1）选择命令。单击 模型 功能选项卡 形状 ▼ 区域中的"拉伸"按钮 拉伸，按下操控板中的"曲面类型"按钮 。

（2）绘制截面草图。在图形区右击，从系统弹出的快捷菜单中选择 定义内部草绘... 命令；选取 RIGHT 基准平面为草绘平面，选取 TOP 基准平面为参考平面，方向为 左；单击 草绘 按钮，绘制图 7.3 所示的截面草图。

（3）在操控板中单击 选项 按钮，在 第1侧 的下拉列表中选择深度类型为 盲孔，输入深度值 50.0；在 第2侧 的下拉列表中选取 盲孔 选项，输入深度值 120。

（4）在操控板中单击 按钮，完成拉伸曲面 1 的创建。

图 7.2　拉伸曲面 1

图 7.3　截面草图

Step3. 创建偏移曲面 1。

（1）选取偏移对象。选取 Step2 创建的拉伸曲面为要偏移的曲面。

（2）选择命令。单击 模型 功能选项卡 编辑▼ 区域中的 🔲偏移 按钮。

（3）定义偏移参数。在操控板的偏移类型栏中选择"标准偏移"选项 🔲，在操控板的偏移数值栏中输入偏移距离值 1，单击 🗡 按钮调整偏移方向如图 7.4 所示。

（4）单击 ✔ 按钮，完成偏移曲面 1 的创建。

Step4. 创建图 7.5 所示的草图 1。在操控板中单击"草绘"按钮 📐；选取 FRONT 基准平面为草绘平面，选取 RIGHT 基准平面为参考平面，方向为 右，单击 草绘 按钮，绘制图 7.5 所示的草图。

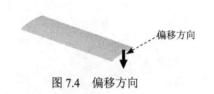

图 7.4　偏移方向　　　　　　　　　　图 7.5　草图 1

Step5. 创建投影曲线 1。

（1）选取投影对象。在模型树中单击 Step4 所创建的草图 1。

（2）选择命令。单击 模型 功能选项卡 编辑▼ 区域中的 📉投影 按钮。

（3）定义参考。接受系统默认的投影方向，选取拉伸曲面 1 作为投影面。

（4）单击 ✔ 按钮，完成投影曲线 1 的创建。

Step6. 创建图 7.6 所示的草图 2。在操控板中单击"草绘"按钮 📐；选取 FRONT 基准平面为草绘平面，选取 RIGHT 基准平面为参考平面，方向为 右，单击 草绘 按钮，绘制图 7.6 所示的草图。

Step7. 创建投影曲线 2。在模型树中单击草图 2，单击 📉投影 按钮；接受系统默认的投影方向，选取 Step3 中创建的偏移曲面作为投影面，单击 ✔ 按钮，完成投影曲线 2 的创建。

Step8. 创建边界混合曲面 1。

（1）选择命令。单击 模型 功能选项卡 曲面▼ 区域中的"边界混合"按钮 🗔。

（2）选取边界曲线。在操控板中单击 曲线 按钮，系统弹出"曲线"界面，按住 Ctrl 键，依次选取图 7.7 所示的曲线 1、曲线 2 为第一方向的曲线。

（3）单击 ✔ 按钮，完成边界混合曲面 1 的创建。

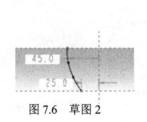 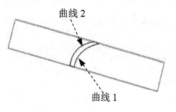

图 7.6　草图 2　　　　　　　　　　图 7.7　定义边界曲线

Step9. 创建曲面合并 1。

（1）选取合并对象。按住 Ctrl 键，选取图 7.8 所示的边界混合曲面和拉伸曲面为合并对象。

（2）选择命令。单击 模型 功能选项卡 编辑 ▾ 区域中的 ⬭合并 按钮。

（3）确定要保留的部分。单击调整图形区中的箭头使其指向要保留的部分，如图 7.8 所示。

（4）单击 ✓ 按钮，完成曲面合并 1 的创建。

Step10. 创建曲面合并 2。按住 Ctrl 键，选取图 7.9 所示的面组和偏移曲面为合并对象；单击 ⬭合并 按钮，调整箭头方向如图 7.9 所示；单击 ✓ 按钮，完成曲面合并 2 的创建。

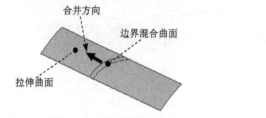
图 7.8 定义曲面合并 1

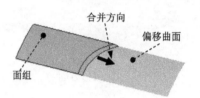
图 7.9 定义曲面合并 2

Step11. 创建图 7.10b 所示的圆角特征 1。单击 模型 功能选项卡 工程 ▾ 区域中的 🗋倒圆角 ▾ 按钮，选取图 7.10a 所示的边线为圆角放置参照，在圆角半径文本框中输入值 20。

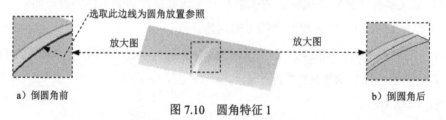

a）倒圆角前   b）倒圆角后
图 7.10 圆角特征 1

Step12. 创建圆角特征 2。选取图 7.11a 所示的边线为圆角放置参照，输入圆角半径值 10。

Step13. 创建图 7.12 所示的基准平面 1。

（1）选择命令。单击 模型 功能选项卡 基准 ▾ 区域中的"平面"按钮 🗋。

（2）定义平面参考。选取图 7.12 所示的 FRONT 基准平面为偏距参考面，在对话框中输入偏移距离值 20。

（3）单击对话框中的 确定 按钮。

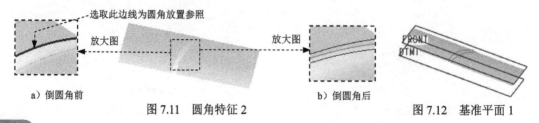

a）倒圆角前   图 7.11 圆角特征 2   b）倒圆角后   图 7.12 基准平面 1

Step14. 创建图 7.13 所示的拉伸曲面 2。在操控板中单击 "拉伸" 按钮 ⬚ 拉伸，按下操控板中的 "曲面类型" 按钮 ⬚。选取 DTM1 基准平面为草绘平面，选取 RIGHT 基准平面为参考平面，方向为 右；绘制图 7.14 所示的截面草图，在操控板中定义拉伸类型为 ⬚，输入深度值 50.0，单击 ⬚ 按钮调整拉伸方向；单击 ✔ 按钮，完成拉伸曲面 2 的创建。

图 7.13　拉伸曲面 2

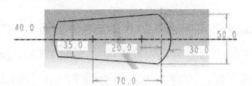
图 7.14　截面草图

Step15. 创建图 7.15 所示的曲面合并 3。按住 Ctrl 键，选取图 7.16 所示的拉伸曲面和面组 2 为合并对象；单击 ⬚ 合并 按钮，调整箭头方向如图 7.16 所示；单击 ✔ 按钮，完成曲面合并 3 的创建。

图 7.15　曲面合并 3

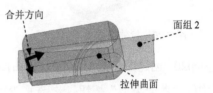
图 7.16　定义曲面合并 3

Step16. 创建图 7.17b 所示的圆角特征 3。选取图 7.17a 所示的两条边线为圆角放置参照，输入圆角半径值 5.0。

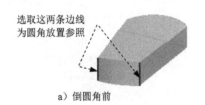
a) 倒圆角前

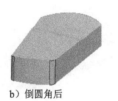
b) 倒圆角后

图 7.17　圆角特征 3

Step17. 创建图 7.18b 所示的圆角特征 4。选取图 7.18a 所示的两条边线为圆角放置参照，输入圆角半径值 15.0。

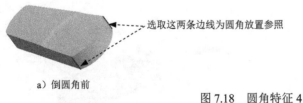
a) 倒圆角前

b) 倒圆角后

图 7.18　圆角特征 4

Step18. 创建图 7.19b 所示的圆角特征 5。选取图 7.19a 所示边线为圆角放置参照，输入圆角半径值 2.0。

选取此边线为圆角放置参照

a）倒圆角前

b）倒圆角后

图 7.19　圆角特征 5

Step19. 创建图 7.20 所示的拉伸曲面 3。在操控板中单击"拉伸"按钮 ⬚ 拉伸，按下操控板中的"曲面类型"按钮 ⬚。选取 DTM1 基准平面为草绘平面，选取 RIGHT 基准平面为参考平面，方向为 右；绘制图 7.21 所示的截面草图，在操控板中定义拉伸类型为 ⬚，输入深度值 30.0，单击 ⬚ 按钮调整拉伸方向；单击 ✔ 按钮，完成拉伸曲面 3 的创建。

图 7.20　拉伸曲面 3

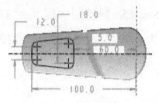

图 7.21　截面草图

Step20. 创建图 7.22 所示的拉伸曲面 4。在操控板中单击"拉伸"按钮 ⬚ 拉伸，按下操控板中的"曲面类型"按钮 ⬚。选取 RIGHT 基准平面为草绘平面，选取 FRONT 基准平面为参考平面，方向为 左；绘制图 7.23 所示的截面草图，在操控板中定义拉伸类型为 ⬚，输入深度值 110.0，单击 ⬚ 按钮调整拉伸方向；单击 ✔ 按钮，完成拉伸曲面 4 的创建。

图 7.22　拉伸曲面 4

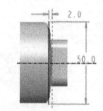

图 7.23　截面草图

Step21. 创建图 7.24 所示的曲面合并 4。按住 Ctrl 键，选取图 7.25 所示的拉伸曲面 3 和拉伸曲面 4 为合并对象；单击 ⬚ 合并 按钮，调整箭头方向如图 7.25 所示；单击 ✔ 按钮，完成曲面合并 4 的创建。

图 7.24　曲面合并 4

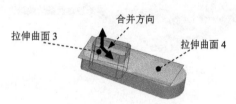

图 7.25　定义曲面合并 4

Step22. 创建图 7.26 所示的曲面合并 5。按住 Ctrl 键，选取图 7.27 所示的两个面组为合并对象；单击 [合并] 按钮，调整箭头方向如图 7.27 所示；单击 ✓ 按钮，完成曲面合并 5 的创建。

图 7.26　曲面合并 5

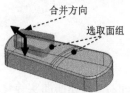

图 7.27　定义曲面合并 5

Step23. 创建图 7.28b 所示的圆角特征 6。选取图 7.28a 所示的边线为圆角放置参照，输入圆角半径值 0.5。

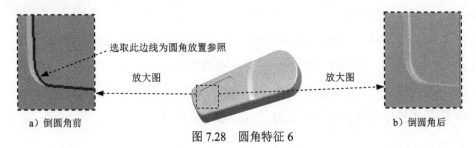

a）倒圆角前　　放大图　　　　　放大图　　　b）倒圆角后

图 7.28　圆角特征 6

Step24. 创建图 7.29b 所示的圆角特征 7。选取图 7.29a 所示的边线为圆角放置参照，输入圆角半径值 0.5。

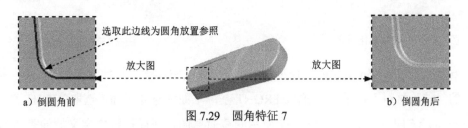

a）倒圆角前　　放大图　　　　　放大图　　　b）倒圆角后

图 7.29　圆角特征 7

Step25. 创建图 7.30 所示的拉伸曲面 5。在操控板中单击"拉伸"按钮 [拉伸]，按下操控板中的"曲面类型"按钮 。选取 TOP 基准平面为草绘平面，选取 RIGHT 基准平面为参考平面，方向为 右；绘制图 7.31 所示的截面草图，在操控板中定义拉伸类型为 ，输入深度值 80；单击 ✓ 按钮，完成拉伸曲面 5 的创建。

图 7.30　拉伸曲面 5

图 7.31　截面草图

Step26. 创建图 7.32 所示的曲面合并 6。按住 Ctrl 键，选取图 7.33 所示的面组为合并对象；单击 [合并] 按钮，调整箭头方向如图 7.33 所示；单击 ✓ 按钮，完成曲面合并 6 的创建。

图 7.32　曲面合并 6

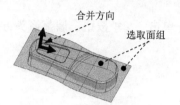

图 7.33　定义曲面合并 6

Step27. 创建曲面实体化 1。

（1）选取实体化对象。选取图 7.34 所示的封闭曲面为要实体化的对象。

（2）选择命令。单击 模型 功能选项卡 编辑 ▾ 区域中的 实体化 按钮。

（3）单击 ✔ 按钮，完成曲面实体化 1 的创建。

Step28. 创建抽壳特征 1。

（1）选择命令。单击 模型 功能选项卡 工程 ▾ 区域中的 "壳" 按钮 壳 。

（2）定义移除面。选取图 7.35 所示的四个面为移除面。

（3）定义壁厚。在 厚度 文本框中输入壁厚值为 2.0。

（4）在操控板中单击 ✔ 按钮，完成抽壳特征 1 的创建。

图 7.34　定义实体化对象

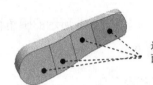

图 7.35　定义移除面

Step29. 创建图 7.36 所示的拉伸特征 6。在操控板中单击 "拉伸" 按钮 拉伸 ，按下操控板中的 "移除材料" 按钮 。选取 FRONT 基准平面为草绘平面，选取 RIGHT 基准平面为参考平面，方向为 右 ；绘制图 7.37 所示的截面草图，在操控板中定义拉伸类型为 ，单击 按钮调整拉伸方向；单击 ✔ 按钮，完成拉伸特征 6 的创建。

图 7.36　拉伸特征 6

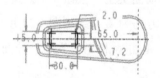

图 7.37　截面草图

Step30. 创建图 7.38 所示的拉伸特征 7。在操控板中单击 "拉伸" 按钮 拉伸 ，按下操控板中的 "移除材料" 按钮 。选取 FRONT 基准平面为草绘平面，选取 RIGHT 基准平面为参考平面，方向为 右 ；绘制图 7.39 所示的截面草图，在操控板中定义拉伸类型为 ，单击 按钮调整拉伸方向；单击 ✔ 按钮，完成拉伸特征 7 的创建。

图 7.38　拉伸特征 7

图 7.39　截面草图

Step31. 创建图 7.40 所示的拉伸特征 8。在操控板中单击"拉伸"按钮 拉伸，按下操控板中的"移除材料"按钮 。选取 FRONT 基准平面为草绘平面，选取 RIGHT 基准平面为参考平面，方向为 右；绘制图 7.41 所示的截面草图，在操控板中定义拉伸类型为 ，单击 按钮调整拉伸方向；单击 按钮，完成拉伸特征 8 的创建。

图 7.40　拉伸特征 8

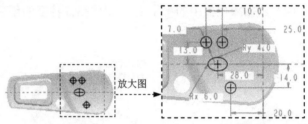

图 7.41　截面草图

Step32. 创建图 7.42 所示的拉伸特征 9。在操控板中单击"拉伸"按钮 拉伸，按下操控板中的"移除材料"按钮 。选取 FRONT 基准平面为草绘平面，选取 RIGHT 基准平面为参考平面，方向为 右；绘制图 7.43 所示的截面草图，在操控板中定义拉伸类型为 ；单击 按钮，完成拉伸特征 9 的创建。

图 7.42　拉伸特征 9

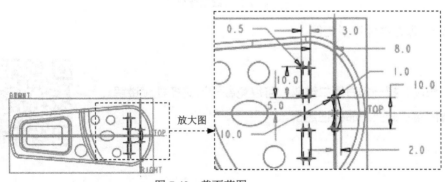

图 7.43　截面草图

Step33. 创建图 7.44 所示的扫描特征 1。

（1）选择"扫描"命令。单击 模型 功能选项卡 形状 ▾ 区域中的 🖐扫描 ▾ 按钮。

（2）定义扫描轨迹。

① 在操控板中确认"实体"按钮 ▭ 和"恒定轨迹"按钮 ━ 被按下。

② 在图形区中选取图 7.45 所示的边线为扫描轨迹。

③ 单击箭头，切换扫描的起始点。

（3）创建扫描特征的截面。

① 在操控板中单击"创建或编辑扫描截面"按钮 ☑，系统自动进入草绘环境。

② 绘制并标注扫描截面的草图，如图 7.46 所示。

③ 完成截面的绘制和标注后，单击"确定"按钮 ✔。

（4）单击操控板中的 ✔ 按钮，完成扫描特征的创建。

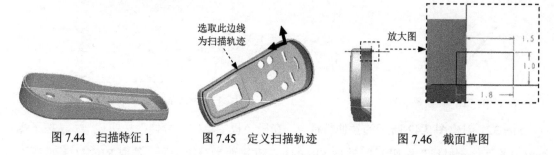

图 7.44　扫描特征 1　　　图 7.45　定义扫描轨迹　　　图 7.46　截面草图

Step34. 创建图 7.47b 所示的圆角特征 8。选取图 7.47a 所示的加亮边线为圆角放置参照，输入圆角半径值 0.2。

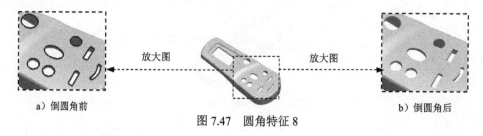

a）倒圆角前　　　　　　　　　　　　　　　　　　　　　　　　b）倒圆角后

图 7.47　圆角特征 8

Step35. 保存零件模型文件。

学习拓展：扫一扫右侧二维码，可以免费学习更多视频讲解。
讲解内容：曲面产品柔性建模。

实例 8 洗发水瓶

实例概述

本实例主要讲述了一款洗发水瓶的设计过程，是一个使用一般曲面和 ISDX 曲面综合建模的实例。通过本例的学习，读者可认识到，ISDX 曲面造型的关键是 ISDX 曲线，只有高质量的 ISDX 曲线才能获得高质量的 ISDX 曲面。下面讲解洗发水瓶的创建过程，零件模型及模型树如图 8.1 所示。

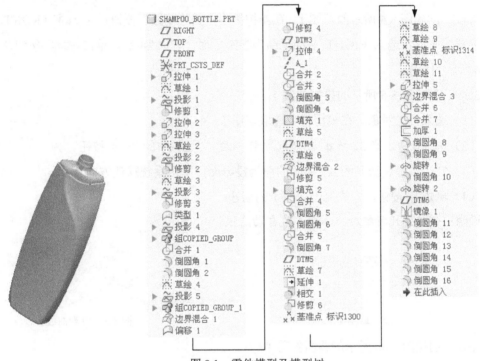

图 8.1　零件模型及模型树

Step1. 新建零件模型。选择下拉菜单 **文件 ▾** ➡ **新建(N)** 命令，系统弹出"新建"对话框，在 **类型** 选项组中选择 ⦿ ☐ **零件** 单选项，在 **名称** 文本框中输入文件名称 SHAMPOO_BOTTLE，取消选中 ☐ **使用默认模板** 复选框，单击 **确定** 按钮，在系统弹出的"新文件选项"对话框的 **模板** 选项组中选择 mmns_part_solid 模板，单击 **确定** 按钮，系统进入建模环境。

Step2. 创建图 8.2 所示的拉伸曲面 1。

（1）选择命令。单击 **模型** 功能选项卡 **形状 ▾** 区域中的"拉伸"按钮 ▢ 拉伸，按下操控板中的"曲面类型"按钮 ▢。

（2）绘制截面草图。在图形区右击，从系统弹出的快捷菜单中选择 定义内部草绘... 命令；

选取 TOP 基准平面为草绘平面，选取 RIGHT 基准平面为参考平面，方向为 右；单击 草绘 按钮，绘制图 8.3 所示的截面草图。

（3）定义拉伸属性。在操控板中选择拉伸类型为 丄，输入深度值 150，单击 ╳ 按钮调整拉伸方向。

（4）在操控板中单击 ✓ 按钮，完成拉伸曲面 1 的创建。

图 8.2　拉伸曲面 1

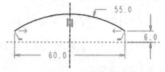

图 8.3　截面草图

Step3. 创建图 8.4 所示的草图 1。在操控板中单击"草绘"按钮 ✎；选取 FRONT 基准平面为草绘平面，选取 RIGHT 基准平面为参考平面，方向为 下，单击 草绘 按钮，绘制图 8.4 所示的草图。

Step4. 创建图 8.5 所示的投影曲线 1。

（1）选取投影对象。在模型树中选取草图 1。

（2）选择命令。单击 模型 功能选项卡 编辑 ▾ 区域中的 ⌃投影 按钮。

（3）定义参考。选取图 8.5 所示的面为投影面，采用系统默认方向。

（4）单击 ✓ 按钮，完成投影曲线 1 的创建。

说明：创建完此特征后，草图 1 将自动隐藏。

图 8.4　草图 1　　　　　　　　　　　　　　　　　图 8.5　投影曲线 1

Step5. 创建图 8.6b 所示的曲面修剪 1。

（1）选取修剪曲面。选取图 8.6a 所示的曲面为要修剪的曲面。

（2）选择命令。单击 模型 功能选项卡 编辑 ▾ 区域中的 ⬚修剪 按钮。

（3）选取修剪对象。选取 Step4 创建的投影曲线作为修剪对象。

（4）确定要保留的部分。单击调整图形区中的箭头使其指向要保留的部分，如图 8.6a 所示。

（5）单击 ✓ 按钮，完成曲面修剪 1 的创建。

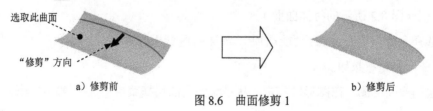

a）修剪前　　　　　　　　　　　　　　　　　　　　b）修剪后

图 8.6　曲面修剪 1

Step6. 创建图 8.7 所示的拉伸曲面 2。

（1）选择命令。单击 模型 功能选项卡 形状 ▼ 区域中的 ◻拉伸 按钮，按下操控板中的"曲面类型"按钮 ◻ 及"移除材料"按钮 ⚪ 。

（2）选取修剪对象。选取已存在的曲面为要修剪的曲面。

（3）绘制截面草图。单击 放置 按钮，在系统弹出的界面中单击 定义... 按钮；选取 FRONT 基准平面为草绘平面，选取 RIGHT 基准平面为参考平面，方向为 下 ，单击 草绘 按钮，绘制图 8.8 所示的截面草图。

（4）定义切削参数。在操控板中定义拉伸类型为 ⊥ ，输入深度值 40.0，采用系统默认的修剪方向。

（5）单击 ✔ 按钮，完成拉伸曲面 2 的创建。

图 8.7 拉伸曲面 2

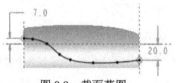

图 8.8 截面草图

Step7. 创建图 8.9 所示的拉伸曲面 3。在操控板中单击"拉伸"按钮 ◻拉伸 ，按下操控板中的"曲面类型"按钮 ◻ 。选取 TOP 基准平面为草绘平面，选取 RIGHT 基准平面为参考平面，方向为 右 ；绘制图 8.10 所示的截面草图。在操控板中定义拉伸类型为 ⊥ ，输入深度值 150.0，单击 ⚮ 按钮调整拉伸方向，单击 ✔ 按钮，完成拉伸曲面 3 的创建。

图 8.9 拉伸曲面 3

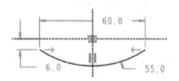

图 8.10 截面草图

Step8. 创建图 8.11 所示的草图 2。在操控板中单击"草绘"按钮 ⌇ ；选取 FRONT 基准平面为草绘平面，选取 RIGHT 基准平面为参考平面，方向为 下 ，单击 草绘 按钮，绘制图 8.11 所示的草图。

说明：图 8.11 所示的草图是使用"投影"命令和"镜像"命令绘制而成的。

Step9. 创建图 8.12 所示的投影曲线 2。在模型树中选取草图 2，单击 ⌇投影 按钮；选取拉伸曲面 2 为投影面，采用系统默认方向，单击 ✔ 按钮，完成投影曲线 2 的创建。

说明：创建完此特征后，草图 2 将自动隐藏。

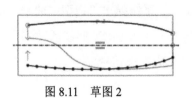

图 8.11 草图 2

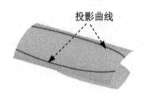

图 8.12 投影曲线 2

Step10. 创建图 8.13b 所示的曲面修剪 2。选取图 8.13a 所示的曲面为要修剪的曲面；单击 ⬚修剪 按钮；选取图 8.13a 所示的曲线作为修剪对象，调整图形区中的箭头使其指向要保留的部分，如图 8.13a 所示。单击 ✓ 按钮，完成曲面修剪 2 的创建。

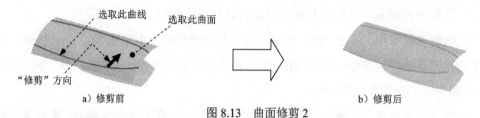

图 8.13 曲面修剪 2

Step11. 创建图 8.14 所示的草图 3。在操控板中单击"草绘"按钮 ⬚；选取 FRONT 基准平面为草绘平面，选取 RIGHT 基准平面为参考平面，方向为 下 ，单击 草绘 按钮，绘制图 8.14 所示的草图。

说明：图 8.14 所示的草图是使用"投影"命令和"镜像"命令绘制而成的。

Step12. 创建图 8.15 所示的投影曲线 3（投影曲线 2 已隐藏）。在模型树中选取草图 3，单击 ⬚投影 按钮；选取图 8.15 所示的面为投影面，采用系统默认方向，单击 ✓ 按钮，完成投影曲线 3 的创建。

图 8.14 草图 3   图 8.15 投影曲线 3

Step13. 创建图 8.16b 所示的曲面修剪 3。选取图 8.16a 所示的曲面为要修剪的曲面；单击 ⬚修剪 按钮；选取图 8.16a 所示的曲线作为修剪对象，调整图形区中的箭头使其指向要保留的部分，如图 8.16a 所示；单击 ✓ 按钮，完成曲面修剪 3 的创建。

图 8.16 曲面修剪 3

Step14. 创建图 8.17 所示的造型特征 1。

（1）进入造型环境。单击 模型 功能选项卡 曲面 ▾ 区域中的 ⬚样式 按钮。

（2）绘制初步 ISDX 曲线。单击"曲线"按钮 ～，系统弹出"造型：曲线"操控板。在操控板中选中 ⬚ 单选项，采用系统默认的 TOP 基准平面为 ISDX 曲线活动平面；绘制图 8.18 所示的初步 ISDX 曲线，然后单击操控板中的"完成"按钮 ✓。

（3）编辑 ISDX 曲线。单击 🖊️曲线编辑 按钮，系统弹出"造型：曲线编辑"操控板，单击"视图工具栏"中的"活动平面方向"按钮🔲，按住 Shift 键，选取图 8.19 所示的初步 ISDX 曲线的端点进行拖动，使样条曲线的两个端点分别与图 8.18 所示的两条边线的两个端点重合，结果如图 8.19 所示，然后单击操控板中的"完成"按钮✔️。

选取这两条边线

图 8.17　造型特征 1　　　　图 8.18　绘制 ISDX 曲线　　　　图 8.19　编辑 ISDX 曲线

（4）创建图 8.20 所示的 DTM1 基准平面。单击 样式 功能选项卡 平面 区域中的 设置活动平面▾ 按钮，在系统弹出的菜单中选择 🔲内部平面 命令，此时系统弹出"基准平面"对话框。选取 TOP 基准平面为参考平面，将其约束类型设置为 平行 ，按住 Ctrl 键，选取图 8.20 所示的顶点，将其约束类型设置为 穿过 ，单击对话框中的 确定 按钮。

（5）创建图 8.21 所示的 DTM2 基准平面。单击 样式 功能选项卡 平面 区域中的 设置活动平面▾ 按钮，在系统弹出的菜单中选择 🔲内部平面 命令，此时系统弹出"基准平面"对话框。选取 TOP 基准平面为偏距参考面，调整偏移方向，在对话框中输入偏移距离值 80.0，单击对话框中的 确定 按钮。

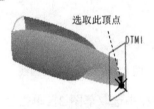
选取此顶点

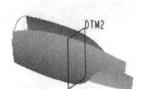

图 8.20　基准平面 1　　　　　　　　图 8.21　基准平面 2

（6）绘制初步 ISDX 曲线。单击"设置活动平面"按钮🔲，选择 DTM1 基准平面为活动平面，单击"视图工具栏"中的🔲按钮，单击"曲线"按钮〰️，在系统弹出的"造型：曲线"操控板中选中🔲单选项，绘制图 8.22 所示的初步 ISDX 曲线，然后单击操控板中的"完成"按钮✔️。

（7）编辑 ISDX 曲线。单击 🖊️曲线编辑 按钮，单击"视图工具栏"中的🔲按钮，参考步骤（3），编辑图 8.22 所示的 ISDX 曲线，结果如图 8.23 所示。

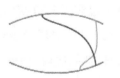

图 8.22　绘制 ISDX 曲线　　　　　　图 8.23　编辑 ISDX 曲线

Creo 6.0
曲面设计实例精解

（8）绘制初步 ISDX 曲线。单击"设置活动平面"按钮，选择 DTM2 基准平面为活动平面，单击"视图工具栏"中的 按钮，单击"曲线"按钮，在系统弹出的"曲线创建"操控板中选中 单选项，绘制图 8.24 所示的初步 ISDX 曲线，然后单击操控板中的"完成"按钮 。

（9）编辑 ISDX 曲线。单击 曲线编辑 按钮，单击"视图工具栏"中的 按钮，参考步骤（3），编辑图 8.24 所示的 ISDX 曲线，结果如图 8.25 所示。

图 8.24　绘制 ISDX 曲线

图 8.25　编辑 ISDX 曲线

（10）绘制图 8.26 所示的曲面。单击"曲面"按钮，在"首要"区域中依次选取图 8.27 所示的曲线 1、曲线 2、曲线 3 和曲线 4 为主曲线；在"内部"区域中选取曲线 5 为内部曲线；单击操控板中的"完成"按钮 ，完成类型 1 的创建。单击"确定"按钮 ，退出 ISDX 环境。

图 8.26　绘制 ISDX 曲面

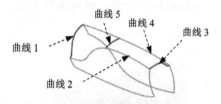
图 8.27　编辑 ISDX 曲线

Step15. 创建图 8.28 所示的投影曲线 4。在模型树中选取草图 3，单击 投影 按钮；选取图 8.28 所示的面为投影面，采用系统默认方向，单击 按钮，完成投影曲线 4 的创建。

Step16. 创建图 8.29 所示的复制面组。

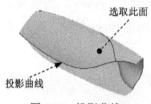
图 8.28　投影曲线 4

图 8.29　创建复制面组

（1）在绘图区选取图 8.30 所示的面为要复制的曲面。

（2）单击 模型 功能选项卡 操作 区域中的"复制"按钮 。

（3）单击 模型 功能选项卡 操作 区域中的"粘贴"按钮 下的 选择性粘贴 选项，系统弹出"选择性粘贴"对话框。

（4）在"选择性粘贴"对话框中设置图 8.31 所示的参数，然后单击 确定(0) 按钮。系统弹出"高级参考配置"对话框。

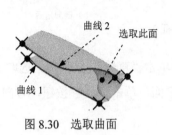

图 8.30　选取曲面

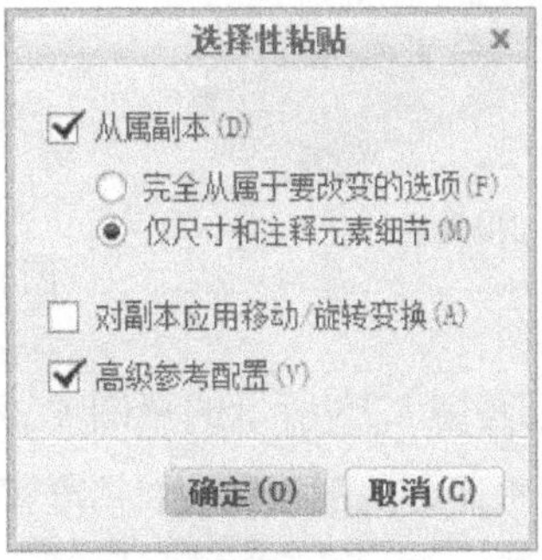

图 8.31　"选择性粘贴"对话框

（5）设置高级参考配置参数。

① 替换基准平面。保持默认的原始参考。

② 替换顶点。将 **原始特征的参考** 区域中的五个点分别进行替换，替换点为图 8.30 所示的两条曲线的端点（可参见视频）。

③ 替换曲线。在绘图区依次选取图 8.30 所示的曲线 1 和曲线 2。

说明： 在选取参考时，读者要根据系统自动加亮的对象依次选取对应的参考，或者使用相同参考。

（6）在"高级参考配置"对话框中单击 ✓ 按钮，在系统弹出的"预览"对话框中再次单击 ✓ 按钮，完成曲面的复制操作。

Step17. 创建曲面合并 1。

（1）选取合并对象。按住 Ctrl 键，选取图 8.32 所示的曲面 1、曲面 2、曲面 3 和曲面 4 为合并对象。

（2）选择命令。单击 模型 功能选项卡 编辑 ▼ 区域中的 合并 按钮。

（3）单击 ✓ 按钮，完成曲面合并 1 的创建。

Step18. 创建图 8.33b 所示的圆角特征 1。单击 模型 功能选项卡 工程 ▼ 区域中的 倒圆角 ▼ 按钮，选取图 8.33a 所示的边线为圆角放置参考，在圆角半径文本框中输入值 2.0。

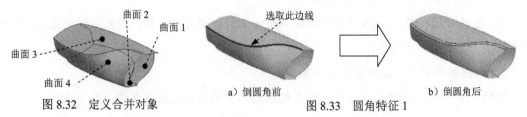

图 8.32　定义合并对象

a）倒圆角前　　b）倒圆角后

图 8.33　圆角特征 1

Step19. 创建图 8.34b 所示的圆角特征 2。选取图 8.34a 所示的边线为圆角放置参考，输入圆角半径值 2.0。

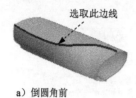
选取此边线

a）倒圆角前

图 8.34　圆角特征 2

b）倒圆角后

Step20. 创建图 8.35 所示的草图 4。在操控板中单击"草绘"按钮 ，选取 FRONT 基准平面为草绘平面，选取 RIGHT 基准平面为参考平面，单击 反向 按钮，方向为 下 ，单击 草绘 按钮，绘制图 8.35 所示的草图。

Step21. 创建图 8.36 所示的投影曲线 5（草图 4 已隐藏）。在模型树中选取草图 4，单击 投影 按钮，选取图 8.36 所示的面（包括倒圆角面）为投影面，采用系统默认方向，单击 按钮，完成投影曲线 5 的创建。

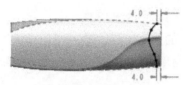

图 8.35　草图 4

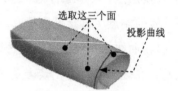
选取这三个面

投影曲线

图 8.36　投影曲线 5

Step22. 创建图 8.37 所示的复制曲线。

（1）在绘图区选取图 8.38 所示的曲线为要复制的曲线。

（2）单击 模型 功能选项卡 操作 ▾ 区域中的"复制"按钮 。

（3）单击 模型 功能选项卡 操作 ▾ 区域中的"粘贴"按钮 ▾ 下的 选择性粘贴 选项，系统弹出"选择性粘贴"对话框。

（4）在"选择性粘贴"对话框中选中 ☑ 完全从属于要改变的选项(F) 和 ☑ 高级参考配置(V) 复选框，然后单击 确定(O) 按钮，系统弹出"高级参考配置"对话框。

（5）设置高级参考配置参数。

① 替换草图。保持默认的原始参考。

② 替换曲面。将 原始特征的参考 区域中的三个面分别进行替换，替换对象为图 8.38 所示的曲面 2、曲面 1 和圆角面。

③ 替换基准平面。保持默认的原始参考。

说明：在选取参考时，读者可根据系统自动加亮的对象选取与之匹配的参考。

（6）在"高级参考配置"对话框中单击 按钮，完成曲线的复制操作。

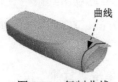

图 8.37　复制曲线

图 8.38　定义替换对象

Step23. 创建图 8.39 所示的边界混合曲面 1。

（1）选择命令。单击 模型 功能选项卡 曲面 ▾ 区域中的"边界混合"按钮 。

（2）选取边界曲线。在操控板中单击 曲线 按钮，系统弹出"曲线"界面，按住 Ctrl 键，依次选取图 8.39 所示的两条曲线为第一方向边界曲线。

（3）设置边界条件。在操控板中单击 控制点 按钮，在系统弹出界面的 拟合 下拉列表中选择 弧长 选项。

（4）单击 ✔ 按钮，完成边界混合曲面 1 的创建。

Step24. 创建偏移曲面 1。

（1）选取偏移对象。选取图 8.40 所示的面为要偏移的曲面。

（2）选择命令。单击 模型 功能选项卡 编辑 ▾ 区域中的 偏移 按钮。

（3）定义偏移设置。在操控板中单击 选项 按钮，在系统弹出的界面中选择 控制拟合 选项，采用系统默认的坐标系，并取消选中 ☑X、☑Y 和 ☑Z 复选框。

（4）定义偏移值。在操控板中输入偏移值 2.0，定义偏移方向如图 8.40 所示。

（5）单击 ✔ 按钮，完成偏移曲面 1 的创建。

图 8.39　边界混合曲面 1

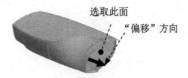

图 8.40　定义偏移面

Step25. 创建图 8.41b 所示的曲面修剪 4（偏移曲面 1 已隐藏）。选取图 8.41a 所示的面 1 为要修剪的曲面，单击 修剪 按钮；选取图 8.41a 所示的面 2（面 2 为边界混合曲面 1）作为修剪对象；单击调整图形区中的箭头使其指向要保留的部分，如图 8.41a 所示；单击 ✔ 按钮，完成曲面修剪 4 的创建。

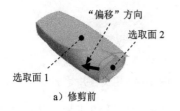

a）修剪前

b）修剪后

图 8.41　曲面修剪 4

Step26. 创建图 8.42 所示的基准平面 3。单击 模型 功能选项卡 基准 ▾ 区域中的"平面"按钮 ⧄，选取 TOP 基准平面为偏距参考面，调整偏移方向，在对话框中输入偏移距离值 155.0；单击对话框中的 确定 按钮。

Step27. 创建图 8.43 所示的拉伸曲面 4。在操控板中单击"拉伸"按钮 ⬚拉伸，按下操控板中的"曲面类型"按钮 ⬚。选取 DTM3 基准平面为草绘平面，选取 RIGHT 基准平面为参考平面，方向为 右，单击 反向 按钮，绘制图 8.44 所示的截面草图；在操控板中定义拉伸类型为 ⬛，输入深度值 30.0，单击 ⤢ 按钮调整拉伸方向；单击 ✔ 按钮，完成拉伸曲面 4 的创建。

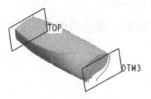
图 8.42　基准平面 3

图 8.43　拉伸曲面 4

Step28. 创建图 8.45 所示的基准轴 A_1。单击 模型 功能选项卡 基准 ▾ 区域中的"基准轴"按钮 ⁄轴。按住 Ctrl 键，在绘图区选取图 8.46 所示的两个点为基准轴参考，将其约束类型均设置为 穿过，单击对话框中的 确定 按钮。

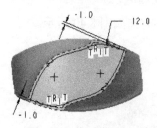
图 8.44　截面草图

图 8.45　基准轴 A_1

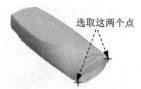
图 8.46　定义基准轴参考

Step29. 创建曲面合并 2。按住 Ctrl 键，在模型树中选取边界混合曲面 1 和拉伸曲面 4 为合并对象，单击 ⬚合并 按钮，调整箭头方向如图 8.47 所示；单击 ✔ 按钮，完成曲面合并 2 的创建。

Step30. 创建曲面合并 3。按住 Ctrl 键，选取图 8.48 所示的面和曲面合并 2 为合并对象，单击 ⬚合并 按钮，单击 ✔ 按钮，完成曲面合并 3 的创建。

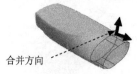
图 8.47　定义合并对象

图 8.48　定义合并对象

Step31. 创建图 8.49b 所示的圆角特征 3。选取图 8.49a 所示的边线为圆角放置参考，输入圆角半径值 2.0。

图 8.49 圆角特征 3

Step32. 创建图 8.50b 所示的圆角特征 4。选取图 8.50a 所示的边线为圆角放置参考，输入圆角半径值 3.0。

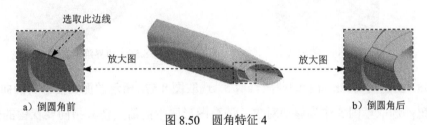

图 8.50 圆角特征 4

Step33. 创建图 8.51 所示的填充曲面 1。

（1）选择命令。单击 模型 功能选项卡 曲面 ▾ 区域中的 □ 填充 按钮。

（2）绘制截面草图。在图形区右击，从系统弹出的快捷菜单中选择 定义内部草绘... 命令；选取 TOP 基准平面为草绘平面，选取 RIGHT 基准平面为参考平面，方向为 右；单击 草绘 按钮，绘制图 8.52 所示的截面草图。

（3）在操控板中单击 ✔ 按钮，完成填充曲面 1 的创建。

图 8.51 填充曲面 1

图 8.52 截面草图

Step34. 创建图 8.53 所示的草图 5。在操控板中单击"草绘"按钮 ；选取 TOP 基准平面为草绘平面，选取 RIGHT 基准平面为参考平面，方向为 右，单击 草绘 按钮，绘制图 8.53 所示的草图。

Step35. 创建图 8.54 所示的基准平面 4。单击 模型 功能选项卡 基准 ▾ 区域中的"平面"按钮 ，选取 TOP 基准平面为偏距参考面，调整偏移方向，在对话框中输入偏移距离值 2.0。单击对话框中的 确定 按钮。

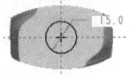

图 8.53 草图 5

图 8.54 基准平面 4

Step36. 创建图 8.55 所示的草图 6。在操控板中单击"草绘"按钮 ；选取 DTM4 基准平面为草绘平面，选取 RIGHT 基准平面为参考平面，方向为 右 ，单击 草绘 按钮，绘制图 8.55 所示的草图。

Step37. 创建图 8.56 所示的边界混合曲面 2。单击"边界混合"按钮 ；按住 Ctrl 键，依次选取草图 5 和草图 6 为边界曲线的第一方向曲线，单击 按钮，完成边界混合曲面 2 的创建。

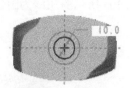

图 8.55　草图 6

图 8.56　边界混合曲面 2

Step38. 创建图 8.57b 所示的曲面修剪 5。选取图 8.57a 所示的面为要修剪的曲面，单击 修剪 按钮；选取草图 5 作为修剪对象，调整图形区中的箭头使其指向要保留的部分，如图 8.57a 所示；单击 按钮，完成曲面修剪 5 的创建。

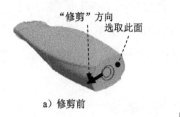

a）修剪前　　　　　　　　　　　　　　　b）修剪后

图 8.57　曲面修剪 5

Step39. 创建图 8.58 所示的填充曲面 2。单击 填充 按钮；选取 DTM4 基准平面为草绘平面，选取 RIGHT 基准平面为参考平面，方向为 右 ，绘制图 8.59 所示的截面草图；单击 按钮，完成填充曲面 2 的创建。

图 8.58　填充曲面 2

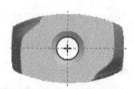

图 8.59　截面草图

Step40. 创建曲面合并 4。按住 Ctrl 键，在模型树中选取填充曲面 1、边界混合曲面 2 和填充曲面 2 为合并对象，单击 合并 按钮，单击 按钮，完成曲面合并 4 的创建。

Step41. 创建图 8.60b 所示的圆角特征 5。选取图 8.60a 所示的边线为圆角放置参考，输入圆角半径值 4.0。

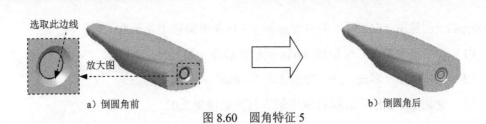

选取此边线
放大图
a）倒圆角前
b）倒圆角后

图 8.60　圆角特征 5

Step42. 创建图 8.61b 所示的圆角特征 6。选取图 8.61a 所示的边线为圆角放置参考，输入圆角半径值 3.0。

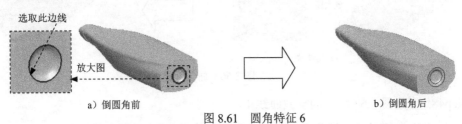

选取此边线
放大图
a）倒圆角前
b）倒圆角后

图 8.61　圆角特征 6

Step43. 创建曲面合并 5。按住 Ctrl 键，选取图 8.62 所示的面为合并对象，单击 合并 按钮，单击 ✓ 按钮，完成曲面合并 5 的创建。

Step44. 创建图 8.63b 所示的圆角特征 7。选取图 8.63a 所示的边线为圆角放置参考，输入圆角半径值 2.0。

选取这两个面
选取此边线
a）倒圆角前
b）倒圆角后

图 8.62　定义合并对象　　　　图 8.63　圆角特征 7

Step45. 创建图 8.64 所示的基准平面 5。单击 模型 功能选项卡 基准 ▾ 区域中的"平面"按钮 ◻；选取 A_1 基准轴，将其约束类型设置为 穿过 ，按住 Ctrl 键，选取 DTM3 基准平面，将其约束类型设置为 法向 。单击对话框中的 确定 按钮。

Step46. 创建图 8.65 所示的草图 7。在操控板中单击"草绘"按钮 ◠；选取 DTM3 基准平面为草绘平面，选取 RIGHT 基准平面为参考平面，单击 反向 按钮，方向为 右 ，单击 草绘 按钮，绘制图 8.65 所示的草图。

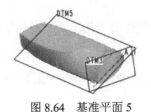

这两个点为打断点

图 8.64　基准平面 5　　　　图 8.65　草图 7

Step47. 创建图 8.66b 所示的曲面延伸 1（将曲面偏移 1 显示）。

（1）选取延伸参考。选取图 8.66a 所示的边线为要延伸的参考。

（2）选择命令。单击 模型 功能选项卡 编辑 ▾ 区域中的 ⊞延伸 按钮。

（3）定义延伸长度。在操控板中输入延伸长度值 2.0。

（4）单击 ✔ 按钮，完成曲面延伸 1 的创建。

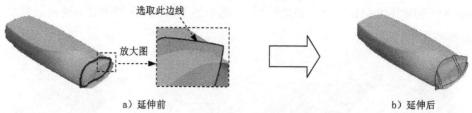

选取此边线
放大图
a）延伸前
b）延伸后

图 8.66　曲面延伸 1

Step48. 创建图 8.67 所示的交截曲线 1。

（1）选取交截对象。按住 Ctrl 键，选取图 8.68 所示的面为交截对象。

（2）选择命令。单击 模型 功能选项卡 编辑 ▾ 区域中的 ⬠相交 按钮，完成交截曲线的创建。

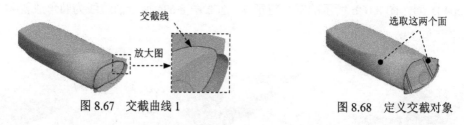

交截线
放大图
图 8.67　交截曲线 1

选取这两个面
图 8.68　定义交截对象

Step49. 创建图 8.69b 所示的曲面修剪 6。选取图 8.69a 所示的面 1 为要修剪的曲面；单击 ⬠修剪 按钮；选取图 8.69a 所示的面 2 作为修剪对象，调整图形区中的箭头使其指向要保留的部分，如图 8.69a 所示。单击 ✔ 按钮，完成曲面修剪 6 的创建。

"修剪"方向
选取面 2
选取面 1
a）修剪前
b）修剪后

图 8.69　曲面修剪 6

Step50. 创建图 8.70 所示的基准点 1。

（1）选择命令。单击"基准点"按钮 ××点 ▾，系统弹出"基准点"对话框。

（2）定义基准点参考。按住 Ctrl 键，选取 DTM5 基准平面和图 8.71 所示的边线 1 为点参考；选取对话框中的 ➜ 新点 选项，按住 Ctrl 键，选取 DTM5 基准平面和图 8.71 所示的边线 2 为点参考。

（3）单击 确定 按钮，完成基准点的创建。

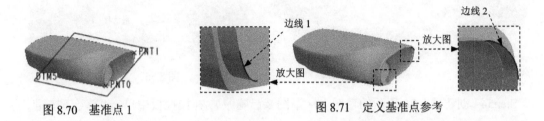

图 8.70　基准点 1　　　　　　　图 8.71　定义基准点参考

Step51. 创建图 8.72 所示的草图 8（将草图 7 显示）。在操控板中单击"草绘"按钮 ；选取 DTM5 基准平面为草绘平面，选取 DTM3 基准平面为参考平面，方向为 右 ，单击 草绘 按钮，绘制图 8.72 所示的草图。

说明：草图 8 所绘制的样条曲线的两个端点分别与草图 7 和基准点 PNT0 重合，并且样条曲线的两个端点分别与对应的水平中心线相切。

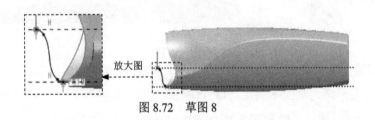

图 8.72　草图 8

Step52. 创建图 8.73 所示的草图 9。在操控板中单击"草绘"按钮 ；选取 DTM5 基准平面为草绘平面，选取 DTM3 基准平面为参考平面，方向为 右 ，单击 草绘 按钮，绘制图 8.73 所示的草图。

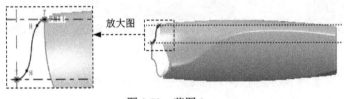

图 8.73　草图 9

Step53. 创建图 8.74 所示的基准点 2。

（1）选择命令。单击"基准点"按钮 ，系统弹出"基准点"对话框。

（2）定义基准点参考。按住 Ctrl 键，选取 RIGHT 基准平面和图 8.75 所示的边线 1 为点参考；选取对话框中的 新点 选项；采用同样的方法，按住 Ctrl 键，分别选取 RIGHT 基准平面和其余三条边线为点参考，创建图 8.74 所示的点。

（3）单击 确定 按钮，完成基准点的创建。

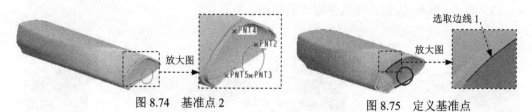

图 8.74　基准点 2　　　　　　　　　图 8.75　定义基准点

Step54. 创建图 8.76 所示的草图 10（草图 8 已隐藏）。在操控板中单击"草绘"按钮 ；选取 RIGHT 基准平面为草绘平面，选取 TOP 基准平面为参考平面，单击 反向 按钮，方向为 右，单击 草绘 按钮，绘制图 8.76 所示的草图。

说明：草图 10 所绘制的样条曲线的两个端点分别与草图 7 和基准点 PNT4 重合，并且样条曲线的两个端点分别与对应的水平中心线相切。

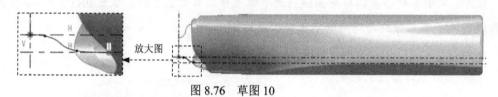

图 8.76　草图 10

Step55. 创建图 8.77 所示的草图 11（草图 9 已隐藏）。在操控板中单击"草绘"按钮 ；选取 RIGHT 基准平面为草绘平面，选取 TOP 基准平面为参考平面，单击 反向 按钮，方向为 右，单击 草绘 按钮，绘制图 8.77 所示的草图。

说明：草图 11 所绘制的样条曲线的两个端点分别与草图 7 和基准点 PNT5 重合，并且样条曲线的两个端点分别与对应的水平中心线相切。

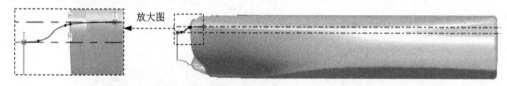

图 8.77　草图 11

Step56. 创建图 8.78 所示的拉伸曲面 5。在操控板中单击"拉伸"按钮 拉伸，按下操控板中的"曲面类型"按钮 。选取 DTM3 基准平面为草绘平面，选取 RIGHT 基准平面为参考平面，方向为 左，单击 反向 按钮调整视图方向；绘制图 8.79 所示的截面草图，在操控板中定义拉伸类型为 ，输入深度值 6.0；单击 按钮，完成拉伸曲面 5 的创建。

图 8.78　拉伸曲面 5　　　　　　　图 8.79　截面草图

Step57. 创建图 8.80 所示的边界混合曲面 3。单击"边界混合"按钮 ；选取图 8.81

所示的两条边线为第一方向曲线，选取草图 8、草图 11、草图 9 和草图 10 为第二方向曲线；单击 约束 按钮，将"方向 1"所有链的"条件"均设置为 相切，将"方向 2"所有链的"条件"均设置为 自由；在操控板中单击 控制点 按钮，在系统弹出的界面的 拟合 下拉列表中选择 弧长 选项；单击 ✔ 按钮，完成边界混合曲面 3 的创建。

图 8.80　边界混合曲面 3

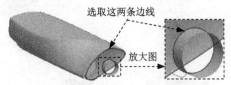

图 8.81　定义边界曲线

说明：在选取边界混合曲线之前，可以先将相交曲线 1 与草图 7 隐藏，然后选取现有曲面的边线作为边界混合曲面，这样在设置曲面相切约束时，系统会自动捕捉相切对象，无须手动进行选取。此处的边界曲面可能生成有褶皱，如果出现问题要试着调整一下草图 8、草图 9、草图 10 或草图 11 的形状。如果对曲面质量要求不高，也可以取消选中 □ 添加内部边相切 复选框以消除因内部相切引起的褶皱。

Step58. 创建曲面合并 6。按住 Ctrl 键，选取图 8.82 所示的面组为合并对象，单击 合并 按钮；单击 ✔ 按钮，完成曲面合并 6 的创建。

Step59. 创建曲面合并 7。按住 Ctrl 键，在模型树中选取曲面合并 6 和拉伸曲面 5 为合并对象，单击 合并 按钮；单击 ✔ 按钮，完成曲面合并 7 的创建。

Step60. 创建图 8.83 所示的曲面加厚 1。

（1）选取加厚对象。在模型树中选取曲面合并 7 为要加厚的对象。

（2）选择命令。单击 模型 功能选项卡 编辑 ▾ 区域中的 加厚 按钮。

（3）定义加厚参数。在操控板中输入厚度值 1.0，并单击 ✗ 按钮，定义加厚方向为两侧加厚。

（4）单击 ✔ 按钮，完成加厚操作。

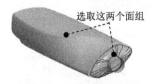

图 8.82　定义合并对象

图 8.83　曲面加厚 1

Step61. 创建图 8.84b 所示的圆角特征 8。选取图 8.84a 所示的边线为圆角放置参考，输入圆角半径值 0.5。

Step62. 创建图 8.85b 所示的圆角特征 9。选取图 8.85a 所示的边线为圆角放置参考，输入圆角半径值 0.5。

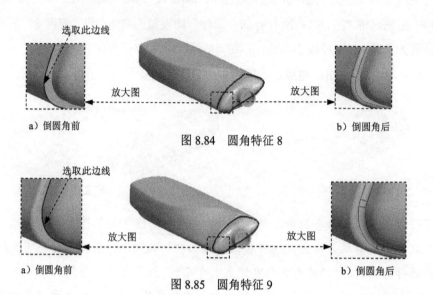

选取此边线

放大图 | 放大图

a）倒圆角前　　　　　　　　　　　　　b）倒圆角后

图 8.84　圆角特征 8

选取此边线

放大图 | 放大图

a）倒圆角前　　　　　　　　　　　　　b）倒圆角后

图 8.85　圆角特征 9

Step63. 创建图 8.86 所示的旋转特征 1。

（1）选择命令。单击 模型 功能选项卡 形状 ▾ 区域中的"旋转"按钮 ⴖ 旋转 。

（2）绘制截面草图。在图形区右击，从系统弹出的快捷菜单中选择 定义内部草绘... 命令；选取 RIGHT 基准平面为草绘平面，选取 TOP 基准平面为参考平面，方向为 左 ；单击 草绘 按钮，绘制图 8.87 所示的截面草图（包括中心线）。

（3）定义旋转属性。在操控板中选择旋转类型为 ⊥ ，在角度文本框中输入角度值 360.0，并按 Enter 键。

（4）在操控板中单击"完成"按钮 ✔ ，完成旋转特征 1 的创建。

放大图

图 8.86　旋转特征 1

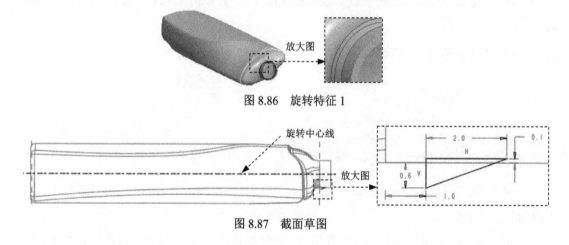

旋转中心线

放大图

图 8.87　截面草图

Step64. 创建图 8.88b 所示的圆角特征 10。选取图 8.88a 所示的边线为圆角放置参考，输入圆角半径值 0.2。

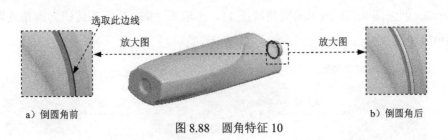

图 8.88 圆角特征 10

Step65. 创建图 8.89 所示的旋转特征 2。在操控板中单击"旋转"按钮 旋转 。选取 RIGHT 基准平面为草绘平面，选取 TOP 基准平面为参考平面，方向为 左 ；绘制图 8.90 所示的截面草图（包括中心线），在操控板中选择旋转类型为 ，在角度文本框中输入角度值 25.0；单击 按钮调整旋转方向，单击 按钮，完成旋转特征 2 的创建。

图 8.89 旋转特征 2

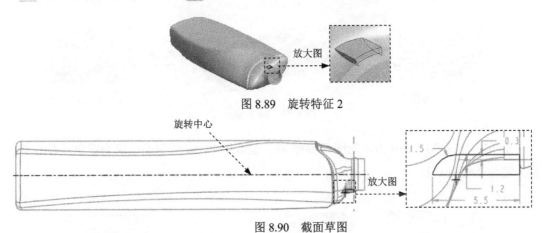

图 8.90 截面草图

Step66. 创建图 8.91 所示的基准平面 6。单击 模型 功能选项卡 基准 ▼ 区域中的"平面"按钮 ；选取 A_3 基准轴，将其约束类型设置为 穿过 ，按住 Ctrl 键，选取 FRONT 基准平面，将其约束类型设置为 偏移 ，调整旋转方向，输入旋转角度值 15.0；单击对话框中的 确定 按钮。

Step67. 创建图 8.92 所示的镜像特征 1。

（1）选取镜像特征。在模型树中选取旋转特征 2 为镜像特征。

（2）选择"镜像"命令。单击 模型 功能选项卡 编辑 ▼ 区域中的"镜像"按钮 。

（3）定义镜像平面。选取 DTM6 基准平面为镜像平面。

（4）在操控板中单击 按钮，完成镜像特征 1 的创建。

图 8.91 基准平面 6   图 8.92 镜像特征 1

Step68. 创建图 8.93b 所示的圆角特征 11。选取图 8.93a 所示的边线为圆角放置参考，输入圆角半径值 0.2。

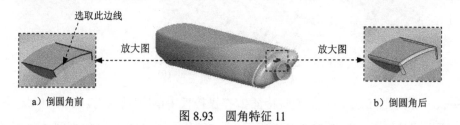

图 8.93　圆角特征 11

Step69. 创建图 8.94b 所示的圆角特征 12。选取图 8.94a 所示的边线为圆角放置参考，输入圆角半径值 0.2。

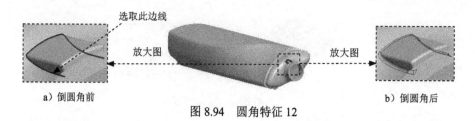

图 8.94　圆角特征 12

Step70. 创建图 8.95b 所示的圆角特征 13。选取图 8.95a 所示的边线为圆角放置参考，输入圆角半径值 0.2。

图 8.95　圆角特征 13

Step71. 创建图 8.96b 所示的圆角特征 14。选取图 8.96a 所示的边线为圆角放置参考，输入圆角半径值 0.2。

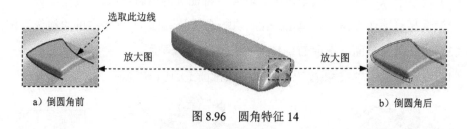

图 8.96　圆角特征 14

Step72. 创建图 8.97b 所示的圆角特征 15。选取图 8.97a 所示的边线为圆角放置参考，输入圆角半径值 2.5。

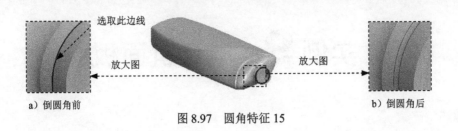

选取此边线 放大图 放大图

a）倒圆角前　　　　　　　　　　　　　　　　　　　　b）倒圆角后

图 8.97　圆角特征 15

Step73. 创建图 8.98b 所示的圆角特征 16。选取图 8.98a 所示的边线为圆角放置参考，输入圆角半径值 0.5。

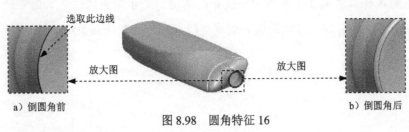

选取此边线 放大图 放大图

a）倒圆角前　　　　　　　　　　　　　　　　　　　　b）倒圆角后

图 8.98　圆角特征 16

Step74. 保存零件模型文件。

学习拓展：扫一扫右侧二维码，可以免费学习更多视频讲解。

讲解内容：产品设计的背景知识，曲面的基本概念，常用的曲面设的方法及流程等。

实例 9　电话机面板

实例概述

本实例主要讲述了一款电话机面板的设计过程，本例中没有用到复杂的命令，却创建出了相对比较复杂的曲面形状，其中的创建方法值得读者借鉴。读者在创建模型时，由于绘制的样条曲线会与本例有些差异，导致有些草图的尺寸不能保证与本例中的一致，建议读者自行定义。下面讲解电话机面板的创建过程，零件模型及模型树如图 9.1 所示。

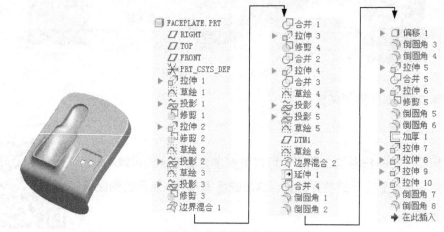

图 9.1　零件模型及模型树

Step1. 新建零件模型。新建一个零件模型，命名为 FACEPLATE。

Step2. 创建图 9.2 所示的拉伸曲面 1。

（1）选择命令。单击 模型 功能选项卡 形状 ▼ 区域中的"拉伸"按钮 ⬚拉伸，按下操控板中的"曲面类型"按钮 ⬚。

（2）绘制截面草图。在图形区右击，从系统弹出的快捷菜单中选择 定义内部草绘... 命令；选取 RIGHT 基准平面为草绘平面，选取 TOP 基准平面为参考平面，方向为 左，单击 草绘 按钮，绘制图 9.3 所示的截面草图。

（3）定义拉伸属性。在操控板中选择拉伸类型为 ⬒，输入深度值 120.0，单击 ⤴ 按钮调整拉伸方向。

（4）在操控板中单击 ✔ 按钮，完成拉伸曲面 1 的创建。

图 9.2　拉伸曲面 1

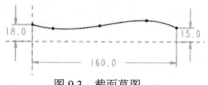

图 9.3　截面草图

Step3. 创建图 9.4 所示的草图 1。在操控板中单击"草绘"按钮 ✎；选取 FRONT 基准平面为草绘平面，选取 RIGHT 基准平面为参考平面，方向为 上，单击 草绘 按钮，绘制图 9.4 所示的草图。

Step4. 创建图 9.5 所示的投影曲线 1。

（1）选取投影对象。在模型树中选取草图 1。

（2）选择命令。单击 模型 功能选项卡 编辑 ▾ 区域中的 ⚮投影 按钮。

（3）定义参考。选取图 9.5 所示的面为投影面，采用系统默认方向。

（4）单击 ✔ 按钮，完成投影曲线 1 的创建。

说明：创建完此特征后，草图 1 将自动隐藏。

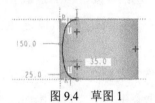

图 9.4 草图 1

图 9.5 投影曲线 1

Step5. 创建图 9.6b 所示的曲面修剪 1。

（1）选取修剪曲面。选取图 9.6a 所示的曲面为要修剪的曲面。

（2）选择命令。单击 模型 功能选项卡 编辑 ▾ 区域中的 ⬚修剪 按钮。

（3）选取修剪对象。选取 Step4 创建的投影曲线作为修剪对象。

（4）确定要保留的部分。单击调整图形区中的箭头使其指向要保留的部分，如图 9.6a 所示。

（5）单击 ✔ 按钮，完成曲面修剪 1 的创建。

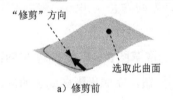

a）修剪前

b）修剪后

图 9.6 曲面修剪 1

Step6. 创建图 9.7 所示的拉伸曲面 2。在操控板中单击"拉伸"按钮 ⬠拉伸，按下操控板中的"曲面类型"按钮 ⬠；选取 FRONT 基准平面为草绘平面，选取 RIGHT 基准平面为参考平面，方向为 下；单击 反向 按钮调整草绘视图方向；绘制图 9.8 所示的截面草图，在操控板中定义拉伸类型为 ⬓，输入深度值 50.0；单击 ✔ 按钮，完成拉伸曲面 2 的创建。

图 9.7 拉伸曲面 2

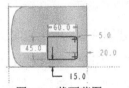

图 9.8 截面草图

Step7. 创建图9.9b所示的曲面修剪2。选取图9.9a所示的面为要修剪的曲面；单击 ⃞ 修剪 按钮；选取拉伸曲面 2 作为修剪对象，调整图形区中的箭头使其指向要保留的部分，如图 9.9a 所示；单击 ✓ 按钮，完成曲面修剪 2 的创建。

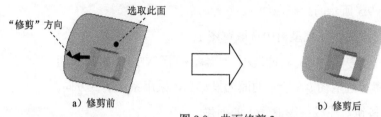

a）修剪前   b）修剪后

图 9.9　曲面修剪 2

Step8. 创建图 9.10 所示的草图 2。在操控板中单击"草绘"按钮 ◔；选取 RIGHT 基准平面为草绘平面，选取 TOP 基准平面为参考平面，方向为 左，单击 草绘 按钮，绘制图 9.10 所示的草图。

Step9. 创建图 9.11 所示的投影曲线 2。在模型树中选取草图 2，单击 ⌁ 投影 按钮；选取图 9.12 所示的五个面为投影面，采用系统默认方向，单击 ✓ 按钮，完成投影曲线 2 的创建。

说明：创建完此特征后，草图 2 将自动隐藏。

图 9.10　草图 2   图 9.11　投影曲线 2

Step10. 创建图 9.13 所示的草图 3。在操控板中单击"草绘"按钮 ◔；选取 FRONT 基准平面为草绘平面，选取 RIGHT 基准平面为参考平面，方向为 上，单击 草绘 按钮，绘制图 9.13 所示的草图。

Step11. 创建图 9.14 所示的投影曲线 3。在模型树中选取草图 3，单击 ⌁ 投影 按钮；选取图 9.14 所示的面为投影面，采用系统默认方向，单击 ✓ 按钮，完成投影曲线 3 的创建。

说明：创建完此特征后，草图 3 将自动隐藏。

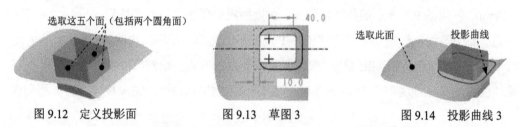

图 9.12　定义投影面   图 9.13　草图 3   图 9.14　投影曲线 3

Step12. 创建图 9.15b 所示的曲面修剪 3（拉伸曲面 2 已隐藏）。选取图 9.15a 所示的面为要修剪的曲面；单击 ⃞ 修剪 按钮；选取图 9.15a 所示的曲线作为修剪对象，调整图形区中的箭头使其指向要保留的部分，如图 9.15a 所示；单击 ✓ 按钮，完成曲面修剪 3 的创建。

a) 修剪前　　　　　　　　　　　　　　　b) 修剪后

图 9.15　曲面修剪 3

Step13. 创建图 9.16 所示的边界混合曲面 1。

（1）选择命令。单击 模型 功能选项卡 曲面▼ 区域中的"边界混合"按钮 。

（2）选取边界曲线。在操控板中单击 曲线 按钮，系统弹出"曲线"界面，按住 Ctrl 键，依次选取图 9.17 所示的曲线 1 和曲线 2 为第一方向曲线。

（3）设置边界条件。在操控板中单击 约束 按钮，在"约束"界面中将"方向 1"的"第一条链"的"条件"设置为 相切 。

（4）单击 ✔ 按钮，完成边界混合曲面 1 的创建。

图 9.16　边界混合曲面 1　　　　　　　　图 9.17　定义边界曲线

Step14. 创建曲面合并 1。

（1）选取合并对象。按住 Ctrl 键，选取图 9.18 所示的面为合并对象。

（2）选择命令。单击 模型 功能选项卡 编辑▼ 区域中的 合并 按钮。

（3）单击 ✔ 按钮，完成曲面合并 1 的创建。

Step15. 创建图 9.19 所示的拉伸特征 3。在模型树中选取草图 2，在操控板中单击"拉伸"按钮 拉伸。在操控板中定义拉伸类型为 ⊥，输入深度值 70.0；单击 ⅔ 按钮调整拉伸方向。单击 ✔ 按钮，完成拉伸特征 3 的创建。

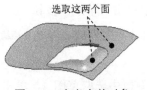

图 9.18　定义合并对象　　　　　　　　图 9.19　拉伸特征 3

Step16. 创建图 9.20b 所示的曲面修剪 4。选取图 9.20a 所示的面为要修剪的曲面；单击 修剪 按钮；选取图 9.20a 所示的曲线链作为修剪对象，调整图形区中的箭头使其指向要保留的部分；单击 ✔ 按钮，完成曲面修剪 4 的创建。

Step17. 创建曲面合并 2。按住 Ctrl 键，在模型树中选取图 9.20b 所示的曲面合并 1 和曲面修剪 4 为合并对象，单击 🔲合并 按钮，在 选项 界面中定义合并类型为 ⊙ 连接；单击 ✔ 按钮，完成曲面合并 2 的创建。

选取此面　　　　选取此曲线　　　　　　　　　　　　　　选取这两个面

a）修剪前　　　　　　　　　　　　　　　　b）修剪后

图 9.20　曲面修剪 4

Step18. 创建图 9.21 所示的拉伸曲面 4。在操控板中单击"拉伸"按钮 ⬚拉伸，按下操控板中的"曲面类型"按钮 ⬚。选取 FRONT 基准平面为草绘平面，选取 RIGHT 基准平面为参考平面，方向为 上；绘制图 9.22 所示的截面草图，在操控板中定义拉伸类型为 ⬚，输入深度值 40.0，单击 ⬚ 按钮调整拉伸方向；单击 ✔ 按钮，完成拉伸曲面 4 的创建。

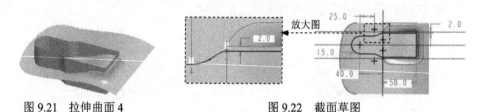

放大图

图 9.21　拉伸曲面 4　　　　　　　　　图 9.22　截面草图

Step19. 创建图 9.23b 所示的曲面合并 3。按住 Ctrl 键，选取图 9.23a 所示的面和拉伸曲面 4 为合并对象，单击 🔲合并 按钮，调整箭头方向如图 9.23a 所示；单击 ✔ 按钮，完成曲面合并 3 的创建。

合并方向　　　　　　　选取此面

a）合并前　　　　　　　　　　　　　　　　b）合并后

图 9.23　曲面合并 3

Step20. 创建图 9.24 所示的草图 4。在操控板中单击"草绘"按钮 ⬚；选取 RIGHT 基准平面为草绘平面，选取 TOP 基准平面为参考平面，方向为 左，单击 草绘 按钮，绘制图 9.24 所示的草图。

Step21. 创建图 9.25 所示的投影曲线 4。在模型树中选取草图 4，单击 ⬚投影 按钮；选取图 9.26 所示的面 1 为投影面，采用系统默认方向，单击 ✔ 按钮，完成投影曲线 4 的创建。

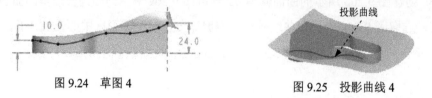

投影曲线

图 9.24　草图 4　　　　　　　　　　图 9.25　投影曲线 4

Step22. 创建图 9.27 所示的投影曲线 5。在模型树中选取草图 4，单击 ⚡投影 按钮；选取图 9.26 所示的面 2 为投影面，采用系统默认方向，单击 ✔ 按钮，完成投影曲线 5 的创建。

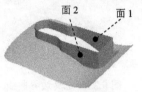

图 9.26 定义投影面

图 9.27 投影曲线 5

Step23. 创建图 9.28 所示的草图 5。在操控板中单击"草绘"按钮 ；选取图 9.29 所示的面为草绘平面，选取 FRONT 基准平面为参考平面，方向为 下，单击 草绘 按钮，绘制图 9.28 所示的草图。

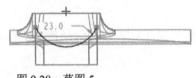

图 9.28 草图 5

图 9.29 定义草绘平面

说明：草图 5 所绘制的圆弧的两个端点分别与投影曲线 3 和投影曲线 4 的两个端点重合。

Step24. 创建图 9.30 所示的基准平面 1。

（1）选择命令。单击 模型 功能选项卡 基准 ▾ 区域中的"平面"按钮 □ 。

（2）定义平面参考。选取 TOP 基准平面为参考平面，将其约束类型设置为 平行，按住 Ctrl 键，选取图 9.30 所示的端点，将其约束类型设置为 穿过。

（3）单击对话框中的 确定 按钮。

Step25. 创建图 9.31 所示的草图 6。在操控板中单击"草绘"按钮 ；选取 DTM1 基准平面为草绘平面，选取 RIGHT 基准平面为参考平面，方向为 右，单击 草绘 按钮，绘制图 9.31 所示的草图。

说明：草图 6 所绘制的两个圆弧的两个端点分别与投影曲线 3 和投影曲线 4 的两个端点重合。

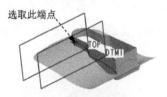

图 9.30 基准平面 1

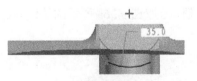

图 9.31 草图 6

Step26. 创建图 9.32 所示的边界混合曲面 2。单击"边界混合"按钮 ；选取图 9.33 所示的曲线 1 和曲线 2 为第一方向曲线；选取图 9.33 所示的曲线 3 和曲线 4 为第二方向曲线；单击 ✓ 按钮，完成边界混合曲面 2 的创建。

图 9.32　边界混合曲面 2

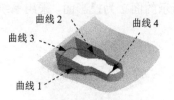

图 9.33　定义边界曲线

Step27. 创建图 9.34b 所示的曲面延伸 1。

（1）选取延伸参考。选取图 9.34a 所示的边线为要延伸的参考。

（2）选择命令。单击 模型 功能选项卡 编辑 ▾ 区域中的 →延伸 按钮。

（3）定义延伸长度。在操控板中输入延伸长度值 18.0。

（4）单击 ✓ 按钮，完成曲面延伸 1 的创建。

说明： 在选取图 9.34a 所示的边线时，将草图 6 隐藏，否则此特征将无法创建。

a）延伸前　　　　　　　　　　　　　　　b）延伸后

图 9.34　曲面延伸 1

Step28. 创建图 9.35b 所示的曲面合并 4。选取图 9.35a 所示的两个面为合并对象，单击 ⬡合并 按钮，调整箭头方向如图 9.35a 所示；单击 ✓ 按钮，完成曲面合并 4 的创建。

a）合并前　　　　　　　　　　　　　　　b）合并后

图 9.35　曲面合并 4

Step29. 创建图 9.36b 所示的圆角特征 1。单击 模型 功能选项卡 工程 ▾ 区域中的 ⬠倒圆角 ▾ 按钮，选取图 9.36a 所示的边线为圆角放置参考，在圆角半径文本框中输入值 2.5。

a）倒圆角前　　　　　　　　　　　　　　　b）倒圆角后

图 9.36　圆角特征 1

Step30. 创建图 9.37b 所示的圆角特征 2。选取图 9.37a 所示的边线为圆角放置参考，输入圆角半径值 3.0。

a) 倒圆角前　　　　　　　　　　　　　　　　b) 倒圆角后

图 9.37　圆角特征 2

Step31. 创建图 9.38 所示的偏移拔模曲面 1。

（1）选取拔模偏移对象。选取图 9.38 所示的曲面为要拔模偏移的曲面。

（2）选择命令。单击 模型 功能选项卡 编辑 ▾ 区域中的 偏移 按钮。

（3）定义偏移参数。在操控板的偏移类型栏中选择"拔模偏移"选项 ；单击操控板中的 选项 按钮，选择 垂直于曲面 选项；选中 侧曲面垂直于 区域中的 曲面 选项与 侧面轮廓 区域中的 直 选项。

（4）草绘拔模区域。在绘图区右击，选择 定义内部草绘... 命令；选取 FRONT 基准平面为草绘平面，选取 RIGHT 基准平面为参考平面，方向为 上，单击 反向 按钮调整草绘视图方向；绘制图 9.39 所示的截面草图。

（5）定义偏移与拔模角度。在操控板中输入偏移值 3.0，输入侧面的拔模角度值 5.0。

（6）单击 ✔ 按钮，完成偏移拔模曲面 1 的创建。

图 9.38　偏移拔模曲面 1　　　　　　　图 9.39　截面草图

Step32. 创建图 9.40b 所示的圆角特征 3。选取图 9.40a 所示的边线为圆角放置参考，输入圆角半径值 2.0。

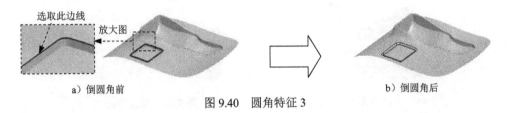

a) 倒圆角前　　　　　　　　　　　　　　　　b) 倒圆角后

图 9.40　圆角特征 3

Step33. 创建图 9.41b 所示的圆角特征 4。选取图 9.41a 所示的边线为圆角放置参考，输入圆角半径值 1.5。

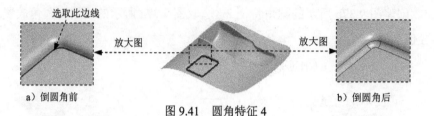

a）倒圆角前   放大图   放大图   b）倒圆角后

选取此边线

图 9.41   圆角特征 4

Step34. 创建图 9.42 所示的拉伸曲面 5。在操控板中单击"拉伸"按钮 拉伸，按下操控板中的"曲面类型"按钮 。选取 FRONT 基准平面为草绘平面，选取 RIGHT 基准平面为参考平面，方向为 上；绘制图 9.43 所示的截面草图，在操控板中定义拉伸类型为 ，输入深度值 60.0，单击 按钮，完成拉伸曲面 5 的创建。

图 9.42   拉伸曲面 5

图 9.43   截面草图

Step35. 创建图 9.44b 所示的曲面合并 5。选取图 9.44a 所示的两个面为合并对象，单击 合并 按钮，调整箭头方向如图 9.44a 所示；单击 按钮，完成曲面合并 5 的创建。

选取这两个面   合并方向

a）合并前   b）合并后

图 9.44   曲面合并 5

Step36. 创建图 9.45 所示的拉伸曲面 6。在操控板中单击"拉伸"按钮 拉伸，按下操控板中的"曲面类型"按钮 。选取 RIGHT 基准平面为草绘平面，选取 TOP 基准平面为参考平面，方向为 左；绘制图 9.46 所示的截面草图，在操控板中定义拉伸类型为 ，选取图 9.45 所示的面为拉伸终止面；单击 按钮，完成拉伸曲面 6 的创建。

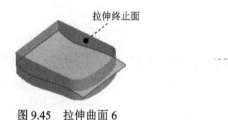

拉伸终止面

图 9.45   拉伸曲面 6

3.0   20.0

图 9.46   截面草图

Step37. 创建图 9.47b 所示的曲面修剪 5。选取图 9.47a 所示的面 2 为要修剪的曲面；单击 修剪 按钮；选取图 9.47a 所示的面 1 作为修剪对象，调整图形区中的箭头使其指向要保留的部分，如图 9.47a 所示；单击 按钮，完成曲面修剪 5 的创建。

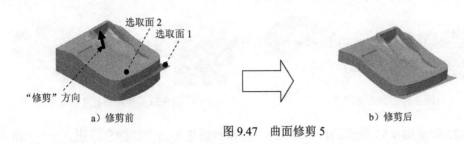

图 9.47 曲面修剪 5

Step38. 创建图 9.48b 所示的圆角特征 5（拉伸曲面 6 已隐藏）。选取图 9.48a 所示的边线为圆角放置参考，输入圆角半径值 12.0。

图 9.48 圆角特征 5

Step39. 创建图 9.49b 所示的圆角特征 6。选取图 9.49a 所示的边线为圆角放置参考，输入圆角半径值 2.0。

图 9.49 圆角特征 6

Step40. 创建图 9.50 所示的曲面加厚 1。

（1）选取加厚对象。在图形区选取整个模型为要加厚的对象。

（2）选择命令。单击 模型 功能选项卡 编辑 ▾ 区域中的 加厚 按钮。

（3）定义加厚参数。在操控板中输入厚度值 1.0，定义加厚方向为内侧加厚。

（4）单击 ✓ 按钮，完成加厚操作。

Step41. 创建图 9.51 所示的拉伸特征 7。在操控板中单击"拉伸"按钮 拉伸，按下操控板中的"移除材料"按钮 。选取 RIGHT 基准平面为草绘平面，选取 TOP 基准平面为参考平面，方向为 左，绘制图 9.52 所示的截面草图；在操控板中定义拉伸类型为 非，单击 ✓ 按钮，完成拉伸特征 7 的创建。

说明：此处草图尺寸由读者根据自己创建的模型定义，拉伸曲面 1 中样条曲线的不同会影响到此处切除材料的截面草图。

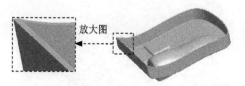

图 9.50 曲面加厚 1

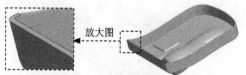

图 9.51 拉伸特征 7

Step42. 创建图 9.53 所示的拉伸特征 8。在操控板中单击"拉伸"按钮 ⬚ 拉伸 。选取图 9.54 所示的面为草绘平面,选取 RIGHT 基准平面为参考平面,方向为 下 ;绘制图 9.55 所示的截面草图,在操控板中定义拉伸类型为 ⯲ ,输入深度值 50.0;单击 ✔ 按钮,完成拉伸特征 8 的创建。

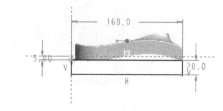

图 9.52 截面草图

图 9.53 拉伸特征 8

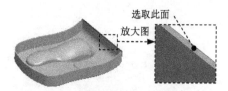

图 9.54 定义草绘平面

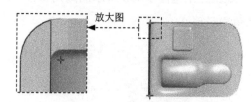

图 9.55 截面草图

Step43. 创建图 9.56 所示的拉伸特征 9。在操控板中单击"拉伸"按钮 ⬚ 拉伸 ,按下操控板中的"移除材料"按钮 ⬚ 。选取图 9.57 所示的面为草绘平面,选取 RIGHT 基准平面为参考平面,方向为 左 ;绘制图 9.58 所示的截面草图,在操控板中定义拉伸类型为 ⯲ ,单击 ✔ 按钮,完成拉伸特征 9 的创建。

图 9.56 拉伸特征 9

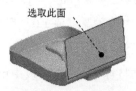

图 9.57 定义草绘平面

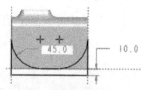

图 9.58 截面草图

Step44. 创建图 9.59 所示的拉伸特征 10。在操控板中单击"拉伸"按钮 ⬚ 拉伸 ,按下操控板中的"移除材料"按钮 ⬚ 。选取 FRONT 基准平面为草绘平面,选取 RIGHT 基准平面为参考平面,方向为 上 ;绘制图 9.60 所示的截面草图,在操控板中定义拉伸类型为 ⯲ ,单击 ✔ 按钮,完成拉伸特征 10 的创建。

图 9.59 拉伸特征 10

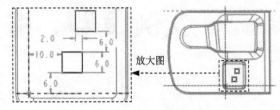

图 9.60 截面草图

Step45. 创建图 9.61b 所示的圆角特征 7。选取图 9.61a 所示的边线为圆角放置参考，输入圆角半径值 0.5。

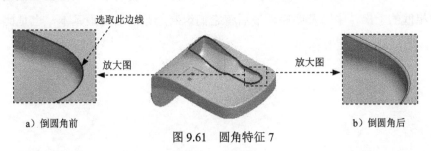

a）倒圆角前

图 9.61 圆角特征 7

b）倒圆角后

Step46. 创建图 9.62b 所示的圆角特征 8。选取图 9.62a 所示的边线为圆角放置参考，输入圆角半径值 0.5。

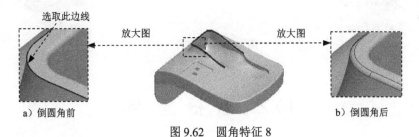

a）倒圆角前

图 9.62 圆角特征 8

b）倒圆角后

Step47. 保存零件模型文件。

学习拓展：扫一扫右侧二维码，可以免费学习更多视频讲解。
讲解内容：拉伸特征、旋转特征详解。

实例 **10** 相 框

10.1 概 述

本实例讲解了图 10.1.1 所示的一款相框的设计过程。该模型的造型较为奇特，类似一个张开手臂的小人，小人的头部用于摆放相片，张开的手臂可以粘贴便签。在设计时首先分别创建相框的上部、中部及底座，最后将它们组装起来，这是最基本，也是比较实用的设计方法，希望读者能认真体会。

a）组装图   b）分解图

图 10.1.1 相框

10.2 相 框 上 部

相框上部零件模型及模型树如图 10.2.1 所示。

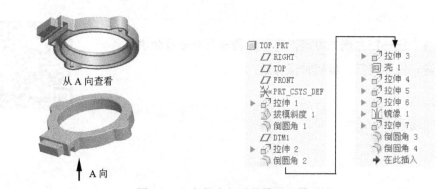

从 A 向查看

A 向

图 10.2.1 相框上部零件模型及模型树

Step1. 新建零件模型。选择下拉菜单 文件 ▾ ➡ 新建(B) 命令，系统弹出"新建"

对话框，在 类型 选项组中选择 ⦿ □ 零件 选项，在 名称 文本框中输入文件名称 TOP，取消选中 □ 使用默认模板 复选框，单击 确定 按钮，在系统弹出的"新文件选项"对话框的 模板 选项组中选择 mmns_part_solid 模板，单击 确定 按钮，系统进入建模环境。

Step2. 创建图 10.2.2 所示的拉伸特征 1。

（1）选择命令。单击 模型 功能选项卡 形状 ▾ 区域中的"拉伸"按钮 拉伸。

（2）绘制截面草图。在图形区右击，从系统弹出的快捷菜单中选择 定义内部草绘... 命令；选取 RIGHT 基准平面为草绘平面，选取 TOP 基准平面为参考平面，方向为 右 ；单击 草绘 按钮，绘制图 10.2.3 所示的截面草图。

（3）定义拉伸属性。在操控板中定义拉伸类型为 止 ，输入深度值 3.0。

（4）在操控板中单击"完成"按钮 ✓ ，完成拉伸特征 1 的创建。

图 10.2.2 拉伸特征 1

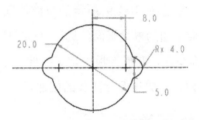
图 10.2.3 截面草图

Step3. 创建图 10.2.4 所示的拔模特征 1。

（1）选择命令。单击 模型 功能选项卡 工程 ▾ 区域中的 拔模 ▾ 按钮。

（2）定义拔模曲面。在操控板中单击 参考 选项卡，激活 拔模曲面 文本框，选取图 10.2.5 所示的四个曲面为拔模曲面。

（3）定义拔模枢轴平面。激活 拔模枢轴 文本框，选取图 10.2.5 所示的平面为拔模枢轴平面。

（4）定义拔模参数。调整拔模方向如图 10.2.5 所示，在拔模角度文本框中输入拔模角度值 1.5。

（5）在操控板中单击 ✓ 按钮，完成拔模特征 1 的创建。

图 10.2.4 拔模特征 1

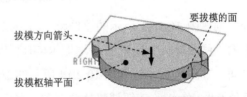
图 10.2.5 定义拔模枢轴平面

要拔模的面
拔模方向箭头
RIGHT
拔模枢轴平面

Step4. 创建图 10.2.6 所示的圆角特征 1 。单击 模型 功能选项卡 工程 ▾ 区域中的 倒圆角 ▾ 按钮，选取图 10.2.7 所示的四条边线为圆角放置参照，在圆角半径文本框中输入值 0.5。

Step5. 创建图 10.2.8 所示的基准平面 1。

（1）选择命令。单击 模型 功能选项卡 基准 ▾ 区域中的"平面"按钮 ⬜ 。

（2）定义平面参考。选取 FRONT 基准平面为偏距参考面，在对话框中输入偏移距离值 10.5。

（3）单击对话框中的 确定 按钮。

图 10.2.6 圆角特征 1

图 10.2.7 定义圆角放置参照

选取这四条边线
为圆角放置参照

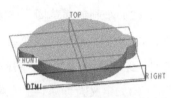
图 10.2.8 基准平面 1

Step6. 创建图 10.2.9 所示的拉伸特征 2。在操控板中单击"拉伸"按钮 拉伸 。选取 DTM1 基准平面为草绘平面，选取 TOP 基准平面为参考平面，方向为 右 ；绘制图 10.2.10 所示的截面草图，在操控板中定义拉伸类型为 ⊥ ，选取图 10.2.11 所示的面为拉伸终止面；单击 ✓ 按钮，完成拉伸特征 2 的创建。

图 10.2.9 拉伸特征 2

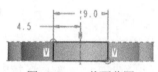
图 10.2.10 截面草图

拉伸终止面

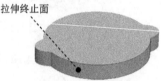
图 10.2.11 选取拉伸终止面

Step7. 创建图 10.2.12b 所示的圆角特征 2。选取图 10.2.12a 所示的两条边线为圆角放置参照，输入圆角半径值 0.5。

选取这两条边线
为圆角放置参照

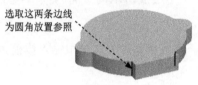
a）倒圆角前

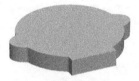
b）倒圆角后

图 10.2.12 圆角特征 2

Step8. 创建图 10.2.13 所示的拉伸特征 3。在操控板中单击"拉伸"按钮 拉伸 ，按下操控板中的"移除材料"按钮 ⬜ 。选取 RIGHT 基准平面为草绘平面，选取 TOP 基准平面为参考平面，方向为 左 ；绘制图 10.2.14 所示的截面草图，在操控板中定义拉伸类型为 ⊥ ，输入深度值 0.8，单击 ✗ 按钮调整拉伸方向；单击 ✓ 按钮，完成拉伸特征 3 的创建。

图 10.2.13 拉伸特征 3

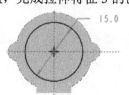
图 10.2.14 截面草图

Step9. 创建图 10.2.15 所示的抽壳特征 1。

（1）选择命令。单击 模型 功能选项卡 工程 ▾ 区域中的"壳"按钮 回壳 。

（2）定义移除面。选取图 10.2.16 所示的两个面为移除面。

（3）定义壁厚。在 厚度 文本框中输入壁厚值为 0.5。

（4）在操控板中单击 ✔ 按钮，完成抽壳特征 1 的创建。

图 10.2.15 抽壳特征 1

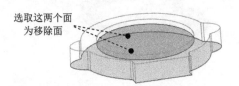

图 10.2.16 定义移除面

Step10. 创建图 10.2.17 所示的拉伸特征 4。在操控板中单击"拉伸"按钮 拉伸 。选取图 10.2.18 所示的模型表面为草绘平面，选取 RIGHT 基准平面为参考平面，方向为 上 ；绘制图 10.2.19 所示的截面草图，在操控板中定义拉伸类型为 ，选取图 10.2.20 所示的面为拉伸终止面；单击 ✔ 按钮，完成拉伸特征 4 的创建。

图 10.2.17 拉伸特征 4

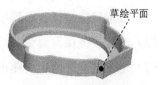

图 10.2.18 选取草绘平面

图 10.2.19 截面草图

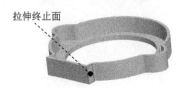

图 10.2.20 选取拉伸终止面

Step11. 创建图 10.2.21 所示的拉伸特征 5。在操控板中单击"拉伸"按钮 拉伸 。选取图 10.2.22 所示的模型表面为草绘平面，选取 TOP 基准平面为参考平面，方向为 右 ；绘制图 10.2.23 所示的截面草图，在操控板中定义拉伸类型为 ，输入深度值 2.0；单击 ✔ 按钮，完成拉伸特征 5 的创建。

图 10.2.21 拉伸特征 5

图 10.2.22 选取草绘平面

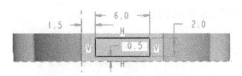

图 10.2.23 截面草图

Step12. 创建图 10.2.24 所示的拉伸特征 6。在操控板中单击"拉伸"按钮 拉伸 ，按下操控板中的"加厚"按钮 ⊏。选取图 10.2.25 所示的模型表面为草绘平面，选取 TOP 基准平面为参考平面，方向为 左；绘制图 10.2.26 所示的截面草图，在操控板中定义拉伸类型为 ⊥，选取图 10.2.27 所示的模型表面为拉伸终止面，输入厚度值 0.3，单击 ✗ 按钮调整厚度方向；单击 ✓ 按钮，完成拉伸特征 6 的创建。

图 10.2.24　拉伸特征 6

图 10.2.25　选取草绘平面

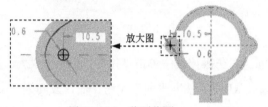

图 10.2.26　截面草图

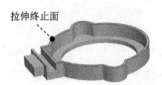

图 10.2.27　拉伸终止面

Step13. 创建图 10.2.28b 所示的镜像特征 1。

（1）选取镜像特征。在模型树中选取拉伸特征 6 为镜像特征。

（2）选择"镜像"命令。单击 模型 功能选项卡 编辑 ▾ 区域中的"镜像"按钮 ❲❳。

（3）定义镜像平面。在图形区选取 TOP 基准平面为镜像平面。

（4）在操控板中单击 ✓ 按钮，完成镜像特征 1 的创建。

a）镜像前

b）镜像后

图 10.2.28　镜像特征 1

Step14. 创建图 10.2.29 所示的拉伸特征 7。在操控板中单击"拉伸"按钮 ◻拉伸，按下操控板中的"加厚"按钮 ⊏。选取图 10.2.30 所示的模型表面为草绘平面，选取 TOP 基准平面为参考平面，方向为 左；绘制图 10.2.31 所示的截面草图，在操控板中定义拉伸类型为 ⊥，选取图 10.2.32 所示的模型表面为拉伸终止面，输入厚度值 0.5；单击 ✓ 按钮，完成拉伸特征 7 的创建。

图 10.2.29　拉伸特征 7

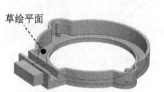

图 10.2.30　选取草绘平面

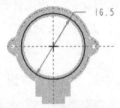

图 10.2.31 截面草图

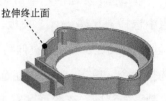

拉伸终止面

图 10.2.32 选取拉伸终止面

Step15. 创建图 10.2.33 所示的圆角特征 3。选取图 10.2.34 所示的边线为圆角放置参照，输入圆角半径值 0.2。

图 10.2.33 圆角特征 3

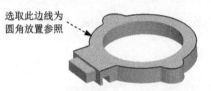

选取此边线为圆角放置参照

图 10.2.34 定义圆角放置参照

Step16. 创建图 10.2.35 所示的圆角特征 4。选取图 10.2.36 所示的边线为圆角放置参照，输入圆角半径值 0.2。

图 10.2.35 圆角特征 4

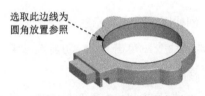

选取此边线为圆角放置参照

图 10.2.36 定义圆角放置参照

Step17. 保存零件模型文件。

10.3 相 框 中 部

相框中部模型及模型树如图 10.3.1 所示。

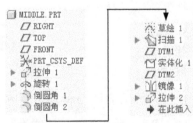

图 10.3.1 零件模型及模型树

Step1. 新建零件模型。选择下拉菜单 文件 ➡ 新建① 命令，系统弹出"新建"对话框，在 类型 选项组中选择 ⊙ □ 零件 选项，在 名称 文本框中输入文件名称 MIDDLE，

取消选中 □ 使用默认模板 复选框，单击 确定 按钮，在系统弹出的"新文件选项"对话框的 模板 选项组中选择 mmns_part_solid 模板，单击 确定 按钮，系统进入建模环境。

Step2. 创建图 10.3.2 所示的拉伸特征 1。

（1）选择命令。单击 模型 功能选项卡 形状 ▼ 区域中的"拉伸"按钮 🗗 拉伸 。

（2）绘制截面草图。在图形区右击，从系统弹出的快捷菜单中选择 定义内部草绘.. 命令；选取 TOP 基准平面为草绘平面，选取 RIGHT 基准平面为参考平面，方向为 右 ；单击 草绘 按钮，绘制图 10.3.3 所示的截面草图。

（3）定义拉伸属性。在操控板中定义拉伸类型为 ⬛ ，输入深度值 2.0。

（4）在操控板中单击"完成"按钮 ✓ ，完成拉伸特征 1 的创建。

图 10.3.2　拉伸特征 1

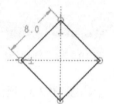

图 10.3.3　截面草图

Step3. 创建图 10.3.4 所示的旋转特征 1。

（1）选择命令。单击 模型 功能选项卡 形状 ▼ 区域中的"旋转"按钮 ◑ 旋转 ，按下操控板中的"移除材料"按钮 ◿ 。

（2）绘制截面草图。在图形区右击，从系统弹出的快捷菜单中选择 定义内部草绘.. 命令；选取 FRONT 基准平面为草绘平面，选取 RIGHT 基准平面为参考平面，方向为 右 ；单击 草绘 按钮，绘制图 10.3.5 所示的截面草图（包括中心线）。

（3）定义旋转属性。在操控板中选择旋转类型为 ⬛ ，在角度文本框中输入角度值 360.0，调整移除材料方向如图 10.3.4 所示。

（4）在操控板中单击"完成"按钮 ✓ ，完成旋转特征 1 的创建。

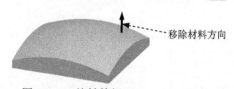

图 10.3.4　旋转特征 1

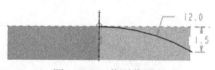

图 10.3.5　截面草图

Step4. 创建图 10.3.6 所示的圆角特征 1。单击 模型 功能选项卡 工程 ▼ 区域中的 ◝ 倒圆角 ▼ 按钮，选取图 10.3.7 所示的四条边线为圆角放置参照；在圆角半径文本框中输入值 0.5。

Step5. 创建图 10.3.8 所示的圆角特征 2。选取图 10.3.9 所示的边线为圆角放置参照，输入圆角半径值 0.2。

图 10.3.6 圆角特征 1

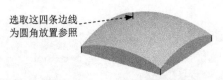

图 10.3.7 定义圆角放置参照

图 10.3.8 圆角特征 2

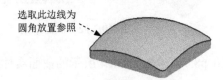

图 10.3.9 定义圆角放置参照

Step6. 创建图 10.3.10 所示的扫描特征 1。

（1）绘制扫描轨迹曲线。在操控板中单击"草绘"按钮 ；选取 FRONT 基准平面作为草绘平面，选取 RIGHT 基准平面为参考平面，方向为 右，单击 草绘 按钮，绘制图 10.3.11 所示的草图。

（2）选择"扫描"命令。单击 模型 功能选项卡 形状 ▼ 区域中的 扫描 ▼ 按钮。

（3）定义扫描轨迹。

① 在操控板中确认"实体"按钮 和"恒定轨迹"按钮 被按下。

② 在图形区中选取图 10.3.11 所示的扫描轨迹曲线。

③ 单击箭头，切换扫描的起始点，切换后的扫描轨迹曲线如图 10.3.11 所示。

图 10.3.10 扫描特征 1

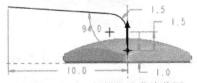

图 10.3.11 扫描轨迹曲线草图

（4）创建扫描特征的截面。

① 在操控板中单击"创建或编辑扫描截面"按钮 ，系统自动进入草绘环境。

② 绘制并标注扫描截面的草图，如图 10.3.12 所示。

③ 完成截面的绘制和标注后，单击"确定"按钮 。

（5）单击操控板中的 按钮，完成扫描特征的创建。

Step7. 创建图 10.3.13 所示的基准平面 1。

（1）选择命令。单击 模型 功能选项卡 基准 ▼ 区域中的"平面"按钮 。

（2）定义平面参考。选择 RIGHT 基准平面为偏距参考面，在对话框中输入偏移距离值-9.5。

（3）单击对话框中的 确定 按钮。

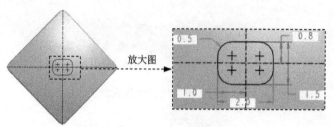

图 10.3.12　截面草图

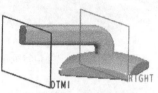

图 10.3.13　基准平面 1

Step8. 创建图 10.3.14 所示的曲面实体化 1。

（1）选取实体化对象。选取 DTM1 基准平面为要实体化的对象。

（2）选择命令。单击 模型 功能选项卡 编辑 ▼ 区域中的 实体化 按钮，并按下"移除材料"按钮 。

（3）确定要保留的实体。单击调整图形区中的箭头使其指向要去除的实体。

（4）单击 ✔ 按钮，完成曲面实体化 1 的创建。

Step9. 创建图 10.3.15 所示的基准平面 2。单击 模型 功能选项卡 基准 ▼ 区域中的"平面"按钮 ，选取 DTM1 基准平面为偏距参考面，在对话框中输入偏移距离值 4.5，单击对话框中的 确定 按钮。

图 10.3.14　曲面实体化 1

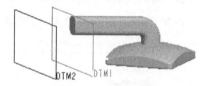

图 10.3.15　基准平面 2

Step10. 创建图 10.3.16 所示的镜像特征 1。

（1）选取镜像特征。按住 Ctrl 键，选取 Step2~Step8 所创建的特征为镜像特征。

（2）选择"镜像"命令。单击 模型 功能选项卡 编辑 ▼ 区域中的"镜像"按钮 。

（3）定义镜像平面。在图形区选取 DTM2 基准平面为镜像平面。

（4）在操控板中单击 ✔ 按钮，完成镜像特征 1 的创建。

Step11. 创建图 10.3.17 所示的拉伸特征 2。在操控板中单击"拉伸"按钮 拉伸。选取 DTM1 基准平面为草绘平面，选取 FRONT 基准平面为参考平面，方向为 右，单击 反向 按钮调整草绘视图方向；绘制图 10.3.18 所示的截面草图，在操控板中定义拉伸类型为 ，选取图 10.3.19 所示的面为拉伸终止面；单击 ✔ 按钮，完成拉伸特征 2 的创建。

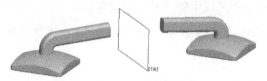

图 10.3.16　镜像特征 1

图 10.3.17　拉伸特征 2

图 10.3.18 截面草图

拉伸终止面

图 10.3.19 选取拉伸终止面

Step12. 保存零件模型文件。

10.4 相 框 底 座

相框底座模型及模型树如图 10.4.1 所示。

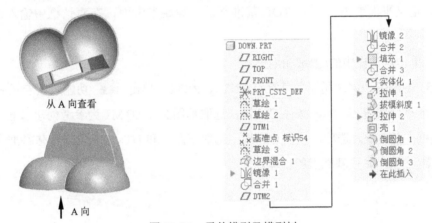

从 A 向查看

A 向

图 10.4.1 零件模型及模型树

Step1. 新建零件模型。选择下拉菜单 **文件▾** ➡ 新建⑪ 命令，系统弹出"新建"对话框，在 类型 选项组中选择 ⦿ □ 零件 选项，在 名称 文本框中输入文件名称 DOWN，取消选中 □ 使用默认模板 复选框，单击 确定 按钮，在系统弹出的"新文件选项"对话框的 模板 选项组中选择 mmns_part_solid 模板，单击 确定 按钮，系统进入建模环境。

Step2. 创建图 10.4.2 所示的草图 1。在操控板中单击"草绘"按钮 ；选取 FRONT 基准平面为草绘平面，选取 RIGHT 基准平面为参考平面，方向为 右，单击 草绘 按钮，绘制图 10.4.3 所示的草图。

注意：在样条线的起点和端点处要添加相切约束。

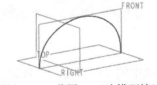

图 10.4.2 草图 1 （建模环境）

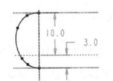

图 10.4.3 草图 1 （草绘环境）

Step3. 创建图 10.4.4 所示的草图 2。在操控板中单击"草绘"按钮 ➚；选取 RIGHT 基准平面为草绘平面，选取 TOP 基准平面为参考平面，方向为 右，单击 草绘 按钮，绘制图 10.4.5 所示的草图。

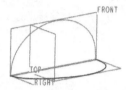

图 10.4.4　草图 2（建模环境）

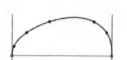

图 10.4.5　草图 2（草绘环境）

Step4. 创建图 10.4.6 所示的基准平面 1。

（1）选择命令。单击 模型 功能选项卡 基准 ▾ 区域中的"平面"按钮 ⟋ 。

（2）定义平面参考。选取 TOP 基准平面为偏距参考面，在对话框中输入偏移距离值 3.0。

（3）单击对话框中的 确定 按钮。

Step5. 创建图 10.4.7 所示的基准点 PNT0、PNT1。单击 模型 功能选项卡 基准 ▾ 区域中的"基准点"按钮 ⤫ 点 ▾，按住 Ctrl 键，选取草图 2 和 DTM1 为参考创建基准点 PNT0；选取对话框中的 ✦ 新点 选项，按住 Ctrl 键，选取草图 1 和 DTM1 为参考创建基准点 PNT1。单击 确定 按钮，完成基准点的创建。

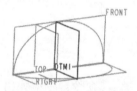

图 10.4.6　基准平面 1

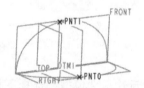

图 10.4.7　基准点 PNT0、PNT1

Step6. 创建图 10.4.8 所示的草图 3。在操控板中单击"草绘"按钮 ➚；选取 DTM1 基准平面为草绘平面，选取 RIGHT 基准平面为参考平面，方向为 左，单击 草绘 按钮，绘制图 10.4.9 所示的草图。

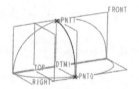

图 10.4.8　草图 3（建模环境）

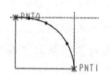

图 10.4.9　草图 3（草绘环境）

Step7. 创建图 10.4.10 所示的边界混合曲面 1。

（1）选择命令。单击 模型 功能选项卡 曲面 ▾ 区域中的"边界混合"按钮 ⬦ 。

（2）选取边界曲线。在操控板中单击 曲线 按钮，系统弹出"曲线"界面，按住 Ctrl

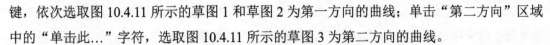

键，依次选取图 10.4.11 所示的草图 1 和草图 2 为第一方向的曲线；单击"第二方向"区域中的"单击此…"字符，选取图 10.4.11 所示的草图 3 为第二方向的曲线。

（3）设置边界条件。在操控板中单击 约束 按钮，在"约束"界面中将"方向 1"的所有链的"条件"均设置为 垂直。

（4）单击 ✓ 按钮，完成边界混合曲面 1 的创建。

图 10.4.10 边界混合曲面 1

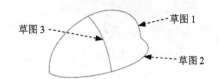
图 10.4.11 定义边界曲线

Step8. 创建图 10.4.12 所示的镜像特征 1。

（1）选取镜像特征。选取 Step7 所创建的边界混合曲面 1 为镜像特征。

（2）选择"镜像"命令。单击 模型 功能选项卡 编辑 ▼ 区域中的"镜像"按钮 ⅀。

（3）定义镜像平面。在图形区选取 RIGHT 基准平面为镜像平面。

（4）在操控板中单击 ✓ 按钮，完成镜像特征 1 的创建。

Step9. 创建图 10.4.13 所示的曲面合并 1。

（1）选取合并对象。按住 Ctrl 键，选取图 10.4.13 所示的边界混合曲面 1 与镜像特征 1 为要合并对象。

（2）选择命令。单击 模型 功能选项卡 编辑 ▼ 区域中的 合并 按钮。

（3）单击 ✓ 按钮，完成曲面合并 1 的创建。

图 10.4.12 镜像特征 1

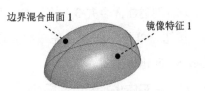
图 10.4.13 曲面合并 1

Step10. 创建图 10.4.14 所示的基准平面 2。单击 模型 功能选项卡 基准 ▼ 区域中的"平面"按钮 ◻，选取 RIGHT 基准平面为偏距参考面，在对话框中输入偏移距离值 4.5，单击对话框中的 确定 按钮。

Step11. 创建图 10.4.15 所示的镜像特征 2。选取 Step9 所创建的曲面合并 1 为镜像特征。选取 DTM2 基准平面为镜像平面，单击 ✓ 按钮，完成镜像特征 2 的创建。

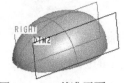
图 10.4.14 基准平面 2

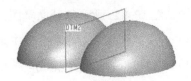
图 10.4.15 镜像特征 2

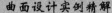

Step12. 创建图 10.4.16 所示的曲面合并 2。按住 Ctrl 键，选取图 10.4.17 所示的曲面 1 与曲面 2 为合并对象；单击 合并 按钮，调整箭头方向如图 10.4.17 所示；单击 ✔ 按钮，完成曲面合并 2 的创建。

图 10.4.16　曲面合并 2

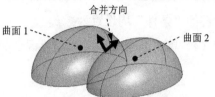

图 10.4.17　选取要合并的曲面

Step13. 创建图 10.4.18 所示的填充曲面 1。

（1）选择命令。单击 模型 功能选项卡 曲面▾ 区域中的 填充 按钮。

（2）绘制截面草图。在图形区右击，从系统弹出的快捷菜单中选择 定义内部草绘... 命令；选取 FRONT 基准平面为草绘平面，选取 RIGHT 基准平面为参考平面，方向为 左；单击 草绘 按钮，绘制图 10.4.19 所示的截面草图。

（3）在操控板中单击 ✔ 按钮，完成填充曲面 1 的创建。

图 10.4.18　填充曲面 1

图 10.4.19　截面草图

Step14. 创建曲面合并 3。按住 Ctrl 键，选取曲面合并 2 和填充曲面 1 为合并对象；单击 合并 按钮，单击 ✔ 按钮，完成曲面合并 3 的创建。

Step15. 创建曲面实体化 1。

（1）选取实体化对象。选取 Step14 所创建的面组为要实体化的对象。

（2）选择命令。单击 模型 功能选项卡 编辑▾ 区域中的 实体化 按钮。

（3）单击 ✔ 按钮，完成曲面实体化 1 的创建。

Step16. 创建图 10.4.20 所示的拉伸特征 1。

（1）选择命令。单击 模型 功能选项卡 形状▾ 区域中的"拉伸"按钮 拉伸。

（2）绘制截面草图。在图形区右击，从系统弹出的快捷菜单中选择 定义内部草绘... 命令；选取 TOP 基准平面为草绘平面，选取 RIGHT 基准平面为参考平面，方向为 左；单击 草绘 按钮，绘制图 10.4.21 所示的截面草图。

（3）定义拉伸属性。在操控板中定义拉伸类型为 ⊟，输入深度值 3.0。

（4）在操控板中单击"完成"按钮 ✔，完成拉伸特征 1 的创建。

图 10.4.20 拉伸特征 1

图 10.4.21 截面草图

Step17. 创建图 10.4.22 所示的拔模特征 1。

（1）选择命令。单击 模型 功能选项卡 工程 ▾ 区域中的 ◎ 拔模 ▾ 按钮。

（2）定义拔模曲面。在操控板中单击 参考 选项卡，激活 拔模曲面 文本框，选取图 10.4.23 所示的两个面为拔模曲面。

（3）定义拔模枢轴平面。激活 拔模枢轴 文本框，选取图 10.4.23 所示的模型表面为拔模枢轴平面。

（4）定义拔模参数。在拔模角度文本框中输入拔模角度值 1.5，单击 ⁒ 按钮调整角度方向。

（5）在操控板中单击 ✔ 按钮，完成拔模特征 1 的创建。

图 10.4.22 拔模特征 1

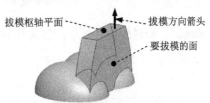

拔模枢轴平面 —— 拔模方向箭头
—— 要拔模的面

图 10.4.23 定义拔模曲面

Step18. 创建图 10.4.24 所示的拉伸特征 2。在操控板中单击"拉伸"按钮 🗗 拉伸，按下操控板中的"移除材料"按钮 🖊。选取图 10.4.23 所示的拔模枢轴平面为草绘平面，选取 DTM2 基准平面为参考平面，方向为 右，单击 反向 按钮调整草绘视图方向；绘制图 10.4.25 所示的截面草图，在操控板中定义拉伸类型为 ⊥，输入深度值 2.0，单击 ⁒ 按钮调整拉伸方向，单击 ✔ 按钮，完成拉伸特征 2 的创建。

图 10.4.24 拉伸特征 2

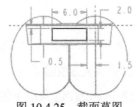

图 10.4.25 截面草图

Step19. 创建图 10.4.26 所示的抽壳特征 1。

（1）选择命令。单击 模型 功能选项卡 工程 ▾ 区域中的"壳"按钮 回 壳。

（2）定义移除面。按住 Ctrl 键，选取图 10.4.27 所示的两个模型表面为移除面。

（3）定义壁厚。在 厚度 文本框中输入壁厚值为 0.3。

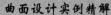
（4）在操控板中单击 按钮，完成抽壳特征 1 的创建。

图 10.4.26　抽壳特征 1

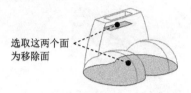

选取这两个面
为移除面

图 10.4.27　定义移除面

Step20. 创建圆角特征 1。单击 模型 功能选项卡 工程 ▼ 区域中的 倒圆角 ▼ 按钮，选取图 10.4.28 所示的边线为圆角放置参照；在圆角半径文本框中输入值 0.1。

Step21. 创建圆角特征 2。选取图 10.4.29 所示的四条边线为圆角放置参照，输入圆角半径值 0.2。

选取此边线为
圆角放置参照

图 10.4.28　定义圆角放置参照 1

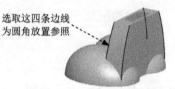

选取这四条边线
为圆角放置参照

图 10.4.29　定义圆角放置参照 2

Step22. 创建圆角特征 3。选取图 10.4.30 所示的边线为圆角放置参照，输入圆角半径值 0.1，结果如图 10.4.31 所示。

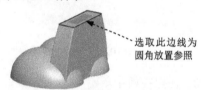

选取此边线为
圆角放置参照

图 10.4.30　定义圆角放置参照 3

图 10.4.31　圆角特征完成后

Step23. 保存零件模型文件。

10.5　相框的装配

Step1. 单击"新建文件"按钮 ，在系统弹出的"新建"对话框中进行下列操作。

（1）选中 类型 选项组下的 ◉ 装配 单选项。

（2）选中 子类型 选项组下的 ◉ 设计 单选项。

（3）在 名称 文本框中输入文件名 PHOTO_FRAME。

（4）通过取消 ☐ 使用默认模板 复选框中的"√"号来取消"使用默认模板"。

（5）单击该对话框中的 确定 按钮。

Step2. 选取适当的装配模板。在系统弹出的"新文件选项"对话框中进行下列操作。

（1）在模板选项组中选取 mmns_asm_design 模板命令。

（2）对话框中的两个参数 DESCRIPTION 和 MODELED_BY 与 PDM 有关，一般不对此进行操作。

（3）☐ 复制关联绘图 复选框一般不用进行操作。

（4）单击该对话框中的 确定 按钮。

Step3. 引入第一个零件。

（1）单击 模型 功能选项卡 元件▾ 区域中的"装配"按钮 ⬚。

（2）此时系统弹出文件"打开"对话框，选择相框上部零件模型文件 TOP.PRT，然后单击 打开 ▾ 按钮。

Step4. 完全约束放置第一个零件。完成上步操作后，系统弹出"元件放置"操控板，在该操控板中单击 放置 按钮，在"放置"界面的 约束类型 下拉列表中选择 ⬚ 默认 选项，将元件按默认放置，此时操控板中显示的信息为 状况:完全约束，说明零件已经完全约束放置；单击操控板中的 ✔ 按钮。

Step5. 引入第二个零件。

（1）单击 模型 功能选项卡 元件▾ 区域中的"装配"按钮 ⬚；然后在系统弹出的文件"打开"对话框中选取相框中部零件模型 MIDDLE.PRT，单击 打开 ▾ 按钮。

（2）在"元件放置"操控板中单击 放置 按钮，在 约束类型 下拉列表中选择 ⊥ 重合 约束类型。分别选取图 10.5.1 所示的两个元件上要重合的平面，然后单击 反向 按钮。

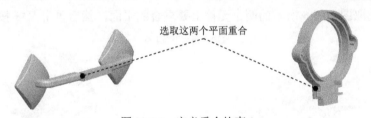

选取这两个平面重合

图 10.5.1 定义重合约束 1

（3）在"放置"界面中单击"新建约束"字符。在 约束类型 下拉列表中选择 ⊥ 重合 约束类型。分别选取图 10.5.2 所示的两个元件上要重合的平面。

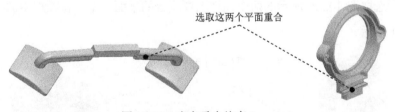

选取这两个平面重合

图 10.5.2 定义重合约束 2

（4）在"放置"界面中单击"新建约束"字符。在 约束类型 下拉列表中选择 ⊥ 重合 约束类型，分别选取图 10.5.3 所示的两个元件上要重合的平面，此时界面中显示的信息为 完全约束。

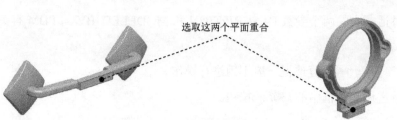

图 10.5.3　定义重合约束 3

Step6. 引入第三个零件。

（1）单击 模型 功能选项卡 元件▼ 区域中的"装配"按钮 ；然后在系统弹出的"打开"对话框中选取相框底座模型 DOWN.PRT，单击 打开 ▼ 按钮。

（2）在元件放置操控板中单击 放置 按钮，在 约束类型 下拉列表中选择 工 重合 约束类型。分别选取图 10.5.4 所示的两个元件上要重合的平面。

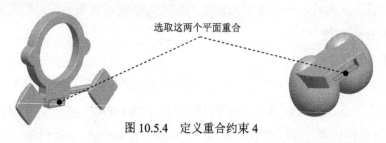

图 10.5.4　定义重合约束 4

（3）在"放置"界面中单击"新建约束"字符。在 约束类型 下拉列表中选择 工 重合 约束类型。分别选取图 10.5.5 所示的两个元件上要重合的平面，然后单击 反向 按钮。

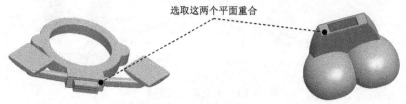

图 10.5.5　定义重合约束 5

（4）在"放置"界面中单击"新建约束"字符。在 约束类型 下拉列表中选择 工 重合 约束类型，分别选取图 10.5.6 所示的两个元件上要重合的平面，单击操控板中的 ✓ 按钮。结果如图 10.1.1 所示。

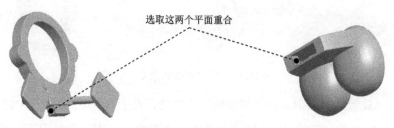

图 10.5.6　定义重合约束 6

Step7. 保存装配模型文件。

实例 11　自行车座

实例概述

本实例主要运用了"ISDX 曲线""镜像曲线""边界混合曲面""曲面加厚"等特征命令。在创建 ISDX 曲线时，应注意使用创建的基准轴以及基准点对 ISDX 曲线进行约束。零件模型及模型树如图 11.1 所示。

图 11.1　零件模型及模型树

本范例的详细操作过程请参见随书资源中 video\ch11 下的语音视频讲解文件。模型文件为 D:\creo6.9\work\ch11\bike_surface.prt。

实例 **12** 马 桶 坐 垫

实例概述

　　本实例是一个典型的 ISDX 曲面建模的例子，其建模思路是先创建几个基准平面和基准曲线（它们主要用于控制 ISDX 曲线的位置和轮廓），然后进入 ISDX 模块，创建 ISDX 曲线并对其进行编辑，再利用这些 ISDX 曲线构建 ISDX 曲面。通过对本例的学习，读者可初步认识到 ISDX 曲面设计的基本思路。

　　零件模型及模型树如图 12.1 所示。

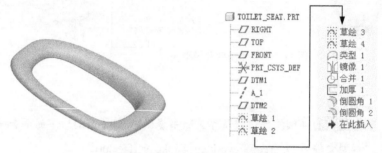

图 12.1　零件模型及模型树

　　本范例的详细操作过程请参见随书资源中 video\ch12 下的语音视频讲解文件。模型文件为 D:\creo6.9\work\ch12\toilet_seat.prt。

实例 **13** 热水壶的整体设计

实例概述

　　本实例主要讲述了热水壶的整体设计过程，其中主要运用了拉伸、边界混合、扫描、合并和实体化等命令。该模型是一个很典型的曲面设计实例，其中曲面的投影、边界混合和合并是曲面创建的核心，在应用了修剪、实体化、拉伸和倒圆角进行细节设计之后，即可达到图 13.1 所示的效果。这种曲面设计的方法很值得读者学习。零件模型及模型树如图 13.1 所示。

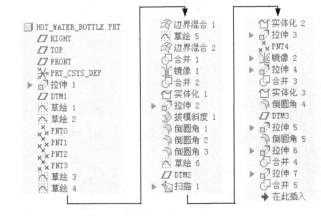

图 13.1　零件模型及模型树

　　本范例的详细操作过程请参见随书资源中 video\ch13 下的语音视频讲解文件。模型文件为 D:\creo6.9\work\ch13\hot_water_bottle.prt。

学习拓展：扫一扫右侧二维码，可以免费学习更多视频讲解。
讲解内容：曲面产品的渲染。

实例 14 遥控手柄的整体设计

实例概述

本实例主要讲述了遥控手柄的整体设计过程，是一个使用一般曲面和 ISDX 曲面综合建模的实例。通过本例的学习，读者可认识到，ISDX 曲面造型的关键是 ISDX 曲线，只有高质量的 ISDX 曲线才能获得高质量的 ISDX 曲面。下面讲解遥控手柄的创建过程，零件模型及模型树如图 14.1 所示。

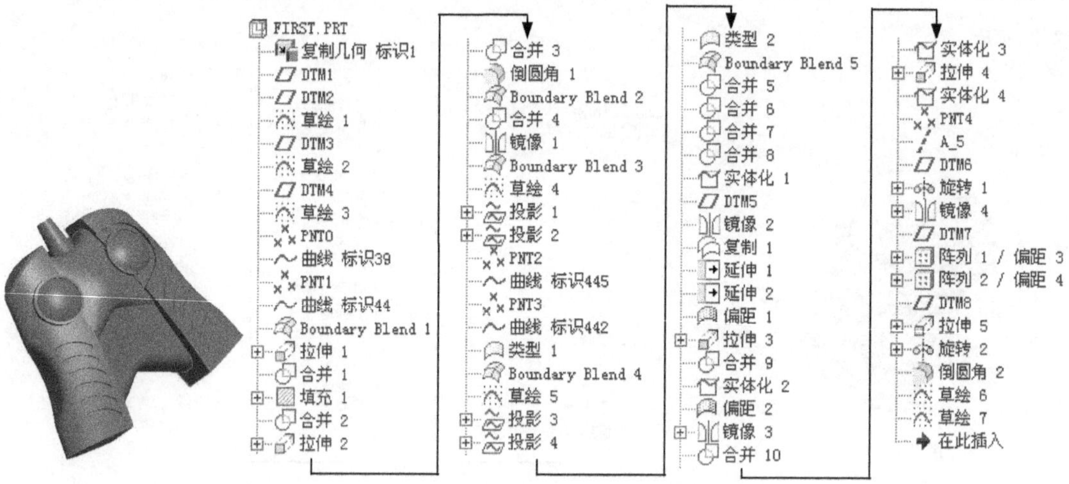

图 14.1 零件模型及模型树

Step1. 新建零件模型。选择下拉菜单 文件 → 新建(N) 命令，系统弹出“新建”对话框，在 类型 选项组中选择 零件 选项，在 名称 文本框中输入文件名称 TELECONTROL_HAND，取消选中 使用默认模板 复选框，单击 确定 按钮，在系统弹出的“新文件选项”对话框的 模板 选项组中选择 mmns_part_solid 模板，单击 确定 按钮，系统进入建模环境。

Step2. 创建图 14.2 所示的基准平面 1。

（1）选择命令。单击 模型 功能选项卡 基准 区域中的“平面”按钮。

（2）定义平面参考。选取 RIGHT 基准平面为偏距参考面，在对话框中输入偏移距离值 15。

（3）单击对话框中的 确定 按钮。

Step3. 创建图 14.3 所示的基准平面 2。单击 模型 功能选项卡 基准 区域中的“平面”按钮，选取 RIGHT 基准平面为偏距参考面，在对话框中输入偏移距离值 30，单击对话框中的 确定 按钮。

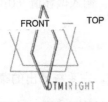

图 14.2 基准平面 1

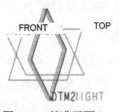

图 14.3 基准平面 2

Step4. 创建图 14.4 所示的草图 1。在操控板中单击"草绘"按钮 ；选取 DTM2 基准平面为草绘平面，选取 FRONT 基准平面为参考平面，方向为 左，单击 草绘 按钮，绘制图 14.4 所示的草图。

Step5. 创建图 14.5 所示的基准平面 3。单击 模型 功能选项卡 基准 ▾ 区域中的"平面"按钮 ，选取草图 1 为参考，将其约束类型设置为 穿过 ，按住 Ctrl 键，选取 RIGHT 基准平面为参考，将其约束类型设置为 偏移 ，旋转角度值为 80，单击对话框中的 确定 按钮。

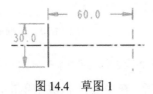

图 14.4 草图 1

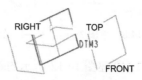

图 14.5 基准平面 3

Step6. 创建图 14.6 所示的草图 2。在操控板中单击"草绘"按钮 ；选取 DTM3 基准平面为草绘平面，选取 TOP 基准平面为参考平面，方向为 上，单击 草绘 按钮，绘制图 14.6 所示的草图。

说明：草图 2 中的点 1 和点 2 分别与草图 1 的两个端点重合。

Step7. 创建图 14.7 所示的基准平面 4。单击 模型 功能选项卡 基准 ▾ 区域中的"平面"按钮 ，选取 FRONT 基准平面为偏距参考面，在对话框中输入偏移距离值-50，单击对话框中的 确定 按钮。

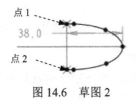

图 14.6 草图 2

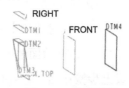

图 14.7 基准平面 4

Step8. 创建图 14.8 所示的草图 3。在操控板中单击"草绘"按钮 ；选取 DTM4 基准平面为草绘平面，选取 TOP 基准平面为参考平面，方向为 上，单击 草绘 按钮，选取 DTM1 基准平面为参考，绘制图 14.8 所示的草图。

Step9. 创建图 14.9 所示的基准点 PNT0。单击 模型 功能选项卡 基准 ▾ 区域中的"基准点"按钮 。选取 FRONT 基准平面为基准点参考；在 偏移参考 区域中单击，选取 TOP

基准平面，输入偏移值 20.0，按住 Ctrl 键选取 DTM2 基准平面，输入偏移值 9.0；单击对话框中的 确定 按钮。

Step10. 创建图 14.10 所示的基准曲线 1。

（1）单击 模型 功能选项卡中的 基准 ▼ 按钮，在系统弹出的菜单中单击 ～ 曲线 ▶ 选项后面的 ▶，然后选择 ～ 通过点的曲线 命令。

（2）完成上步操作后，系统弹出"曲线：通过点"操控板，在图形区依次选取图 14.11 所示的三个点为曲线的经过点。

（3）单击"曲线：通过点"操控板中的 ✔ 按钮，完成曲线的创建。

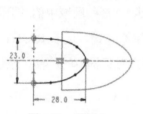

图 14.8　草图 3

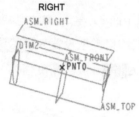

图 14.9　基准点 PNT0

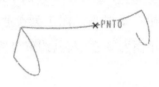

图 14.10　基准曲线 1

Step11. 创建图 14.12 所示的基准点 PNT1。单击 模型 功能选项卡 基准 ▼ 区域中的"基准点"按钮 ×× 点 ▼。选取 FRONT 基准平面为基准点参考；在 偏移参考 区域中单击，选取 TOP 基准平面，输入偏移值-16.0，按住 Ctrl 键选取 DTM2 基准平面，输入偏移值-9.0；单击对话框中的 确定 按钮。

图 14.11　选取曲面基准点

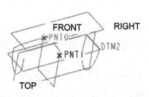

图 14.12　基准点 PNT1

Step12. 创建图 14.13 所示的基准曲线 2。

（1）单击 模型 功能选项卡中的 基准 ▼ 按钮，在系统弹出的菜单中单击 ～ 曲线 ▶ 选项后面的 ▶，然后选择 ～ 通过点的曲线 命令。

（2）完成上步操作后，系统弹出"曲线：通过点"操控板，在图形区依次选取图 14.14 所示的三个点为曲线的经过点。

（3）单击"曲线：通过点"操控板中的 ✔ 按钮，完成曲线的创建。

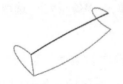

图 14.13　基准曲线 2

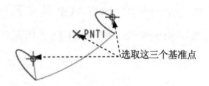

图 14.14　选取曲面基准点

Step13. 创建图 14.15 所示的边界混合曲面 1。

（1）选择命令。单击 模型 功能选项卡 曲面 区域中的"边界混合"按钮 。

（2）选取边界曲线。在操控板中单击 曲线 按钮，系统弹出"曲线"界面，按住 Ctrl 键，依次选取图 14.16 所示的曲线 1 和曲线 2 为第一方向曲线；单击"第二方向"区域中的"单击此…"字符，按住 Ctrl 键，依次选取图 14.16 所示的曲线 3 和曲线 4 为第二方向曲线。

（3）单击 按钮，完成边界混合曲面 1 的创建。

图 14.15   边界混合曲面 1

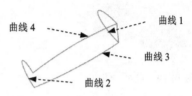

图 14.16   定义边界曲线

Step14. 创建图 14.17 所示的拉伸曲面 1。

（1）选择命令。单击 模型 功能选项卡 形状 区域中的"拉伸"按钮 拉伸，按下操控板中的"曲面类型"按钮 。

（2）绘制截面草图。在图形区右击，从系统弹出的快捷菜单中选择 定义内部草绘… 命令；选取 TOP 基准平面为草绘平面，选取 FRONT 基准平面为参考平面，方向为 左，单击 草绘 按钮，绘制图 14.18 所示的截面草图。

（3）定义拉伸属性。在操控板中选择拉伸类型为 ，输入深度值 40.0。

（4）在操控板中单击 按钮，完成拉伸曲面 1 的创建。

说明：图 14.18 所示的圆弧的端点与草绘参考的端点重合。

图 14.17   拉伸曲面 1

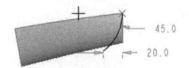

图 14.18   截面草图

Step15. 创建图 14.19 所示的曲面合并 1。

（1）选取合并对象。按住 Ctrl 键，选取边界混合曲面 1 和拉伸曲面 1 为合并对象。

（2）选择命令。单击 模型 功能选项卡 编辑 区域中的 合并 按钮。

（3）单击 按钮，完成曲面合并 1 的创建。

说明：可以通过单击操控板中的 按钮调整修剪部分。

Step16. 创建图 14.20 所示的填充曲面 1。

（1）选择命令。单击 模型 功能选项卡 曲面 区域中的 填充 按钮。

（2）绘制截面草图。在图形区右击，从系统弹出的快捷菜单中选择 定义内部草绘… 命令；

选取 DTM3 基准平面为草绘平面，采用系统默认参考平面，单击 草绘 按钮，绘制图 14.21 所示的截面草图。

（3）在操控板中单击 ✔ 按钮，完成填充曲面 1 的创建。

Step17. 创建曲面合并 2。按住 Ctrl 键，选取图 14.22 所示的两个曲面为合并对象；单击 🗗合并 按钮，单击 ✔ 按钮，完成曲面合并 2 的创建。

图 14.19　曲面合并 1

图 14.20　填充曲面 1

图 14.21　截面草图

Step18. 创建图 14.23 所示的拉伸曲面 2。在操控板中单击"拉伸"按钮 🗗 拉伸，按下操控板中的"曲面类型"按钮 🗀。选取 TOP 基准平面为草绘平面，选取 RIGHT 基准平面为参考平面，方向为 上；绘制图 14.24 所示的截面草图，在操控板中定义拉伸类型为 日，输入深度值 40；单击 ✔ 按钮，完成拉伸曲面 2 的创建。

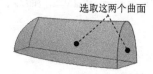

图 14.22　定义曲面合并

图 14.23　拉伸曲面 2

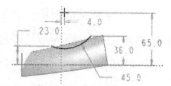

图 14.24　截面草图

Step19. 创建图 14.25 所示的曲面合并 3。按住 Ctrl 键，选取图 14.26 所示的两个曲面为合并对象；单击 🗗合并 按钮，调整箭头方向如图 14.26 所示，单击 ✔ 按钮，完成曲面合并 3 的创建。

图 14.25　曲面合并 3

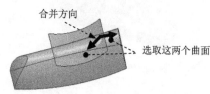

合并方向

选取这两个曲面

图 14.26　选取合并面

Step20. 创建图 14.27b 所示的圆角特征 1。单击 模型 功能选项卡 工程 ▼ 区域中的 🗗 倒圆角 ▼ 按钮，选取图 14.27a 所示的边线为圆角放置参照，在圆角半径文本框中输入值 5.0。

选取此边线为
圆角放置参照

a）倒圆角前

b）倒圆角后

图 14.27　圆角特征 1

Step21. 创建图 14.28 所示的边界混合曲面 2。单击"边界混合"按钮 ；选取图 14.29 所示的边线 1 和边线 2 为第一方向曲线，选取图 14.29 所示的边线 3 和边线 4 为第二方向曲线；单击 ✓ 按钮，完成边界混合曲面 2 的创建。

Step22. 创建曲面合并 4。按住 Ctrl 键，选取图 14.30 所示的模型表面为合并对象；单击 合并 按钮，单击 ✓ 按钮，完成曲面合并 4 的创建。

图 14.28 边界混合曲面 2

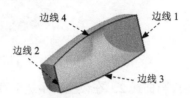

图 14.29 定义边界曲线

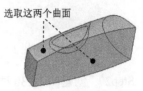

图 14.30 定义合并面

Step23. 创建图 14.31 所示的镜像特征 1。

（1）选取镜像特征。选取整个模型为镜像特征。

（2）选择"镜像"命令。单击 模型 功能选项卡 编辑 ▾ 区域中的"镜像"按钮 。

（3）定义镜像平面。在图形区选取 RIGHT 基准平面为镜像平面。

（4）在操控板中单击 ✓ 按钮，完成镜像特征 1 的创建。

Step24. 创建图 14.32 所示的边界混合曲面 3。单击"边界混合"按钮 ；选取图 14.33 所示的边线 1 和边线 2 为第一方向曲线，单击 ✓ 按钮，完成边界混合曲面 3 的创建。

图 14.31 镜像特征 1

图 14.32 边界混合曲面 3

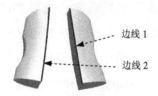

图 14.33 定义边界曲线

Step25. 创建图 14.34 所示的草图 4。在操控板中单击"草绘"按钮 ；选取 RIGHT 基准平面为草绘平面，选取 TOP 基准平面为参考平面，方向为 上，单击 反向 按钮调整草绘视图方向，单击 草绘 按钮，绘制图 14.35 所示的草图。

图 14.34 草图 4（建模环境）

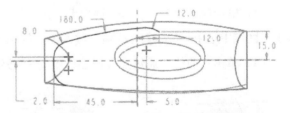

图 14.35 草图 4（草绘环境）

Step26. 创建图 14.36 所示的投影曲线 1。

（1）选取投影对象。在图形区选取草图 4。

（2）选择命令。单击 模型 功能选项卡 编辑 ▾ 区域中的 ⌇投影 按钮。

（3）定义参考。选取图 14.37 所示的面为投影面，接受系统默认的投影方向。

（4）单击 ✓ 按钮，完成投影曲线 1 的创建。

图 14.36　投影曲线 1

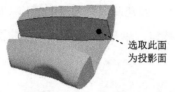

选取此面
为投影面

图 14.37　定义投影面

Step27. 创建图 14.38 所示的投影曲线 2。在模型树中选取草图 4，单击 ⌇投影 按钮；选取图 14.39 所示的面为投影面，接受系统默认的投影方向；单击 ✓ 按钮，完成投影曲线 2 的创建。

图 14.38　投影曲线 2

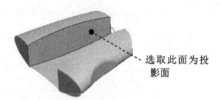

选取此面为投影面

图 14.39　定义投影面

Step28. 创建图 14.40 所示的基准点 PNT2。单击 模型 功能选项卡 基准 ▾ 区域中的"基准点"按钮 ⤬ 点 ▾。选取 RIGHT 基准平面为基准点参照。在 偏移参考 区域中单击，选取 FRONT 基准平面，输入偏移值 1.0，按住 Ctrl 键，选取 TOP 基准平面，输入偏移值 15.0；单击对话框中的 确定 按钮。

Step29. 创建图 14.41 所示的基准曲线 3。

（1）单击 模型 功能选项卡中的 　　　基准 ▾　　　 按钮，在系统弹出的菜单中单击 ～ 曲线 　　▸ 选项后面的 ▾，然后选择 ～ 通过点的曲线 命令。

（2）完成上步操作后，系统弹出"曲线：通过点"操控板，在图形区依次选取图 14.42 所示的三个点为曲线的经过点。

（3）单击操控板中的 放置 选项卡，在其界面中选择"点 2"，选择 ⊙ 直线 命令，并在其下的区域中选中 ☑ 添加圆角 选项，输入半径值 10.0。

（4）单击"曲线：通过点"操控板中的 ✓ 按钮，完成曲线的创建。

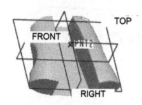

图 14.40　基准点 PNT2

图 14.41　基准曲线 3

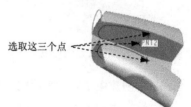

选取这三个点

图 14.42　选取曲线经过点

Step30. 创建图 14.43 所示的基准点 PNT3。单击 模型 功能选项卡 基准 ▼ 区域中的"基准点"按钮 ×× 点 ▼。选取 RIGHT 基准平面为基准点参考；在 偏移参考 区域中单击，选取 FRONT 基准平面，输入偏移值 35.0，按住 Ctrl 键，选取 TOP 基准平面，输入偏移值 12.0；单击对话框中的 确定 按钮。

Step31. 创建图 14.44 所示的基准曲线 4。

（1）单击 模型 功能选项卡中的 基准 ▼ 按钮，在系统弹出的菜单中单击 ～ 曲线 选项后面的 ▼，然后选择 ～ 通过点的曲线 命令。

（2）完成上步操作后，系统弹出"曲线：通过点"操控板，在图形区依次选取图 14.45 所示的点 1、基准点 PNT3 和点 2 为曲线的经过点。

（3）单击"曲线：通过点"操控板中的 ✔ 按钮，完成基准曲线的创建。

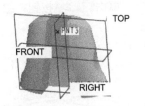

图 14.43 基准点 PNT3

图 14.44 基准曲线 4

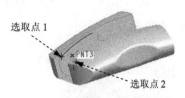

图 14.45 选取曲面经过点

Step32. 创建图 14.46 所示的造型特征 1。

（1）进入造型环境。单击 模型 功能选项卡 曲面 区域中的 造型 按钮。

（2）绘制初步 ISDX 曲线。单击"曲线"按钮 ～，系统弹出"造型：曲线"操控板。在操控板中选中 单选项，并单击此操控板中的 参考 按钮，系统弹出"参照"界面。在此界面的 单击此处添加项 文本框中单击，选取图 14.47 所示的面为 ISDX 曲线放置面，绘制图 14.48 所示的初步 ISDX 曲线。然后在操控板中单击"完成"按钮 ✔。

（3）编辑 ISDX 曲线。单击 曲线编辑 按钮，选取图 14.48 所示的初步 ISDX 曲线的端点进行拖动编辑，使其曲线的两个端点分别与投影曲线 1 和投影曲线 2 的两个端点重合（在选取端点时同时按住 Shift 键）。然后单击操控板中的"完成"按钮 ✔。

（4）曲面修剪。单击 曲面修剪 按钮，此时系统弹出"曲面修剪"操控板。选取图 14.47 所示的面为要修剪的面组，选取 ISDX 曲线为修剪曲线，选取图 14.49 所示的面为删除面。然后单击操控板中的"完成"按钮 ✔。

（5）单击"确定"按钮 ✔，完成造型特征的创建。

图 14.46 造型特征 1

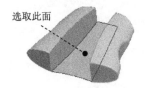

图 14.47 定义 ISDX 曲线放置面

图 14.48 编辑 ISDX 曲线

Step33. 创建图 14.50 所示的边界混合曲面 4。选取图 14.51 所示的两条投影曲线为第一方向曲线，选取图 14.52 所示的曲线 1、曲线 2 和曲线 3 为第二方向曲线；单击 约束 按钮，将"方向 2"的"第一条链"的"条件"设置为 相切；单击 ✔ 按钮，完成边界混合曲面 4 的创建。

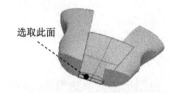
图 14.49 定义删除面

选取此面

图 14.50 边界混合曲面 4

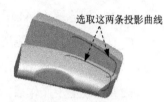
选取这两条投影曲线
图 14.51 定义第一方向曲线

Step34. 创建图 14.53 所示的草图 5。在操控板中单击"草绘"按钮；选取 RIGHT 基准平面为草绘平面，选取 TOP 基准平面为参考平面，方向为 上，单击 草绘 按钮，绘制图 14.54 所示的草图。

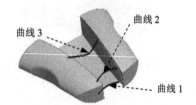
曲线 3 曲线 2 曲线 1
图 14.52 定义第二方向曲线

图 14.53 草图 5（建模环境）

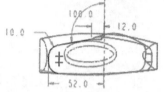
图 14.54 草图 5（草绘环境）

Step35. 创建图 14.55 所示的投影曲线 3。在模型树中单击草图 5，单击 投影 按钮；选取图 14.56 所示的面为投影面，接受系统默认的投影方向；单击 ✔ 按钮，完成投影曲线 3 的创建。

图 14.55 投影曲线 3

选取此面
图 14.56 定义投影面

Step36. 创建图 14.57 所示的投影曲线 4。在模型树中单击草图 5，单击 投影 按钮；选取图 14.58 所示的面为投影面，接受系统默认的投影方向；单击 ✔ 按钮，完成投影曲线 4 的创建。

图 14.57 投影曲线 4

选取此面
图 14.58 定义投影面

Step37. 创建图 14.59 所示的造型特征 2。

（1）进入造型环境。单击 模型 功能选项卡 曲面 区域中的 □造型 按钮。

（2）绘制初步 ISDX 曲线。单击"曲线"按钮 ~，系统弹出"造型：曲线"操控板。在操控板中选中 单选项，并单击此操控板中的 参考 按钮，系统弹出"参照"界面。在此界面的 ● 单击此处添加项 文本框中单击，选取图 14.60 所示的面为 ISDX 曲线放置面，绘制图 14.61 所示的初步 ISDX 曲线。然后在操控板中单击"完成" ✓ 按钮。

（3）编辑 ISDX 曲线。单击 ✐ 曲线编辑 按钮，选取图 14.61 所示初步的 ISDX 曲线的端点进行拖动编辑，使其曲线的两个端点分别与投影曲线 3 和投影曲线 4 的两个端点重合（在选取端点的同时按住 Shift 键）。然后单击操控板中的"完成" ✓ 按钮。

图 14.59 造型特征 2

图 14.60 定义 ISDX 曲线放置面

图 14.61 编辑 ISDX 曲线

（4）曲面修剪。单击 曲面修剪 按钮，此时系统弹出"曲面修剪"操控板。选取图 14.60 所示的面为要修剪的面组，选取 ISDX 曲线为修剪曲线，选取图 14.62 所示的面为删除面。然后单击操控板中的"完成" ✓ 按钮。

（5）单击"确定" ✓ 按钮，完成造型特征的创建。

Step38. 创建图 14.63 所示的边界混合曲面 5。单击"边界混合"按钮 ；选取投影曲线 3 和投影曲线 4 为第一方向曲线，选取图 14.64 所示的曲线 1 和曲线 2 为第二方向曲线；单击 约束 按钮，将"方向 2"的"最后一条链"的"条件"设置为 相切，单击 ✓ 按钮，完成边界混合曲面 5 的创建。

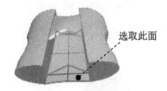
图 14.62 定义删除面

图 14.63 边界混合曲面 5

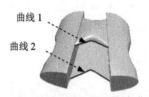
图 14.64 定义第二方向曲线

Step39. 创建曲面合并 5。按住 Ctrl 键，在绘图区分别选取图 14.65 所示的两个面为合并对象，单击 ⿴合并 按钮，单击 ✓ 按钮，完成曲面合并 5 的创建。

Step40. 创建曲面合并 6。按住 Ctrl 键，在模型树中选取曲面合并 5 和图 14.66 所示的面为合并对象，单击 ⿴合并 按钮，单击 ✓ 按钮，完成曲面合并 6 的创建。

Step41. 创建曲面合并 7。按住 Ctrl 键，在模型树中选取曲面合并 6 和图 14.67 所示的面为合并对象，单击 ⿴合并 按钮，在操控板中单击 ⿴ 按钮调整修剪部分，单击 ✓ 按钮，完成曲面合并 7 的创建。

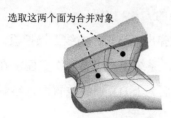
图 14.65 定义曲面合并 5 对象

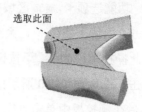
图 14.66 定义曲面合并 6 对象

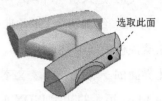
图 14.67 定义曲面合并 7 对象

Step42. 创建曲面合并 8。按住 Ctrl 键，在模型树中选取曲面合并 7 和图 14.68 所示的面为合并对象，单击 合并 按钮，单击 ✔ 按钮，完成曲面合并 8 的创建。

Step43. 创建曲面实体化 1。选取整个模型曲面为要实体化的对象；单击 模型 功能选项卡 编辑 区域中的 实体化 按钮；单击 ✔ 按钮，完成曲面实体化 1 的创建。

Step44. 创建图 14.69 所示的基准平面 5。单击 模型 功能选项卡 基准 区域中的"平面"按钮 □，选择 RIGHT 基准平面为偏距参考面，在对话框中输入偏移距离值-10。单击对话框中的 确定 按钮。

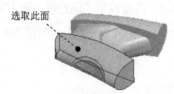
图 14.68 定义曲面合并 8 对象

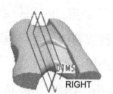
图 14.69 基准平面 5

Step45. 创建图 14.70 所示的镜像特征 2。选取基准平面 DTM5 为镜像特征；选取 RIGHT 基准平面为镜像平面，单击 ✔ 按钮，完成镜像特征 2 的创建。

Step46. 创建复制曲面 1。在屏幕下方的"智能选取"栏中选择"几何"或"面组"选项，按住 Ctrl 键，选取图 14.71 所示的两个面为要复制的曲面；单击 模型 功能选项卡 操作 区域中的"复制"按钮 📋，然后单击"粘贴"按钮 📋；单击 ✔ 按钮，完成复制曲面 1 的创建。

图 14.70 镜像特征 2

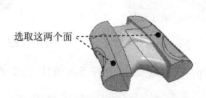
图 14.71 定义复制曲面

Step47. 创建图 14.72 所示的曲面延伸 1。选取图 14.73 所示的边线（应为上步创建的复制曲面边线）为要延伸的参考；单击 模型 功能选项卡 编辑 区域中的 延伸 按钮；在操控板中单击按钮 □，选取基准平面 DTM5 为延伸的终止面；单击 ✔ 按钮，完成曲面延伸 1

的创建。

图 14.72 曲面延伸 1

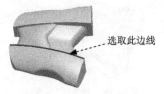

选取此边线

图 14.73 选取边线

Step48. 创建图 14.74 所示的曲面延伸 2。选取图 14.75 所示的边线，单击 延伸 按钮；在其操控板中单击按钮 ；选取镜像特征 2 所创建的基准平面为延伸的终止面；单击 ✔ 按钮，完成曲面延伸 2 的创建。

Step49. 创建偏移曲面 1。选取图 14.76 所示的面为要偏移的曲面；单击 模型 功能选项卡 编辑 ▼ 区域中的 偏移 按钮；在操控板的偏移类型栏中选择"标准偏移"选项 ，在操控板的偏移数值栏中输入偏移距离值 2.0，单击 ╱ 按钮调整偏移方向；单击 ✔ 按钮，完成偏移曲面 1 的创建。

图 14.74 曲面延伸 2

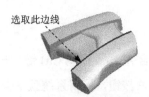

选取此边线

图 14.75 选取边线

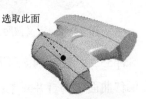

选取此面

图 14.76 定义偏移对象

Step50. 创建图 14.77 所示的拉伸曲面 3。在操控板中单击"拉伸"按钮 拉伸，按下操控板中的"曲面类型"按钮 。选取 TOP 基准平面为草绘平面，选取 FRONT 基准平面为参考平面，方向为 下，绘制图 14.78 所示的截面草图，在操控板中定义拉伸类型为 ，输入深度值 25；单击 ✔ 按钮，完成拉伸曲面 3 的创建。

图 14.77 拉伸曲面 3

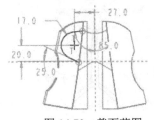

图 14.78 截面草图

Step51. 创建图 14.79 所示的曲面合并 9。按住 Ctrl 键，在模型树中分别选取拉伸曲面 3 和偏移曲面 1 为合并对象；单击 合并 按钮，采用系统默认合并方向；单击 ✔ 按钮，完成曲面合并 9 的创建。

Step52. 创建图 14.80 所示的曲面实体化 2。在模型树中选取曲面合并 9 为实体化的对象；单击 实体化 按钮，按下"移除材料"按钮 ；采用系统默认去除实体方向；单击 ✔ 按钮，完成曲面实体化 2 的创建。

图 14.79　曲面合并 9

图 14.80　曲面实体化 2

Step53. 创建偏移曲面 2。选取图 14.81 所示的面为要偏移的曲面，单击 ⬚偏移 按钮，选择偏移"标准"类型 ⬚，偏移距离值为 2.0，单击 ⬚ 按钮调整偏移方向；单击 ✔ 按钮，完成偏移曲面 2 的创建。

Step54. 创建图 14.82 所示的镜像特征 3。在模型树中选取拉伸曲面 3 为镜像特征；选取 RIGHT 基准平面为镜像平面，单击 ✔ 按钮，完成镜像特征 3 的创建。

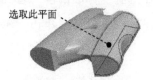

选取此平面

图 14.81　定义偏距面

图 14.82　镜像特征 3

Step55. 创建图 14.83 所示的曲面合并 10。按住 Ctrl 键，选取图 14.82 所示的镜像特征 3 和偏移曲面 2 为合并对象；单击 ⬚合并 按钮，采用系统默认合并方向；单击 ✔ 按钮，完成曲面合并 10 的创建。

Step56. 创建图 14.84 所示的曲面实体化 3。在模型树中选取曲面合并 10 为实体化的对象；单击 ⬚实体化 按钮，按下"移除材料"按钮 ⬚；采用系统默认去除实体方向；单击 ✔ 按钮，完成曲面实体化 3 的创建。

图 14.83　曲面合并 10

图 14.84　曲面实体化 3

Step57. 创建图 14.85 所示的拉伸特征 4。在操控板中单击"拉伸"按钮 ⬚拉伸，按下操控板中的"加厚"按钮 ⬚。选取 TOP 基准平面为草绘平面，选取 FRONT 基准平面为参考平面，方向为 下；绘制图 14.86 所示的截面草图，在操控板中定义拉伸类型为 ⬚，输入深度值 20.0，输入厚度值 1.5；单击 ✔ 按钮，完成拉伸特征 4 的创建。

Step58. 创建图 14.87 所示的曲面实体化 4。选取图 14.88 所示的面为实体化的对象；单击 ⬚实体化 按钮，按下"移除材料"按钮 ⬚；调整图形区中的箭头使其指向要去除的实体，如图 14.88 所示，单击 ✔ 按钮，完成曲面实体化 4 的创建。

图 14.85 拉伸特征 4

图 14.86 截面草图

图 14.87 曲面实体化 4

图 14.88 选取实体化对象

Step59. 创建图 14.89 所示的基准点 PNT4。单击 模型 功能选项卡 基准 ▾ 区域中的"基准点"按钮 ✕点 ▾。按住 Ctrl 键,选取拉伸特征 4 所产生的基准轴 A_1 和图 14.90 所示的面为参考,单击对话框中的 确定 按钮。

图 14.89 基准点 PNT4

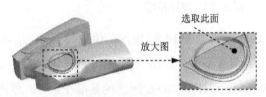

图 14.90 定义参考面

Step60. 创建图 14.91 所示的基准轴 A_5。单击 模型 功能选项卡 基准 ▾ 区域中的"基准轴"按钮 ╱轴。选取 PNT4 基准点为参考,将其约束类型设置为 穿过;按住 Ctrl 键,选取图 14.90 所示的面为参考,将其约束类型设置为 法向;单击对话框中的 确定 按钮。

Step61. 创建图 14.92 所示的基准平面 6。单击 模型 功能选项卡 基准 ▾ 区域中的"平面"按钮 ▱,选取 A_5 基准轴为参考,将其约束类型设置为 穿过;按住 Ctrl 键,选取 RIGHT 基准平面为参考,将其约束类型设置为 法向;单击对话框中的 确定 按钮。

说明:读者在创建此基准平面时,也可能在模型树中显示的为基准平面 7,那么应按照此时的平面完成后续的操作。

图 14.91 基准轴 A_5

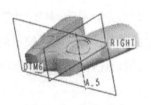

图 14.92 基准平面 6

Step62. 创建图 14.93 所示的旋转特征 1。

(1)选择命令。单击 模型 功能选项卡 形状 ▾ 区域中的"旋转"按钮 ◈ 旋转。

（2）绘制截面草图。在图形区右击，从系统弹出的快捷菜单中选择 定义内部草绘... 命令；选取 DTM6 基准平面为草绘平面，选取 RIGHT 基准平面为参考平面，方向为 左，单击 草绘 按钮，选取 A_5 基准轴为参考，绘制图 14.94 所示的截面草图（包括旋转中心线）。

（3）定义旋转属性。在操控板中选择旋转类型为 ⌷，在角度文本框中输入角度值 360.0，并按 Enter 键。

（4）在操控板中单击"完成"按钮 ✔，完成旋转特征 1 的创建。

说明：在创建基准轴 A_5 时，因为所选取的面是用样条曲线创建而成的，所以在创建此旋转特征时，可能会导致此特征有所不同。此时可以通过调整图 14.94 所示的截面草图尺寸使其所创建的特征尽可能一致。

图 14.93　旋转特征 1

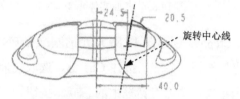
图 14.94　截面草图

Step63. 创建图 14.95 所示的镜像特征 4。选取旋转特征 1 为镜像特征；选取 RIGHT 基准平面为镜像平面，单击 ✔ 按钮，完成镜像特征 4 的创建。

Step64. 创建图 14.96 所示的基准平面 7。单击 模型 功能选项卡 基准 ▾ 区域中的"平面"按钮 ▱，选择 TOP 基准平面为偏距参考面，在对话框中输入偏移距离值 20，单击对话框中的 确定 按钮。

图 14.95　镜像特征 4

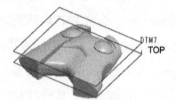
图 14.96　基准平面 7

Step65. 创建图 14.97 所示的拔模偏移曲面 3。

（1）选取拔模偏移对象。选取图 14.98 所示的面为要拔模偏移的曲面。

（2）选择命令。单击 模型 功能选项卡 编辑 ▾ 区域中的 偏移 按钮。

（3）定义偏移参数。在操控板的偏移类型栏中选择"拔模偏移"选项 ▯；单击操控板中的 选项 按钮，选择 垂直于曲面 选项；选中 侧曲面垂直于 区域中的 ◉ 曲面 选项与 侧面轮廓 区域中的 ◉ 直 选项。

（4）草绘拔模区域。在绘图区右击，选择 定义内部草绘... 命令；选取 DTM7 基准平面为草绘平面，选取 FRONT 基准平面为参考平面，方向为 下；绘制图 14.99 所示的截面草图。

（5）定义偏移与拔模角度。在操控板中输入偏移值 1.0，输入侧面的拔模角度值 10.0，

单击 ✕ 按钮调整偏移方向（使其拔模方向朝内）。

（6）单击 ✓ 按钮，完成拔模偏移曲面3的创建。

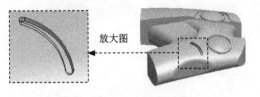

图14.97 拔模偏移曲面3

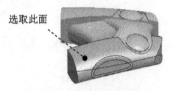

选取此面

图14.98 定义偏移曲面

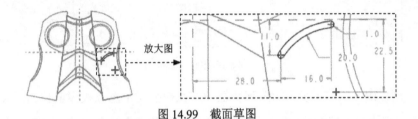

放大图

图14.99 截面草图

Step66. 创建图14.100b所示的阵列特征1。

（1）选取阵列特征。在模型树中选取拔模偏移曲面3后右击，选择 ⊞ 命令。

（2）定义阵列类型。在阵列操控板的 选项 选项卡的下拉列表中选择 常规 选项。

（3）选择阵列控制方式。在操控板的阵列控制方式下拉列表中选择曲线选项。

（4）定义阵列参考。在绘图区右击，选择 定义内部草绘... 命令；选取DTM7基准平面为草绘平面，选取FRONT基准平面为参考平面，方向为 下 ；绘制图14.101所示的截面草图。

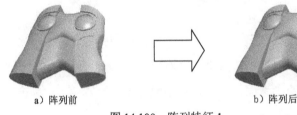

a）阵列前　　　　　　b）阵列后

图14.100 阵列特征1

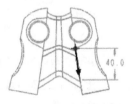

图14.101 截面草图

（5）定义阵列参数。在输入成员间距文本框中输入值8。

（6）在操控板中单击 ✓ 按钮，完成阵列特征1的创建。

Step67. 创建图14.102所示的拔模偏移曲面4。选取图14.103所示的面为要拔模偏移的曲面；单击 偏移 按钮；在操控板的偏移类型栏中选择"拔模偏移"选项 ；单击 选项 按钮，选择 垂直于曲面 选项，并选中 ⊙ 曲面 选项与 ⊙ 直 选项；在绘图区右击，选择 定义内部草绘... 命令；选取DTM7基准平面为草绘平面，选取FRONT基准平面为参考平面，方向为 下 ；绘制图14.104所示的截面草图；输入偏移值1.0，输入侧面的拔模角度值10.0；单击 ✕ 按钮调整偏移方向（拔模方向朝内）；单击 ✓ 按钮，完成拔模偏移曲面4的创建。

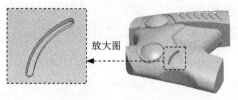

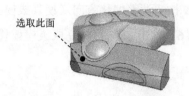
选取此面

图 14.102　拔模偏移曲面 4　　　　　　　　图 14.103　定义偏移曲面

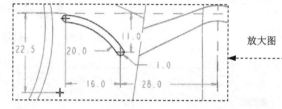

图 14.104　截面草图

Step68. 创建图 14.105b 所示的阵列特征 2。在模型树中选取拔模偏移曲面 4 并右击，选择 ⊞ 命令。在阵列操控板的 选项 选项卡的下拉列表中选择 常规 选项。在阵列控制方式下拉列表中选择 曲线 选项。在绘图区右击，选择 定义内部草绘... 命令；选取 DTM7 基准平面为草绘平面，选取 FRONT 基准平面为参考平面，方向为 下 ；绘制图 14.106 所示的截面草图。在输入成员间距文本框中输入值 8，单击 ✓ 按钮，完成阵列特征 2 的创建。

  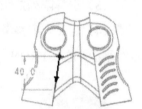

a）阵列前　　　　　　　　　　　b）阵列后

图 14.105　阵列特征 2　　　　　　　　　　图 14.106　截面草图

Step69. 创建图 14.107 所示的基准平面 8。单击 模型 功能选项卡 基准 ▾ 区域中的"平面"按钮 ⬜ ，选择 DTM4 基准平面为偏距参考面，在对话框中输入偏移距离值 5，单击对话框中的 确定 按钮。

Step70. 创建图 14.108 所示的拉伸特征 5。在操控板中单击"拉伸"按钮 ⬜ 拉伸。选取 DTM8 基准平面为草绘平面，选取 TOP 基准平面为参考平面，方向为 上 ；绘制图 14.109 所示的截面草图，在操控板中定义拉伸类型为 ⊟；单击 ✓ 按钮，完成拉伸特征 5 的创建。

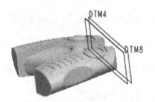  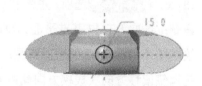

图 14.107　基准平面 8　　　　　图 14.108　拉伸特征 5　　　　　图 14.109　截面草图

Step71. 创建图 14.110 所示的旋转特征 2。在操控板中单击"旋转"按钮 ⊕ 旋转。选取 TOP 基准平面为草绘平面，选取 FRONT 基准平面为参考平面，方向为 下 ；单击 草绘 按钮，绘制图 14.111 所示的截面草图（包括中心线）。在操控板中选择旋转类型为 ⊥ ，在角度文本框中输入角度值 360.0，单击 ✓ 按钮，完成旋转特征 2 的创建。

图 14.110　旋转特征 2

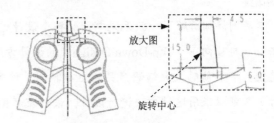

图 14.111　截面草图

Step72. 创建图 14.112b 所示的圆角特征 2。选取图 14.112a 所示的两条边线为圆角放置参照，输入圆角半径值 3.0。

选取这两条边线
为圆角放置参照

a）倒圆角前

b）倒圆角后

图 14.112　圆角特征 2

Step73. 保存模型文件。

学习拓展：扫一扫右侧二维码，可以免费学习更多视频讲解。
讲解内容：逆向设计的背景知识，小平面特征等。

实例 **15** 无绳电话自顶向下设计

实例概述

    本实例详细讲解了一款无绳电话的整个设计过程,该设计过程中采用了较为先进的设计方法——自顶向下(Top-Down Design)的设计方法。采用这种方法不仅可以获得较好的整体造型,并且能够大大缩短产品的上市时间。许多家用电器(如电脑机箱、吹风机、电脑鼠标)都可以采用这种方法进行设计。设计流程图如图 15.1 所示。

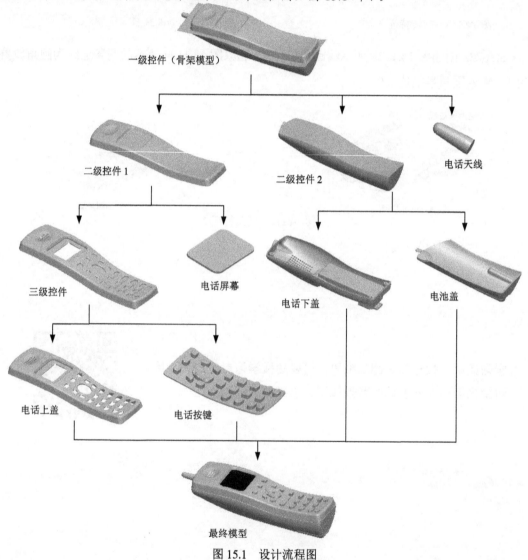

一级控件(骨架模型)

二级控件 1　　　　二级控件 2　　　　电话天线

三级控件　　　电话屏幕　　　电话下盖　　　电池盖

电话上盖　　　电话按键

最终模型

图 15.1　设计流程图

    本范例的详细操作过程请参见随书资源中 video\ch15 下的语音视频讲解文件。模型文件为 D:\creo6.9\work\ch15\handset.asm。

实例 **16**　鼠标自顶向下设计

16.1　概　　述

本实例详细讲解了一款鼠标的整个设计过程，该设计过程采用了较为先进的设计方法——自顶向下设计（Top_Down Design）。采用此方法，不仅可以获得较好的整体造型，并且能够大大缩短产品的设计周期。许多家用电器都可以采用这种方法进行设计。本例设计的鼠标模型及模型树如图 16.1.1 所示。

图 16.1.1　鼠标模型及模型树

在使用自顶向下的设计方法进行设计时，我们先引入一个新的概念——控件，控件即控制元件，用于控制模型的外观及尺寸等，在设计过程中起着承上启下的作用。最高级别的控件，通常称之为一级控件或骨架模型，是在整个设计开始时创建的原始结构模型，它所承接的是整体模型与所有零件之间的位置及配合关系；骨架模型之外的控件为二级控件或更低级别的控件，从上一级别控件得到外形和尺寸等，再把这种关系传递给下一级控件或零件。在整个设计过程中，骨架模型的作用非常重要，创建之初就要把整个模型的外观勾勒出来，后续工作都是对骨架模型的分割与细化，在整个设计过程中创建的所有控件或零件都与骨架模型存在着根本的联系。本例中的骨架模型是一种特殊的零件模型，或者说它是一个装配体的 3D 布局。

在 Creo 6.0 软件中自顶向下的设计方法如下。

首先，在装配环境中通过单击 模型 功能选项卡 元件 ▼ 区域中的"创建"按钮 ，新建一个零件文件；然后在新建的零件文件中通过单击 模型 功能选项卡中的 获取数据 ▼ 按钮，在系统弹出的菜单中选择 合并/继承 命令将所有基准复制在新建的零件文件中，通过单击 模型 功能选项卡 编辑 ▼ 区域中的 实体化 按钮分割控件；最后，对分割后的控件进行细节设计得到所需要的零件模型。

鼠标设计流程图如图 16.1.2 所示。

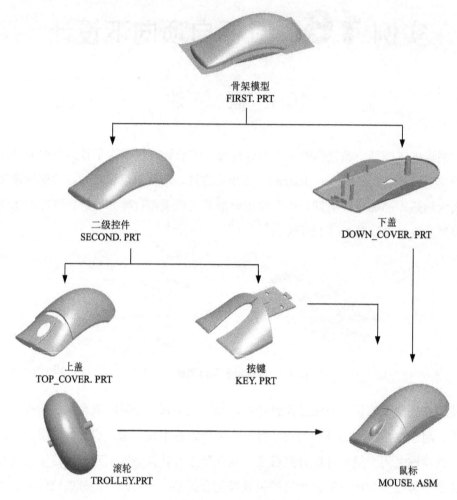

骨架模型
FIRST. PRT

二级控件
SECOND. PRT

下盖
DOWN_COVER. PRT

上盖
TOP_COVER. PRT

按键
KEY. PRT

滚轮
TROLLEY.PRT

鼠标
MOUSE. ASM

图 16.1.2　设计流程图

16.2　骨　架　模　型

Task1．设置工作目录

将工作目录设置到 D:\creo6.9\work\ch16。

Task2．新建一个装配体文件

Step1．单击"新建"按钮 ，在系统弹出的"新建"对话框中进行下列操作。选中 类型 选项组下的 ◉ 装配 单选项；选中 子类型 选项组下的 ◉ 设计 单选项；在 名称 文本框中输入文件名 MOUSE；取消选中 □ 使用默认模板 复选框；单击该对话框中的 确定 按钮。

Step2．选取适当的装配模板。在系统弹出的"新文件选项"对话框中进行下列操作。

在模板选项组中选取 mmns_asm_design 模板，单击该对话框中的 确定 按钮。

Step3. 设置模型树的显示。在模型树操作界面中选择 ↑ ▼ ➡ ⊩ ᵧ 树过滤器(F)... 命令，然后在"模型树项"对话框中选中 ☑ 特征 复选框，单击 确定 按钮。

Task3. 创建图 16.2.1 所示的骨架模型

在装配环境下，创建图 16.2.1 所示的骨架模型及模型树。

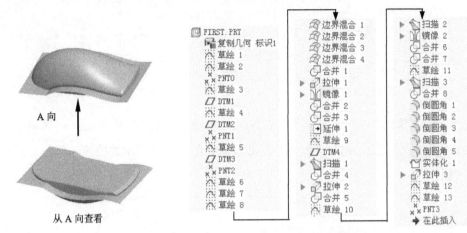

图 16.2.1 骨架模型及模型树

Step1. 在装配体中建立骨架模型 FIRST。单击 模型 功能选项卡 元件 ▼ 区域中的"创建"按钮 ；此时系统弹出"元件创建"对话框，选中 类型 选项组中的 ⦿ 骨架模型 单选项，在 名称 文本框中输入文件名 FIRST，然后单击 确定 按钮；在系统弹出的"创建选项"对话框中选中 ⦿ 空 单选项，单击 确定 按钮。

Step2. 激活骨架模型。在模型树中选取 FIRST.PRT，然后右击，在系统弹出的快捷菜单中选择 激活 命令；单击 模型 功能选项卡 获取数据 ▼ 区域中的"复制几何"按钮 。系统弹出"复制几何"操控板，在该操控板中进行下列操作。在"复制几何"操控板中先确认"将参考类型设置为装配上下文"按钮 被按下，然后单击"仅限发布几何"按钮 （使此按钮为弹起状态），在"复制几何"操控板中单击 参考 选项卡，系统弹出"参考"界面；单击 参考 区域中的 单击此处添加项 字符，然后选取装配文件中的三个基准平面，在"复制几何"操控板中单击 选项 选项卡，选中 ⦿ 按原样复制所有曲面 单选项，在"复制几何"操控板中单击"完成"按钮 ✓，完成操作后，所选的基准平面被复制到 FIRST.PRT 中。

Step3. 在装配体中打开骨架模型 FIRST.PRT。在模型树中单击 FIRST.PRT 后右击，在系统弹出的快捷菜单中选择 打开 命令。

Step4. 创建图 16.2.2 所示的草图 1。在操控板中单击"草绘"按钮 ；选取 ASM_RIGHT 基准平面为草绘平面，选取 ASM_FRONT 基准平面为参考平面，方向为 左，单击 草绘 按

Step10. 创建图 16.2.9 所示的基准平面 2。单击 模型 功能选项卡 基准▼ 区域中的"平面"按钮 □；选取 ASM_FRONT 基准平面为参考面，在对话框中输入偏移距离值 32.0。单击对话框中的 确定 按钮。

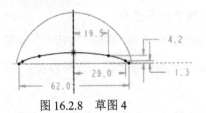

图 16.2.8 草图 4

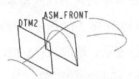

图 16.2.9 基准平面 2

Step11. 创建图 16.2.10 所示的基准点 PNT1。单击 模型 功能选项卡 基准▼ 区域中的"基准点"按钮 ××点▼，按住 Ctrl 键，选取 DTM2 基准平面和图 16.2.11 所示的曲线，单击对话框中的 确定 按钮。

图 16.2.10 基准点 PNT1

图 16.2.11 定义基准点参考曲线

Step12. 创建图 16.2.12 所示的草图 5。在操控板中单击"草绘"按钮 ；选取 DTM2 基准平面为草绘平面，选取 ASM_RIGHT 基准平面为参考平面，方向为 右，单击 草绘 按钮，绘制图 16.2.12 所示的草图。

Step13. 创建图 16.2.13 所示的基准平面 3。单击 模型 功能选项卡 基准▼ 区域中的"平面"按钮 □；选取图 16.2.14 所示的曲线端点和 ASM_FRONT 基准平面为参考，单击对话框中的 确定 按钮。

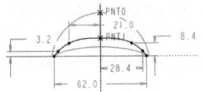

图 16.2.12 草图 5

图 16.2.13 基准平面 3

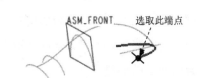

图 16.2.14 定义基准平面参考曲线端点

Step14. 创建图 16.2.15 所示的基准点 PNT2。单击 模型 功能选项卡 基准▼ 区域中的"基准点"按钮 ××点▼，按住 Ctrl 键，选取 DTM3 基准平面和图 16.2.16 所示的曲线；单击对话框中的 确定 按钮。

图 16.2.15 基准点 PNT2

图 16.2.16 定义基准点参考曲线

Creo 6.0
曲面设计实例精解

Step15. 创建图 16.2.17 所示的草图 6。在操控板中单击"草绘"按钮；选取 DTM3 基准平面为草绘平面，选取 ASM_RIGHT 基准平面为参考平面，方向为 右，单击 草绘 按钮，绘制图 16.2.17 所示的草图。

说明：草图 6 中的两个端点与草图 2 中的两个端点重合。

Step16. 创建图 16.2.18 所示的草图 7。在操控板中单击"草绘"按钮；选取 ASM_TOP 基准平面为草绘平面，选取 ASM_RIGHT 基准平面为参考平面，方向为 上，单击 草绘 按钮，绘制图 16.2.18 所示的草图。

说明：草图 7 所绘制的样条曲线依次穿过草图 6、草图 3、草图 5 和草图 4 的端点。

Step17. 创建图 16.2.19 所示的草图 8。在操控板中单击"草绘"按钮；选取 ASM_TOP 基准平面为草绘平面，选取 ASM_RIGHT 基准平面为参考平面，方向为 上，单击 草绘 按钮；绘制图 16.2.20 所示的草图。

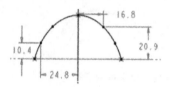

图 16.2.17 草图 6

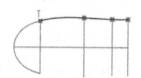

图 16.2.18 草图 7

图 16.2.19 草图 8（建模环境）

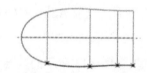

图 16.2.20 草图 8（草绘环境）

Step18. 创建图 16.2.21 所示的边界混合曲面 1。单击 模型 功能选项卡 曲面 区域中的"边界混合"按钮；在操控板中单击 曲线 选项卡，系统弹出"曲线"界面，按住 Ctrl 键，依次选取图 16.2.22 所示的第一方向曲线；单击"第二方向"区域中的"单击此…"字符，然后按住 Ctrl 键，依次选取图 16.2.22 所示的第二方向曲线；单击 按钮，完成边界混合曲面 1 的创建。

图 16.2.21 边界混合曲面 1

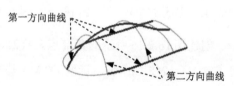

图 16.2.22 定义边界曲线

Step19. 创建图 16.2.23 所示的边界混合曲面 2。单击"边界混合"按钮；选取图 16.2.24 所示的曲线 1 和曲线 2 为第一方向曲线；选取图 16.2.24 所示的曲线 3 为第二方向曲线；在操控板中单击 曲线 选项卡，单击 第二方向 区域，再单击 细节… 按钮，系统弹出"链"

对话框。单击此对话框中的 选项 选项卡，在 长度调整 区域的 第1侧 下拉列表中选择 值 选项，并在其下的文本框中输入值 0，在 第2侧 下拉列表中选择 在参考上修剪 选项，在图形区选取图 16.2.24 所示的曲线 2。单击 约束 选项卡，将"方向 1"的"最后一条链"的"条件"均设置为 相切，选取边界混合曲面 1 为约束对象；其余约束类型均设置为 自由；单击 ✓ 按钮，完成边界混合曲面 2 的创建。

图 16.2.23　边界混合曲面 2

图 16.2.24　定义边界曲线

Step20. 创建图 16.2.25 所示的边界混合曲面 3。单击"边界混合"按钮 ⬭；选取图 16.2.26 所示的第一方向曲线；选取图 16.2.26 所示的第二方向曲线。单击 ✓ 按钮，完成边界混合曲面 3 的创建。

图 16.2.25　边界混合曲面 3

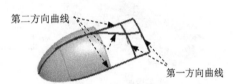

图 16.2.26　定义边界曲线

Step21. 创建图 16.2.27 所示的边界混合曲面 4。单击"边界混合"按钮 ⬭；选取图 16.2.28 所示的第一方向曲线；选取图 16.2.28 所示的第二方向曲线；单击 约束 选项卡，将"方向1"的"第一条链""最后一条链"的"条件"设置为 相切，并选择边界混合曲面 1 和边界混合曲面 3 作为约束对象，其余约束类型均设置为 自由；单击 ✓ 按钮，完成边界混合曲面 4 的创建。

图 16.2.27　边界混合曲面 4

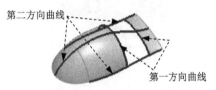

图 16.2.28　定义边界曲线

Step22. 创建曲面合并 1。按住 Ctrl 键，在模型树中依次选取边界混合曲面 2、边界混合曲面 1、边界混合曲面 4 和边界混合曲面 3 为合并对象；单击 模型 功能选项卡 编辑 ▾ 区域中的 ⬭合并 按钮；单击 ✓ 按钮，完成曲面合并 1 的创建。

说明：在选取合并对象时，一定要按照合并顺序选取，否则可能导致曲面无法合并。

Step23. 创建图 16.2.29 所示的拉伸曲面 1。单击 模型 功能选项卡 形状 ▾ 区域中的"拉伸"按钮 ⬭拉伸，按下操控板中的"曲面类型"按钮 ⬭；在图形区右击，从系统弹出的快

捷菜单中选择 定义内部草绘... 命令；选取 ASM_FRONT 基准平面为草绘平面，选取
ASM_RIGHT 基准平面为参考平面，方向为 右；单击 草绘 按钮，绘制图 16.2.30 所示的截
面草图；在操控板中选择拉伸类型为 □，输入深度值 150.0；在操控板中单击 ✔ 按钮，完
成拉伸曲面 1 的创建。

说明：图 16.2.30 所示的截面草图所绘制的直线的端点与草图 6 所绘制的曲线的端点重合。

图 16.2.29　拉伸曲面 1

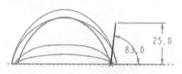

图 16.2.30　截面草图

Step24. 创建图 16.2.31b 所示的镜像特征 1。在图形区选取拉伸曲面 1 为镜像特征；单
击 模型 功能选项卡 编辑 ▾ 区域中的"镜像"按钮 ❙❙❘；选取 ASM_RIGHT 基准平面为镜
像平面；在操控板中单击 ✔ 按钮，完成镜像特征 1 的创建。

a）镜像前　　　　　　　　　　　　　　　　　b）镜像后

图 16.2.31　镜像特征 1

Step25. 创建图 16.2.32b 所示的曲面合并 2。按住 Ctrl 键，选取图 16.2.32a 所示的面为
合并对象；单击 ⊡合并 按钮，调整箭头方向如图 16.2.32a 所示；单击 ✔ 按钮，完成曲面合
并 2 的创建。

a）合并前　　　　　　　　　　　　　　　　b）合并后

图 16.2.32　曲面合并 2

Step26. 创建图 16.2.33b 所示的曲面合并 3。按住 Ctrl 键，选取图 16.2.33a 所示的面为
合并对象；单击 ⊡合并 按钮，调整箭头方向如图 16.2.33a 所示；单击 ✔ 按钮，完成曲面合
并 3 的创建。

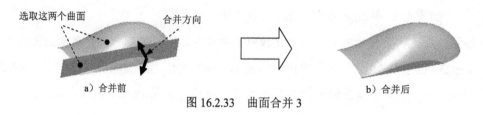

a）合并前　　　　　　　　　　　　　　　　b）合并后

图 16.2.33　曲面合并 3

Step27. 创建图 16.2.34b 所示的曲面延伸 1。选取图 16.2.34a 所示的边线 1 为要延伸的参考；单击 模型 功能选项卡 编辑▼ 区域中的 ⊡延伸 按钮；在操控板中单击 参考 选项卡，在系统弹出的界面中单击 细节... 按钮，系统弹出"链"对话框。按住 Ctrl 键，在绘图区依次选取图 16.2.34a 所示的边线 2 和边线 3 为延伸边线；在操控板中单击 选项 选项卡，在"方法"下拉列表中选择 相切 选项，其他采用系统默认设置，在操控板中输入延伸长度值 6.0；单击 ✓ 按钮，完成曲面延伸 1 的创建。

图 16.2.34　曲面延伸 1

Step28. 创建图 16.2.35 所示的草图 9。在操控板中单击"草绘"按钮 ◠；选取 ASM_RIGHT 基准平面为草绘平面，选取 ASM_FRONT 基准平面为参考平面，方向为 左，单击 草绘 按钮，绘制图 16.2.35 所示的草图。

Step29. 创建图 16.2.36 所示的基准平面 4。单击 模型 功能选项卡 基准▼ 区域中的"平面"按钮 □；选取 ASM_TOP 基准平面为参考面，在对话框中输入偏移距离值-6.0，单击对话框中的 确定 按钮。

图 16.2.35　草图 9　　　　图 16.2.36　基准平面 4

Step30. 创建图 16.2.37 所示的扫描特征 1。单击 模型 功能选项卡 形状▼ 区域中的 ◠扫描▼ 按钮；在操控板中确认"曲面"按钮 ◻ 和"恒定轨迹"按钮 ⊢ 被按下，在图形区中选取草图 9 为扫描轨迹曲线，单击箭头，切换扫描的起始点，切换后的扫描轨迹曲线如图 16.2.38 所示；在操控板中单击"创建或编辑扫描截面"按钮 ⬚，系统自动进入草绘环境，绘制并标注扫描截面的草图，如图 16.2.39 所示，完成截面的绘制和标注后，单击"确定"按钮 ✓；单击操控板中的 ✓ 按钮，完成扫描特征 1 的创建。

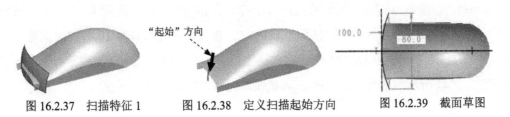

图 16.2.37　扫描特征 1　　图 16.2.38　定义扫描起始方向　　图 16.2.39　截面草图

Step31. 创建图 16.2.40b 所示的曲面合并 4。按住 Ctrl 键，选取图 16.2.40a 所示的面为合并对象；单击 ⬛合并 按钮，调整箭头方向如图 16.2.40a 所示；单击 ✓ 按钮，完成曲面合并 4 的创建。

合并方向

选取这两个曲面

a）合并前

b）合并后

图 16.2.40　曲面合并 4

Step32. 创建图 16.2.41 所示的拉伸曲面 2。在操控板中单击"拉伸"按钮 ⬛拉伸，按下操控板中的"曲面类型"按钮 ⬛。选取 ASM_RIGHT 基准平面为草绘平面，选取 ASM_FRONT 基准平面为参考平面，方向为 左；绘制图 16.2.42 所示的截面草图；在操控板中定义拉伸类型为 ⬛，输入深度值 80.0；单击 ✓ 按钮，完成拉伸曲面 2 的创建。

图 16.2.41　拉伸曲面 2

60.0　　5.5

150.0

图 16.2.42　截面草图

Step33. 创建曲面合并 5。按住 Ctrl 键，在绘图区选取图 16.2.43 所示的面为合并对象；单击 ⬛合并 按钮，调整箭头方向如图 16.2.43 所示。单击 ✓ 按钮，完成曲面合并 5 的创建。

Step34. 创建图 16.2.44 所示的草图 10。在操控板中单击"草绘"按钮 ⬛；选取 DTM4 基准平面为草绘平面，选取 ASM_RIGHT 基准平面为参考平面，方向为 上，单击 草绘 按钮，绘制图 16.2.44 所示的草图。

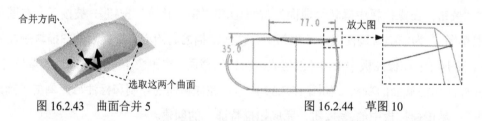

合并方向

选取这两个曲面

图 16.2.43　曲面合并 5

77.0　　放大图

35.6

图 16.2.44　草图 10

Step35. 创建图 16.2.45 所示的扫描特征 2。单击 模型 功能选项卡 形状 ▼ 区域中的 ⬛扫描 ▼ 按钮，按下操控板中的"曲面"按钮 ⬛。在图形区选取草图 10 为扫描轨迹，定义扫描轨迹的起始方向如图 16.2.46 所示；在操控板中单击"创建或编辑扫描截面"按钮 ⬛，绘制图 16.2.47 所示的截面草图，单击 ✓ 按钮，完成扫描特征 2 的创建。

图 16.2.45 扫描特征 2

"起始"方向

图 16.2.46 定义扫描起始方向

Step36. 创建图 16.2.48 所示的镜像特征 2。选取图 16.2.48 所示的曲面特征为镜像特征，选取 ASM_RIGHT 基准平面为镜像平面，单击 ✔ 按钮，完成镜像特征 2 的创建。

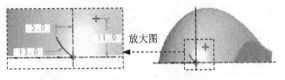

图 16.2.47 截面草图

图 16.2.48 镜像特征 2

Step37. 创建图 16.2.49b 所示的曲面合并 6。按住 Ctrl 键，选取图 16.2.49a 所示的面为合并对象；单击 🔲合并 按钮，调整箭头方向如图 16.2.49a 所示。单击 ✔ 按钮，完成曲面合并 6 的创建。

Step38. 创建图 16.2.50 所示的曲面合并 7。参照上一步的操作，完成另一侧的创建，结果如图 16.2.50 所示。

Step39. 创建图 16.2.51 所示的草图 11。在操控板中单击"草绘"按钮 ⌇；选取 DTM4 基准平面为草绘平面，选取 ASM_RIGHT 基准平面为参考平面，方向为 上，单击 草绘 按钮，绘制图 16.2.51 所示的草图。

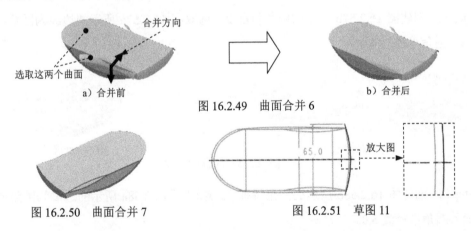

合并方向

选取这两个曲面

a）合并前

b）合并后

图 16.2.49 曲面合并 6

图 16.2.50 曲面合并 7

65.0

放大图

图 16.2.51 草图 11

Step40. 创建图 16.2.52 所示的扫描特征 3。单击 模型 功能选项卡 形状 ▼ 区域中的 扫描 ▼ 按钮，按下操控板中的"曲面"按钮 🔲。在图形区选取草图 11 为扫描轨迹，定义扫描轨迹的起始方向如图 16.2.53 所示。在操控板中单击"创建或编辑扫描截面"按钮 📝，绘制图 16.2.54 所示的截面草图，单击 ✔ 按钮，完成扫描特征 3 的创建。

图 16.2.52　扫描特征 3

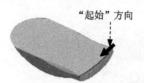

图 16.2.53　定义扫描起始方向

Step41. 创建图 16.2.55 所示的曲面合并 8。按住 Ctrl 键，选取图 16.2.55 所示的面为合并对象；单击 □合并 按钮，调整箭头方向如图 16.2.55 所示；单击 ✔ 按钮，完成曲面合并 8 的创建。

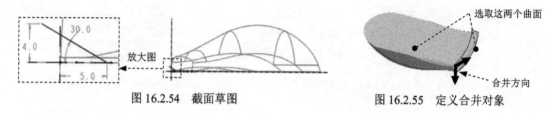

图 16.2.54　截面草图　　　　　　　　　　　图 16.2.55　定义合并对象

Step42. 创建图 16.2.56b 所示的圆角特征 1。单击 模型 功能选项卡 工程 ▼ 区域中的 ⌒倒圆角 ▼ 按钮，选取图 16.2.56a 所示的边线为圆角放置参照，在圆角半径文本框中输入值 2.0。

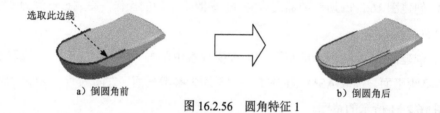

a）倒圆角前　　　　　　　　　　　　b）倒圆角后

图 16.2.56　圆角特征 1

Step43. 创建图 16.2.57b 所示的圆角特征 2。选取图 16.2.57a 所示的边线为圆角放置参照，输入圆角半径值 4.0。

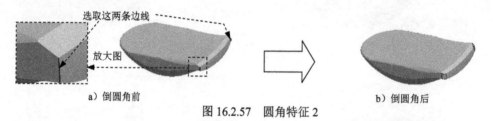

a）倒圆角前　　　　　　　　　　　　b）倒圆角后

图 16.2.57　圆角特征 2

Step44. 创建图 16.2.58b 所示的圆角特征 3。选取图 16.2.58a 所示的边线为圆角放置参照，输入圆角半径值 5.0。

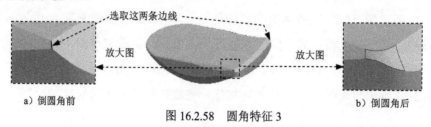

a）倒圆角前　　　　　　　　　　　　b）倒圆角后

图 16.2.58　圆角特征 3

Step45. 创建图 16.2.59b 所示的圆角特征 4。选取图 16.2.59a 所示的边线为圆角放置参照，输入圆角半径值 1.0。

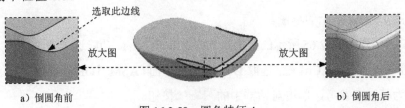

选取此边线

放大图   放大图

a）倒圆角前   b）倒圆角后

图 16.2.59 圆角特征 4

Step46. 创建图 16.2.60b 所示的圆角特征 5。选取图 16.2.60a 所示的边线为圆角放置参照，输入圆角半径值 3.5。

选取此边线

a）倒圆角前   b）倒圆角后

图 16.2.60 圆角特征 5

Step47. 创建曲面实体化 1。在绘图区选取整个模型表面为要实体化的对象；单击 模型 功能选项卡 编辑 ▼ 区域中的 实体化 按钮；单击 ✔ 按钮，完成曲面实体化 1 的创建。

Step48. 创建图 16.2.61 所示的拉伸曲面 3。在操控板中单击"拉伸"按钮 拉伸，按下操控板中的"曲面类型"按钮。选取 ASM_RIGHT 基准平面为草绘平面，选取 ASM_FRONT 基准平面为参考平面，方向为 左；绘制图 16.2.62 所示的截面草图，在操控板中定义拉伸类型为，输入深度值 80.0；单击 ✔ 按钮，完成拉伸曲面 3 的创建。

说明： 图 16.2.62 所示的截面草图中的部分曲线是使用"偏移"命令绘制而成的，其偏移距离值为-1.5。

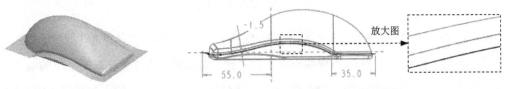

图 16.2.61 拉伸曲面 3   图 16.2.62 截面草图

Step49. 创建图 16.2.63 所示的草图 12。在操控板中单击"草绘"按钮；选取 ASM_TOP 基准平面为草绘平面，选取 ASM_FRONT 基准平面为参考平面，方向为 左，单击 草绘 按钮，绘制图 16.2.63 所示的草图。

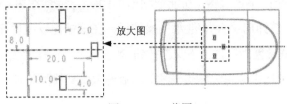

放大图

图 16.2.63 草图 12

Creo 6.0

曲面设计实例精解

Step50. 创建图 16.2.64 所示的草图 13。在操控板中单击"草绘"按钮；选取 ASM_TOP 基准平面为草绘平面，选取 ASM_FRONT 基准平面为参考平面，方向为 左，单击 草绘 按钮，绘制图 16.2.64 所示的草图。

Step51. 创建图 16.2.65 所示的基准点 PNT3。单击 模型 功能选项卡 基准 ▾ 区域中的"基准点"按钮，按住 Ctrl 键，选取 DTM3 基准平面、ASM_TOP 基准平面和 ASM_RIGHT 基准平面为基准点参考，单击对话框中的 确定 按钮。

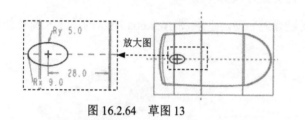

图 16.2.64　草图 13

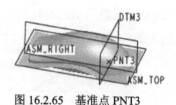

图 16.2.65　基准点 PNT3

Step52. 保存模型文件。

16.3　二 级 控 件

下面讲解二级控件（SECOND.PRT）的创建过程，零件模型及模型树如图 16.3.1 所示。

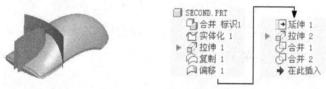

图 16.3.1　模型及模型树

Step1. 在装配体中创建二级控件 SECOND.PRT。单击 模型 功能选项卡 元件 ▾ 区域中的"创建"按钮；此时系统弹出"元件创建"对话框，选中 类型 选项组中的 ◉ 零件 单选项，选中 子类型 选项组中的 ◉ 实体 单选项，然后在 名称 文本框中输入文件名 SECOND，单击 确定 按钮；在系统弹出的"创建选项"对话框中选中 ◉ 空 单选项，单击 确定 按钮。

Step2. 激活二级控件模型。在模型树中单击 SECOND.PRT，然后右击，在系统弹出的快捷菜单中选择 激活 命令；单击 模型 功能选项卡中的 获取数据 ▾ 按钮，在系统弹出的菜单中选择 合并/继承 命令，系统弹出"合并/继承"操控板，在该操控板中进行下列操作。在操控板中先确认"将参考类型设置为组件上下文"按钮 被按下，在操控板中单击 参考 选项卡，系统弹出"参考"界面；选中 ☑复制基准 复选框，然后选取骨架模型特征；单击"完成"按钮 ✓。

Step3. 在模型树中选择 <kbd>SECOND.PRT</kbd>，然后右击，在系统弹出的快捷菜单中选择 <kbd>打开</kbd> 命令。

Step4. 隐藏草图及曲线。在模型树区域选取 <kbd>■▼</kbd> 下拉列表中的 <kbd>层树(L)</kbd> 选项，在系统弹出的层区域中右击 ▶ <kbd>CURVE</kbd>，在系统弹出的快捷菜单中选取 <kbd>隐藏</kbd> 选项，此时完成骨架模型中所有曲线及草图的隐藏。

Step5. 创建图 16.3.2b 所示的曲面实体化 1。选取图 16.3.2a 所示的曲面为要实体化的对象；单击 <kbd>模型</kbd> 功能选项卡 <kbd>编辑 ▼</kbd> 区域中的 <kbd>实体化</kbd> 按钮，并按下"移除材料"按钮 <kbd>△</kbd>；单击调整图形区中的箭头使其指向要去除的实体，如图 16.3.2a 所示；单击 <kbd>✔</kbd> 按钮，完成曲面实体化 1 的创建。

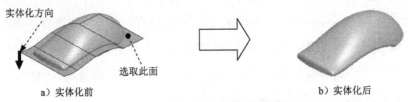

a）实体化前   b）实体化后

图 16.3.2 曲面实体化 1

Step6. 创建图 16.3.3 所示的拉伸曲面 1。单击 <kbd>模型</kbd> 功能选项卡 <kbd>形状 ▼</kbd> 区域中的"拉伸"按钮 <kbd>拉伸</kbd>，按下操控板中的"曲面类型"按钮 <kbd>□</kbd>；在图形区右击，从系统弹出的快捷菜单中选择 <kbd>定义内部草绘...</kbd> 命令；选取 ASM_TOP 基准平面为草绘平面，选取 ASM_FRONT 基准平面为参考平面，方向为 <kbd>左</kbd>，单击 <kbd>草绘</kbd> 按钮，绘制图 16.3.4 所示的截面草图；在操控板中选择拉伸类型为 <kbd>⊥</kbd>，输入深度值 40.0；在操控板中单击 <kbd>✔</kbd> 按钮，完成拉伸曲面 1 的创建。

图 16.3.3 拉伸曲面 1

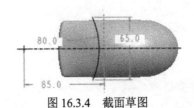

图 16.3.4 截面草图

Step7. 创建复制曲面 1。按住 Ctrl 键，选取图 16.3.5 所示的两个面为要复制的曲面；单击 <kbd>模型</kbd> 功能选项卡 <kbd>操作 ▼</kbd> 区域中的"复制"按钮 <kbd>📋</kbd>，然后单击"粘贴"按钮 <kbd>📋 ▼</kbd>；单击 <kbd>✔</kbd> 按钮，完成复制曲面 1 的创建。

说明：在选取图 16.3.5 所示的面时，在屏幕下部的"智能"选取栏中选择"几何"选项，这样能很容易地选取到模型上的几何目标（如模型的表面、边线和顶点等）。

Step8. 创建偏移曲面 1。选取图 16.3.6 所示的面为要偏移的曲面；单击 <kbd>模型</kbd> 功能选项卡 <kbd>编辑 ▼</kbd> 区域中的 <kbd>偏移</kbd> 按钮；在操控板的偏移类型栏中选择"标准偏移"选项 <kbd>◫</kbd>，在操控板的偏移数值栏中输入偏移距离值 1.0，并单击 <kbd>✗</kbd> 按钮（向模型内部偏移）；单击 <kbd>✔</kbd> 按钮，完成偏移曲面 1 的创建。

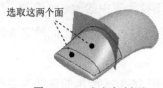

图 16.3.5 定义复制面

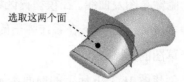

图 16.3.6 定义偏移曲面

Step9. 创建图 16.3.7 所示的曲面延伸 1。在"智能"选取栏中选择 几何 选项，然后选取图 16.3.8 所示的边线为要延伸的边线；单击 模型 功能选项卡 编辑 ▾ 区域中的 延伸 按钮；在操控板中单击 参考 选项卡，在系统弹出的界面中单击 细节... 按钮，系统弹出"链"对话框。按住 Ctrl 键，在绘图区依次选取图 16.3.8 所示的边线为延伸边线，并单击此对话框中的 确定 按钮；在操控板中单击 选项 选项卡，在"方法"下拉列表中选择 相同 选项，在 拉伸第一侧 下拉列表中选择 沿着 选项，在 拉伸第二侧 下拉列表中选择 垂直于 选项，并输入距离值 5.0；单击 ✓ 按钮，完成曲面延伸 1 的创建。

Step10. 创建图 16.3.9 所示的拉伸曲面 2。在操控板中单击"拉伸"按钮 拉伸，按下操控板中的"曲面类型"按钮 。选取 ASM_TOP 基准平面为草绘平面，选取 ASM_FRONT 基准平面为参考平面，方向为 左，绘制图 16.3.10 所示的截面草图；在操控板中定义拉伸类型为 ，输入深度值 35.0；单击 ✓ 按钮，完成拉伸曲面 2 的创建。

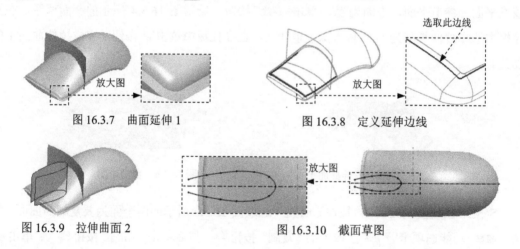

图 16.3.7 曲面延伸 1 图 16.3.8 定义延伸边线

图 16.3.9 拉伸曲面 2 图 16.3.10 截面草图

Step11. 创建曲面合并 1。按住 Ctrl 键，在模型树中选取曲面延伸 1 和拉伸曲面 2 为合并对象；单击 模型 功能选项卡 编辑 ▾ 区域中的 合并 按钮；单击调整图形区中的箭头使其指向要保留的部分，如图 16.3.11 所示；单击 ✓ 按钮，完成曲面合并 1 的创建。

Step12. 创建曲面合并 2。按住 Ctrl 键，在模型树中选取曲面合并 1 和拉伸曲面 1 为合并对象；单击 合并 按钮，调整箭头方向如图 16.3.12 所示；单击 ✓ 按钮，完成曲面合并 2 的创建。

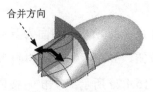
图 16.3.11 创建曲面合并 1

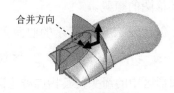
图 16.3.12 创建曲面合并 2

Step13. 保存模型文件。

16.4 下 盖

下面讲解下盖（DOWN_COVER.PRT）的创建过程，零件模型及模型树如图 16.4.1 所示。

图 16.4.1 零件模型及模型树

Step1. 在装配体中创建下盖（DOWN_COVER.PRT）。单击 模型 功能选项卡 元件▼ 区域中的"创建"按钮 ；此时系统弹出"元件创建"对话框，选中 类型 选项组中的 ◉零件 单选项，选中 子类型 选项组中的 ◉实体 单选项，然后在 名称 文本框中输入文件名 DOWN_COVER，单击 确定 按钮；在系统弹出的"创建选项"对话框中选中 ◉空 单选项，单击 确定 按钮。

Step2. 激活下盖模型。在模型树中单击 DOWN_COVER.PRT，然后右击，在系统弹出的快捷菜单中选择 激活 命令；单击 模型 功能选项卡中的 获取数据▼ 按钮，在系统弹出的菜单中选择 合并/继承 命令，系统弹出"合并/继承"操控板，在该操控板中进行下列操作。在操控板中先确认"将参考类型设置为组件上下文"按钮 被按下，在操控板中单击 参考 选项卡，系统弹出"参考"界面；选中 ☑复制基准 复选框，然后在模型树中选取 FIRST.PRT 为参考模型；单击"完成"按钮 ✓。

Step3. 在模型树中选择 DOWN_COVER.PRT，然后右击，在系统弹出的快捷菜单中选择 打开 命令。

Step4. 隐藏草图及曲线。在模型树区域选取 ▤▼ 下拉列表中的 层树(L) 选项，在系统弹出的层区域中右击 ▶ CURVE，从系统弹出的快捷菜单中选取 隐藏 选项，此时完成骨架模型中

141

所有曲线及草图的隐藏。

Step5. 创建图 16.4.2b 所示的曲面实体化 1。选取图 16.4.2a 所示的曲面为要实体化的对象；单击 模型 功能选项卡 编辑 ▾ 区域中的 实体化 按钮，并按下"移除材料"按钮 ☑；单击调整图形区中的箭头使其指向要去除的实体，如图 16.4.2a 所示；单击 ✔ 按钮，完成曲面实体化 1 的创建。

图 16.4.2　曲面实体化 1

Step6. 创建图 16.4.3b 所示的抽壳特征 1。单击 模型 功能选项卡 工程 ▾ 区域中的"壳"按钮 回壳；选取图 16.4.3a 所示的面为移除面；在 厚度 文本框中输入壁厚值为 1.0；在操控板中单击 ✔ 按钮，完成抽壳特征 1 的创建。

图 16.4.3　抽壳特征 1

Step7. 创建图 16.4.4 所示的拉伸特征 1。单击 模型 功能选项卡 形状 ▾ 区域中的"拉伸"按钮 🗋 拉伸；在图形区右击，从系统弹出的快捷菜单中选择 定义内部草绘... 命令；选取 ASM_TOP 基准平面为草绘平面，选取 ASM_FRONT 基准平面为参考平面，方向为 左，单击 草绘 按钮，绘制图 16.4.5 所示的截面草图；在操控板中单击 选项 选项卡，在系统弹出界面的 侧 1 下拉列表中选择深度类型为 ⏊ 盲孔 选项，在其后的文本框中输入深度值 12.0，在"深度"界面 侧 2 后的下拉列表中选取 ⬚ 到下一个 选项；在操控板中单击"完成"按钮 ✔，完成拉伸特征 1 的创建。

图 16.4.4　拉伸特征 1　　　　　　　图 16.4.5　截面草图

Step8. 创建图 16.4.6b 所示的拔模特征 1。单击 模型 功能选项卡 工程 ▾ 区域中的 🗋 拔模 ▾ 按钮；在操控板中单击 参考 选项卡，激活 拔模曲面 文本框，按住 Ctrl 键，选取图 16.4.6a 所示的圆柱体的侧面为拔模曲面；激活 拔模枢轴 文本框，选取图 16.4.6a 所示的面为拔模枢轴平面；单击 ⚹ 按钮调整拔模方向，在拔模角度文本框中输入拔模角度值 2.0；在操控板中单击 ✔ 按钮，完成拔模特征 1 的创建。

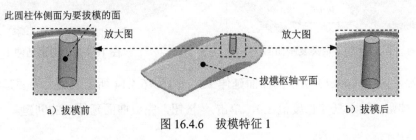

图 16.4.6 拔模特征 1

Step9. 创建图 16.4.7 所示的孔特征 1。单击 模型 功能选项卡 工程 ▾ 区域中的 孔 按钮；按住 Ctrl 键，选取图 16.4.8 所示的面为孔的放置面，约束孔与 PNT3 基准点同轴放置（具体操作参看随书附赠资源视频）；在操控板中单击 ∪ 按钮，单击"沉孔"按钮 ⬛，在操控板中单击 形状 选项卡，按图 16.4.9 所示的"形状"界面中的参数设置来定义孔的形状；在操控板中单击 ✔ 按钮，完成孔特征 1 的创建。

图 16.4.7 孔特征 1   图 16.4.8 定义孔放置面

Step10. 创建复制曲面 1。选取图 16.4.10 所示的面为要复制的曲面；单击 模型 功能选项卡 操作 ▾ 区域中的"复制"按钮 🖹，然后单击"粘贴"按钮 📋 ▾；单击 ✔ 按钮，完成复制曲面 1 的创建。

Step11. 创建图 16.4.11 所示的曲面延伸 1。选取图 16.4.12 所示的边线为要延伸的参考；单击 模型 功能选项卡 编辑 ▾ 区域中的 ⬛延伸 按钮；在操控板中输入延伸长度值 2.0；单击 ✔ 按钮，完成曲面延伸 1 的创建。

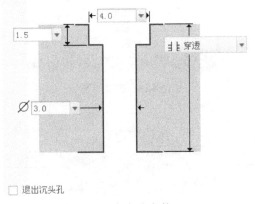

☐ 退出沉头孔

图 16.4.9 定义孔参数

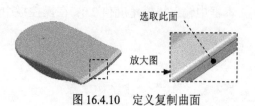

图 16.4.10　定义复制曲面　　　　　　图 16.4.11　曲面延伸 1

Step12. 创建图 16.4.13 所示的曲面延伸 2。选取图 16.4.14 所示的边线为要延伸的参考；单击 ⊡延伸 按钮；输入延伸长度值 3.0，单击 ✓ 按钮，完成曲面延伸 2 的创建。

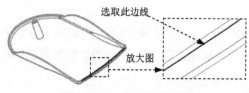

图 16.4.12　定义延伸边线　　　　　　图 16.4.13　曲面延伸 2

Step13. 创建图 16.4.15 所示的拉伸特征 2。在操控板中单击"拉伸"按钮 ⬚拉伸。选取 DTM1 基准平面为草绘平面，选取 ASM_RIGHT 基准平面为参考平面，方向为 右；绘制图 16.4.16 所示的截面草图，单击 ✗ 按钮调整拉伸方向，在操控板中定义拉伸类型为 ⊟；单击 ✓ 按钮，完成拉伸特征 2 的创建。

Step14. 创建图 16.4.17b 所示的曲面实体化 2。选取图 16.4.17a 所示的曲面为要实体化的对象；单击 模型 功能选项卡 编辑 ▼ 区域中的 🗇实体化 按钮，并按下"移除材料"按钮 ◢；单击调整图形区中的箭头使其指向要去除的实体，如图 16.4.17 所示；单击 ✓ 按钮，完成曲面实体化 2 的创建。

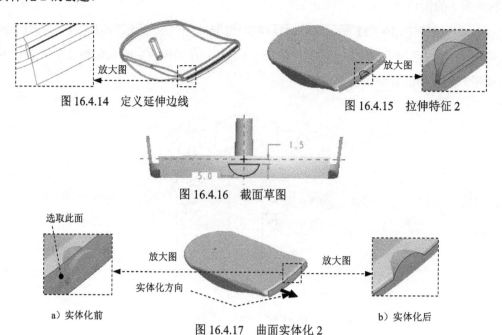

图 16.4.14　定义延伸边线　　　　　　图 16.4.15　拉伸特征 2

图 16.4.16　截面草图

a）实体化前　　　　　　b）实体化后

图 16.4.17　曲面实体化 2

Step15. 创建图 16.4.18 所示的拉伸特征 3。在操控板中单击"拉伸"按钮 拉伸，按下操控板中的"移除材料"按钮 。选取 DTM1 基准平面为草绘平面，选取 ASM_RIGHT 基准平面为参考平面，方向为 右；绘制图 16.4.19 所示的截面草图，在操控板中定义拉伸类型为 ，输入深度值 10.0，单击 按钮，完成拉伸特征 3 的创建。

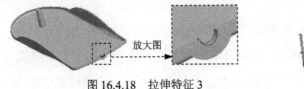

图 16.4.18　拉伸特征 3　　　　　　　　图 16.4.19　截面草图

Step16. 创建图 16.4.20 所示的基准平面 5。单击 模型 功能选项卡 基准 ▾ 区域中的"平面"按钮 ，选取 DTM4 基准平面为偏距参考面，在对话框中输入偏移距离值 5.5，单击对话框中的 确定 按钮。

Step17. 创建图 16.4.21 所示的拉伸特征 4。在操控板中单击"拉伸"按钮 拉伸，按下操控板中的 按钮。选取 DTM5 基准平面为草绘平面，选取 ASM_RIGHT 基准平面为参考平面，方向为 上，绘制图 16.4.22 所示的截面草图；单击 按钮调整拉伸方向，在操控板中定义拉伸类型为 ，输入厚度值 0.5；单击 按钮，完成拉伸特征 4 的创建。

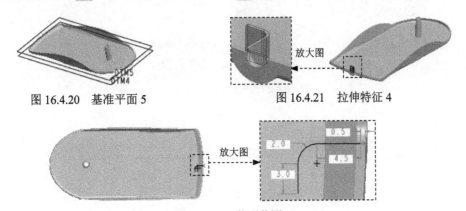

图 16.4.20　基准平面 5　　　　　　　　图 16.4.21　拉伸特征 4

图 16.4.22　截面草图

Step18. 创建图 16.4.23 所示的拉伸特征 5。在操控板中单击"拉伸"按钮 拉伸，按下操控板中的 按钮。选取 DTM5 基准平面为草绘平面，选取 ASM_FRONT 基准平面为参考平面，方向为 右，绘制图 16.4.24 所示的截面草图；单击 按钮调整拉伸方向，在操控板中定义拉伸类型为 ，输入厚度值 0.5，单击 按钮调整厚度方向；单击 按钮，完成拉伸特征 5 的创建。

图 16.4.23　拉伸特征 5　　　　　　　　图 16.4.24　截面草图

Step19. 创建图 16.4.25 所示的拉伸特征 6。在操控板中单击"拉伸"按钮，按下操控板中的按钮。选取 DTM5 基准平面为草绘平面，选取 ASM_FRONT 基准平面为参考平面，方向为右，绘制图 16.4.26 所示的截面草图；单击按钮调整拉伸方向，在操控板中定义拉伸类型为，输入厚度值 0.5，再单击按钮调整厚度方向；单击按钮，完成拉伸特征 6 的创建。

Step20. 创建图 16.4.27 所示的拉伸特征 7。在操控板中单击"拉伸"按钮，按下操控板中的"移除材料"按钮。选取 ASM_RIGHT 基准平面为草绘平面，选取 DTM1 基准平面为参考平面，方向为左，绘制图 16.4.28 所示的截面草图；在操控板中单击选项选项卡，在系统弹出的深度界面的侧 1 下拉列表中选择穿透选项；在侧 2 下拉列表中选择穿透选项，单击按钮，完成拉伸特征 7 的创建。

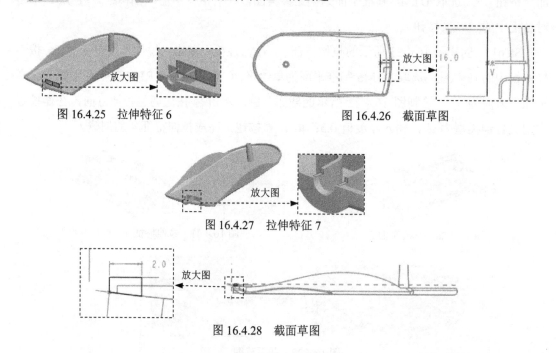

图 16.4.25　拉伸特征 6　　　　图 16.4.26　截面草图

图 16.4.27　拉伸特征 7

图 16.4.28　截面草图

Step21. 创建图 16.4.29 所示的拉伸特征 8。在操控板中单击"拉伸"按钮。选取图 16.4.30 所示的面为草绘平面，选取 ASM_FRONT 基准平面为参考平面，方向为左，绘制图 16.4.31 所示的截面草图；在操控板中定义拉伸类型为，输入深度值 15.0；单击按钮，完成拉伸特征 8 的创建。

Step22. 创建图 16.4.32 所示的拉伸特征 9。在操控板中单击"拉伸"按钮，按下操控板中的"移除材料"按钮。选取 ASM_RIGHT 基准平面为草绘平面，选取 ASM_FRONT 基准平面为参考平面，方向为左，绘制图 16.4.33 所示的截面草图；在操控板中单击选项选项卡，在系统弹出的深度界面的侧 1 下拉列表中选择穿透选项；在侧 2 下拉列表中选择穿透选项；单击按钮，完成拉伸特征 9 的创建。

图 16.4.29 拉伸特征 8

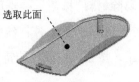

图 16.4.30 定义草绘平面

Step23. 创建图 16.4.34 所示的基准平面 6。单击 模型 功能选项卡 基准▼ 区域中的"平面"按钮 □，选取 ASM_FRONT 基准平面为偏距参考面，在对话框中输入偏移距离值-20.0，单击对话框中的 确定 按钮。

Step24. 创建图 16.4.35 所示的旋转特征 1。单击 模型 功能选项卡 形状▼ 区域中的"旋转"按钮 ⑩ 旋转，按下操控板中的"移除材料"按钮 △；在图形区右击，从系统弹出的快捷菜单中选择 定义内部草绘... 命令；选取 DTM6 基准平面为草绘平面，选取 ASM_TOP 基准平面为参考平面，方向为 上；单击 草绘 按钮，绘制图 16.4.36 所示的截面草图（包括旋转中心线）；在操控板中选择旋转类型为 ⊥，在角度文本框中输入角度值 360.0，并按 Enter 键；在操控板中单击"完成"按钮 ✓，完成旋转特征 1 的创建。

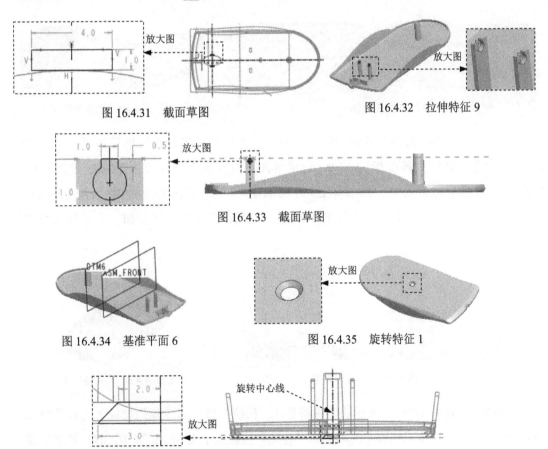

图 16.4.31 截面草图

图 16.4.32 拉伸特征 9

图 16.4.33 截面草图

图 16.4.34 基准平面 6

图 16.4.35 旋转特征 1

图 16.4.36 截面草图

Step25. 创建图 16.4.37 所示的拉伸特征 10。在操控板中单击"拉伸"按钮 拉伸，按下操控板中的"移除材料"按钮 ⬦。选取图 16.4.38 所示的面为草绘平面,选取 ASM_RIGHT 基准平面为参考平面,方向为 上;绘制图 16.4.39 所示的截面草图,在操控板中定义拉伸类型为 ≢;单击 ✔ 按钮,完成拉伸特征 10 的创建。

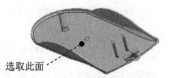

选取此面

图 16.4.37 拉伸特征 10　　　　　　　　图 16.4.38 定义草绘平面

Step26. 创建图 16.4.40 所示的轮廓筋特征 1。单击 模型 功能选项卡 工程 ▾ 区域 📐筋 ▾ 下的 📐轮廓筋 按钮;在图形区右击,从系统弹出的快捷菜单中选择 定义内部草绘... 命令;选取 ASM_FRONT 基准平面为草绘平面,选取 ASM_RIGHT 基准平面为参考平面,方向为 右; 单击 草绘 按钮,绘制图 16.4.41 所示的截面草图;在图形区单击箭头调整筋的生成方向指向实体侧,采用系统默认的加厚方向,在厚度文本框中输入筋的厚度值 1.0;在操控板中单击 ✔ 按钮,完成轮廓筋特征 1 的创建。

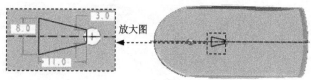

放大图

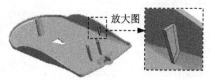

放大图

图 16.4.39 截面草图　　　　　　　　　图 16.4.40 轮廓筋特征 1

Step27. 创建图 16.4.42 所示的阵列特征 1。在模型树中选取轮廓筋特征 1 并右击,选择 ⊞ 命令;在阵列操控板的 选项 选项卡的下拉列表中选择 常规 选项;在操控板的阵列控制方式下拉列表中选择 方向 选项;选取图 16.4.43 所示的边线,输入增量值 25.0; 在操控板中输入阵列数目 2,并按 Enter 键;在操控板中单击 ✔ 按钮,完成阵列特征 1 的创建。

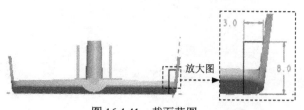

放大图

图 16.4.41 截面草图　　　　　　　　图 16.4.42 阵列特征 1

Step28. 创建图 16.4.44 所示的镜像特征 1。在模型树中选取阵列特征 1 为镜像特征; 单击 模型 功能选项卡 编辑 ▾ 区域中的"镜像"按钮 ▥;选取 ASM_RIGHT 基准平面为镜像平面;在操控板中单击 ✔ 按钮,完成镜像特征 1 的创建。

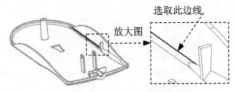

图 16.4.43　定义阵列增量

图 16.4.44　镜像特征 1

Step29. 创建图 16.4.45b 所示的倒角特征 1。单击 模型 功能选项卡 工程 ▾ 区域中的 倒角 ▾ 按钮，选取图 16.4.45a 所示的边线为倒角参照，输入尺寸值 0.5。

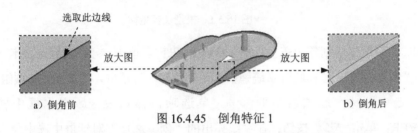

图 16.4.45　倒角特征 1

Step30. 创建图 16.4.46b 所示的圆角特征 1。单击 模型 功能选项卡 工程 ▾ 区域中的 倒圆角 ▾ 按钮，选取图 16.4.46a 所示的边线为圆角放置参照，在圆角半径文本框中输入值 1.0。

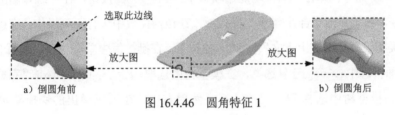

图 16.4.46　圆角特征 1

Step31. 创建图 16.4.47b 所示的圆角特征 2。选取图 16.4.47a 所示的边线为圆角放置参照，输入圆角半径值 1.0。

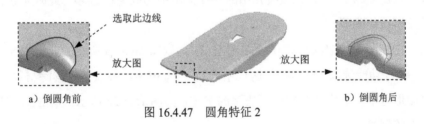

图 16.4.47　圆角特征 2

Step32. 保存模型文件。

16.5　上　　盖

下面讲解上盖（TOP_COVER.PRT）的创建过程，零件模型及模型树如图 16.5.1 所示。

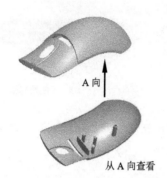

A 向

从 A 向查看

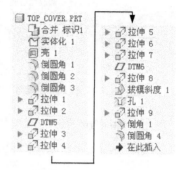

图 16.5.1 模型及模型树

Step1. 在装配体中创建上盖（TOP_COVER.PRT）。单击 模型 功能选项卡 元件 ▾ 区域中的"创建"按钮 ；此时系统弹出"元件创建"对话框，选中 类型 选项组中的 ◉ 零件 单选项，选中 子类型 - 选项组中的 ◉ 实体 单选项，然后在 名称 文本框中输入文件名 TOP_COVER，单击 确定 按钮；在系统弹出的"创建选项"对话框中选中 ◉ 空 单选项，单击 确定 按钮。

Step2. 激活上盖模型。在模型树中单击 TOP_COVER.PRT，然后右击，在系统弹出的快捷菜单中选择 激活 命令；单击 模型 功能选项卡中的 获取数据 ▾ 按钮，在系统弹出的菜单中选择 合并/继承 命令，系统弹出"合并/继承"操控板，在该操控板中进行下列操作。在操控板中先确认"将参考类型设置为组件上下文"按钮 被按下，在操控板中单击 参考 选项卡，系统弹出"参考"界面；选中 ☑ 复制基准 复选框，在模型树中选取 SECOND.PRT，单击"完成"按钮 ✔。

Step3. 在模型树中选择 TOP_COVER.PRT，然后右击，在系统弹出的快捷菜单中选择 打开 命令。

Step4. 隐藏草图及曲线。在模型树区域选取 ▾ 下拉列表中的 层树(L) 选项，在系统弹出的层区域中右击 ▸ CURVE，在系统弹出的快捷菜单中选取 隐藏 选项，此时完成骨架模型中所有曲线及草图的隐藏。

Step5. 创建图 16.5.2b 所示的曲面实体化 1。选取图 16.5.2a 所示的面组为要实体化的对象；单击 模型 功能选项卡 编辑 ▾ 区域中的 实体化 按钮，并按下"移除材料"按钮 ；单击调整图形区中的箭头使其指向要去除的实体，如图 16.5.2a 所示；单击 ✔ 按钮，完成曲面实体化 1 的创建。

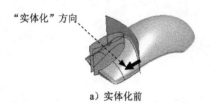

"实体化"方向

a）实体化前

b）实体化后

图 16.5.2 曲面实体化 1

Step6. 创建图 16.5.3b 所示的抽壳特征 1。单击 模型 功能选项卡 工程 ▼ 区域中的"壳"按钮 回壳；选取图 16.5.3a 所示的面为移除面；在 厚度 文本框中输入壁厚值为 0.5；在操控板中单击 ✔ 按钮，完成抽壳特征 1 的创建。

a）抽壳前　　　　　　　　　　　　　b）抽壳后

图 16.5.3　抽壳特征 1

Step7. 创建图 16.5.4b 所示的圆角特征 1。单击 模型 功能选项卡 工程 ▼ 区域中的 倒圆角 ▼ 按钮，选取图 16.5.4a 所示的边线为圆角放置参照，在圆角半径文本框中输入值 0.5。

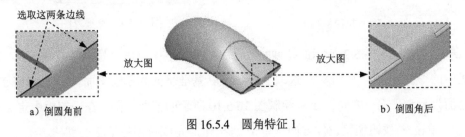

选取这两条边线

放大图　　　　　　　　　放大图

a）倒圆角前　　　　　　　　　　　　　b）倒圆角后

图 16.5.4　圆角特征 1

Step8. 创建图 16.5.5b 所示的圆角特征 2。选取图 16.5.5a 所示的边线为圆角放置参照，输入圆角半径值 0.5。

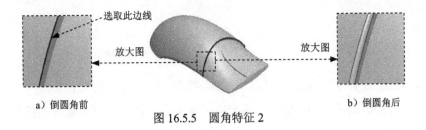

选取此边线

放大图　　　　　　　　　放大图

a）倒圆角前　　　　　　　　　　　　　b）倒圆角后

图 16.5.5　圆角特征 2

Step9. 创建图 16.5.6b 所示的圆角特征 3。选取图 16.5.6a 所示的边线为圆角放置参照，输入圆角半径值 1.0。

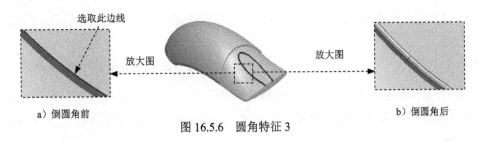

选取此边线

放大图　　　　　　　　　放大图

a）倒圆角前　　　　　　　　　　　　　b）倒圆角后

图 16.5.6　圆角特征 3

Step10. 创建图 16.5.7 所示的拉伸特征 1。单击 模型 功能选项卡 形状 ▼ 区域中的"拉

151

伸"按钮 拉伸，按下操控板中的"移除材料"按钮 ；在图形区右击，从系统弹出的快捷菜单中选择 定义内部草绘 命令；选取 ASM_TOP 基准平面为草绘平面，选取 ASM_FRONT 基准平面为参考平面，方向为 左，单击 草绘 按钮，绘制图 16.5.8 所示的截面草图；在操控板中定义拉伸类型为 非，单击 按钮调整拉伸方向；在操控板中单击"完成"按钮 ，完成拉伸特征 1 的创建。

说明：为了保证设计零件的可装配性，图 16.5.8 所示的截面草图是基于二级控件中的草图而创建的。以下类似情况不再重述。

图 16.5.7　拉伸特征 1

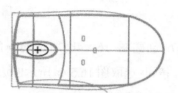
图 16.5.8　截面草图

Step11. 创建图 16.5.9 所示的拉伸特征 2。在操控板中单击"拉伸"按钮 拉伸，按下操控板中的"移除材料"按钮 。选取 ASM_TOP 基准平面为草绘平面，选取 ASM_FRONT 基准平面为参考平面，方向为 左；绘制图 16.5.10 所示的截面草图，在操控板中定义拉伸类型为 非，单击 按钮调整拉伸方向；单击 按钮，完成拉伸特征 2 的创建。

图 16.5.9　拉伸特征 2

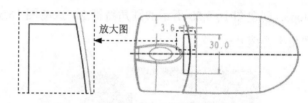
图 16.5.10　截面草图

Step12. 创建图 16.5.11 所示的基准平面 5。单击 模型 功能选项卡 基准 区域中的"平面"按钮 ，选取 ASM_TOP 基准平面为偏距参考面，在对话框中输入偏移距离值 17.0。单击对话框中的 确定 按钮。

Step13. 创建图 16.5.12 所示的拉伸特征 3。在操控板中单击"拉伸"按钮 拉伸。选取 DTM5 基准平面为草绘平面，选取 ASM_FRONT 基准平面为参考平面，方向为 左；绘制图 16.5.13 所示的截面草图，在操控板中定义拉伸类型为 ；单击 按钮，完成拉伸特征 3 的创建。

Step14. 创建图 16.5.14 所示的拉伸特征 4。在操控板中单击"拉伸"按钮 拉伸。选取 DTM5 基准平面为草绘平面，选取 ASM_FRONT 基准平面为参考平面，方向为 左；绘制图 16.5.15 所示的截面草图，在操控板中定义拉伸类型为 ；单击 按钮，完成拉伸特征 4 的创建。

图 16.5.11 基准平面 5

图 16.5.12 拉伸特征 3

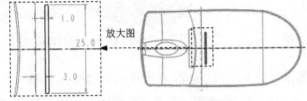

图 16.5.13 截面草图

图 16.5.14 拉伸特征 4

Step15. 创建图 16.5.16 所示的拉伸特征 5。在操控板中单击"拉伸"按钮 拉伸 。选取图 16.5.17 所示的模型表面为草绘平面,接受系统默认的参考平面,方向为 上 ;绘制图 16.5.18 所示的截面草图;在操控板中定义拉伸类型为 ,输入深度值 4.0,单击 按钮调整拉伸方向;单击 按钮,完成拉伸特征 5 的创建。

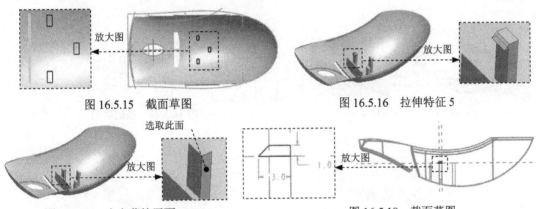

图 16.5.15 截面草图

图 16.5.16 拉伸特征 5

图 16.5.17 定义草绘平面

图 16.5.18 截面草图

Step16. 创建图 16.5.19 所示的拉伸特征 6。在操控板中单击"拉伸"按钮 拉伸 。选取图 16.5.20 所示的模型表面为草绘平面,接受系统默认的参考平面,方向为 上 ;绘制图 16.5.21 所示的截面草图,在操控板中定义拉伸类型为 ,输入深度值 4.0,单击 按钮调整拉伸方向;单击 按钮,完成拉伸特征 6 的创建。

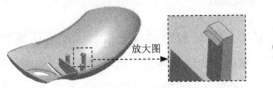

图 16.5.19 拉伸特征 6

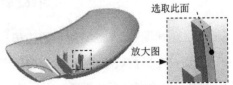

图 16.5.20 定义草绘平面

Step17. 创建图 16.5.22 所示的拉伸特征 7。在操控板中单击"拉伸"按钮 拉伸 。选取

图16.5.23所示的模型表面为草绘平面,接受系统默认的参考平面,方向为 上;绘制图16.5.24所示的截面草图,在操控板中定义拉伸类型为 上,输入深度值 4.0,单击 % 按钮调整拉伸方向;单击 ✓ 按钮,完成拉伸特征 7 的创建。

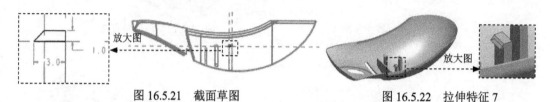

图 16.5.21　截面草图　　　　　　　图 16.5.22　拉伸特征 7

Step18. 创建图 16.5.25 所示的基准平面 6。单击 模型 功能选项卡 基准 ▾ 区域中的"平面"按钮 ▱,选取 ASM_TOP 基准平面为偏距参考面,在对话框中输入偏移距离值 12.0,单击对话框中的 确定 按钮。

Step19. 创建图 16.5.26 所示的拉伸特征 8。在操控板中单击"拉伸"按钮 ⬚拉伸。选取 DTM6 基准平面为草绘平面,选取 ASM_FRONT 基准平面为参考平面,方向为 左;绘制图 16.5.27 所示的截面草图,在操控板中定义拉伸类型为 ⩵;单击 ✓ 按钮,完成拉伸特征 8 的创建。

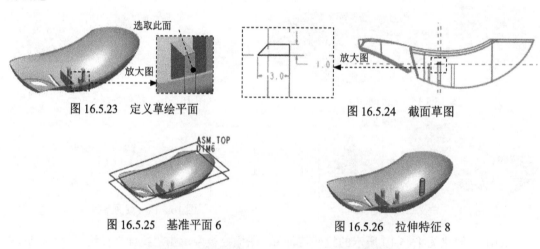

图 16.5.23　定义草绘平面　　　　　图 16.5.24　截面草图

图 16.5.25　基准平面 6　　　　　　图 16.5.26　拉伸特征 8

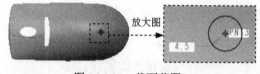

图 16.5.27　截面草图

Step20. 创建图 16.5.28b 所示的拔模特征 1。单击 模型 功能选项卡 工程 ▾ 区域中的 ◑拔模 ▾按钮;在操控板中单击 参考选项卡,激活拔模曲面文本框,选取图 16.5.28a 所示的圆柱体的侧面为拔模曲面;激活拔模枢轴文本框,选取 ASM_TOP 基准平面为拔模枢轴平面;单击 % 按钮调整拔模方向,在拔模角度文本框中输入拔模角度值 1.0;在操控板中单击 ✓ 按钮，完成拔模特征 1 的创建。

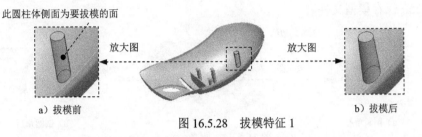

a）拔模前　　　　　　　图 16.5.28　拔模特征 1　　　　　　　b）拔模后

此圆柱体侧面为要拔模的面（放大图）

Step21. 创建图 16.5.29 所示的孔特征 1。单击 模型 功能选项卡 工程 ▾ 区域中的 ↧孔 按钮；按住 Ctrl 键，选取图 16.5.30 所示的面及此面所在的圆柱体的轴线为孔的放置参考；在操控板中输入孔直径值 3.0，输入深度值 8.0；在操控板中单击 ✔ 按钮，完成孔特征 1 的创建。

图 16.5.29　孔特征 1　　　　　　　图 16.5.30　定义孔放置

选取此面（放大图）

Step22. 创建图 16.5.31 所示的拉伸特征 9。在操控板中单击"拉伸"按钮 ⬚拉伸，按下操控板中的"移除材料"按钮 ⬚。选取 ASM_FRONT 基准平面为草绘平面，选取 ASM_TOP 基准平面为参考平面，方向为 上；绘制图 16.5.32 所示的截面草图，在操控板中定义拉伸类型为 ⬚，单击 ✕ 按钮调整拉伸方向；单击 ✔ 按钮，完成拉伸特征 9 的创建。

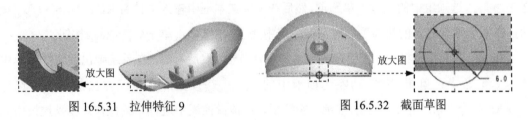

放大图　　图 16.5.31　拉伸特征 9　　　　　　　图 16.5.32　截面草图

Step23. 创建图 16.5.33b 所示的倒角特征 1。单击 模型 功能选项卡 工程 ▾ 区域中的 ◇倒角 ▾ 按钮，选取图 16.5.33a 所示的边线为倒角参照，输入倒角尺寸值 0.3。

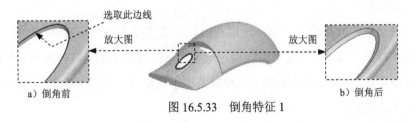

选取此边线（放大图）

a）倒角前　　　　　　　图 16.5.33　倒角特征 1　　　　　　　b）倒角后

Step24. 创建图 16.5.34b 所示的圆角特征 4。选取图 16.5.34a 所示的边线为圆角放置参照，输入圆角半径值 0.1。

Step25. 保存模型文件。

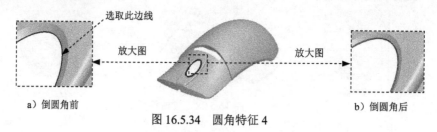

选取此边线

放大图   放大图

a）倒圆角前   b）倒圆角后

图 16.5.34　圆角特征 4

16.6　按　　键

下面讲解按键（KEY.PRT）的创建过程，零件模型及模型树如图 16.6.1 所示。

图 16.6.1　模型及模型树

Step1. 在装配体中创建按键（KEY.PRT）。单击 模型 功能选项卡 元件 ▼ 区域中的 "创建"按钮 ；此时系统弹出"元件创建"对话框，选中 类型 选项组中的 ◉ 零件 单选项，选中 子类型 选项组中的 ◉ 实体 单选项，然后在 名称 文本框中输入文件名 KEY，单击 确定 按钮；在系统弹出的"创建选项"对话框中选中 ◉ 空 单选项，单击 确定 按钮。

Step2. 激活按键模型。在模型树中单击 KEY.PRT，然后右击，在系统弹出的快捷菜单中选择 激活 命令；单击 模型 功能选项卡中的 获取数据 ▼ 按钮，在系统弹出的菜单中选择 合并/继承 命令，系统弹出"合并/继承"操控板，在该操控板中进行下列操作。在操控板中先确认"将参考类型设置为组件上下文"按钮 被按下，在操控板中单击 参考 选项卡，系统弹出"参照"界面；选中 ☑ 复制基准 复选框，在模型树中选取 SECOND.PRT 为参考模型，单击"完成"按钮 ✓。

Step3. 在模型树中选择 KEY.PRT，然后右击，在系统弹出的快捷菜单中选择 打开 命令。

Step4. 隐藏草图及曲线。在模型树区域选取 ▤ ▼ 下拉列表中的 层树(L) 选项，在系统弹出的层区域中右击 ▶ ⬭ CURVE，在系统弹出的快捷菜单中选取 隐藏 选项，此时完成骨架模型中所有曲线和草图的隐藏。

Step5. 创建图 16.6.2b 所示的曲面实体化 1。选取 ASM_TOP 基准平面为要实体化的对象；单击 模型 功能选项卡 编辑 ▾ 区域中的 ◻ 实体化 按钮，并按下"移除材料"按钮 ◿；单击调整图形区中的箭头使其指向要去除的实体，如图 16.6.2a 所示；单击 ✔ 按钮，完成曲面实体化 1 的创建。

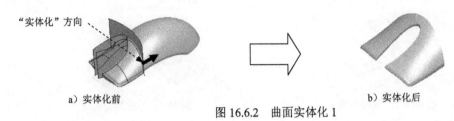

"实体化"方向

a）实体化前　　　　　　　　b）实体化后

图 16.6.2　曲面实体化 1

Step6. 创建图 16.6.3 所示的基准平面 5。单击 模型 功能选项卡 基准 ▾ 区域中的"平面"按钮 ◻，选取 ASM_TOP 基准平面为偏距参考面，在对话框中输入偏移距离值 16.0，单击对话框中的 确定 按钮。

Step7. 创建图 16.6.4 所示的拉伸特征 1。单击 模型 功能选项卡 形状 ▾ 区域中的"拉伸"按钮 ◻ 拉伸 ；在图形区右击，从系统弹出的快捷菜单中选择 定义内部草绘... 命令；选取 DTM5 基准平面为草绘平面，选取 ASM_FRONT 基准平面为参照平面，方向为 左，单击 草绘 按钮，绘制图 16.6.5 所示的截面草图；在操控板中定义拉伸类型为 ⊥，选取图 16.6.6 所示的面为拉伸终止面；在操控板中单击"完成"按钮 ✔，完成拉伸特征 1 的创建。

说明：图 16.6.5 所示的截面草图是用"偏移"命令 ◻ 绘制而成的。

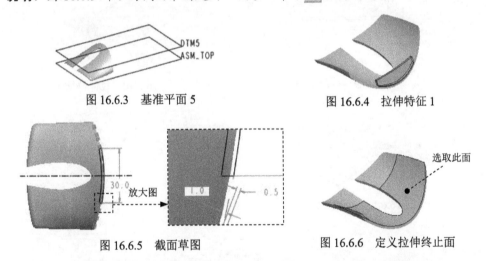

DTM5
ASM_TOP

图 16.6.3　基准平面 5　　　　　　　图 16.6.4　拉伸特征 1

30.0　放大图　1.0　0.5

选取此面

图 16.6.5　截面草图　　　　　　图 16.6.6　定义拉伸终止面

Step8. 创建图 16.6.7 所示的基准平面 6。单击 模型 功能选项卡 基准 ▾ 区域中的"平面"按钮 ◻，选取 ASM_FRONT 基准平面为偏距参考面，在对话框中输入偏移距离值-25.0，单击对话框中的 确定 按钮。

Step9. 创建图 16.6.8 所示的拉伸特征 2。在操控板中单击"拉伸"按钮 ◻ 拉伸。选取 DTM6 基准平面为草绘平面，选取 ASM_TOP 基准平面为参考平面，方向为 上，单击 反向

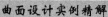Creo 6.0
曲面设计实例精解

按钮调整草绘视图方向；绘制图 16.6.9 所示的截面草图，在操控板中定义拉伸类型为 ⚌，单击 🗡 按钮调整拉伸方向；单击 ✔ 按钮，完成拉伸特征 2 的创建。

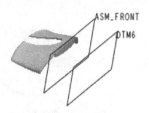

图 16.6.7　基准平面 6

图 16.6.8　拉伸特征 2

Step10. 创建图 16.6.10 所示的拉伸特征 3。在操控板中单击"拉伸"按钮 🗗 拉伸，按下操控板中的"移除材料"按钮 ⬜。选取图 16.6.11 所示的模型表面为草绘平面，采用系统默认参考平面，方向为 右；绘制图 16.6.12 所示的截面草图，在操控板中定义拉伸类型为 ⛶；单击 ✔ 按钮，完成拉伸特征 3 的创建。

Step11. 创建图 16.6.13 所示的拉伸特征 4。在操控板中单击"拉伸"按钮 🗗 拉伸，按下操控板中的"移除材料"按钮 ⬜。选取图 16.6.11 所示的模型表面为草绘平面，采用系统默认参考平面，方向为 右；绘制图 16.6.14 所示的截面草图，在操控板中定义拉伸类型为 ⛶；单击 ✔ 按钮，完成拉伸特征 4 的创建。

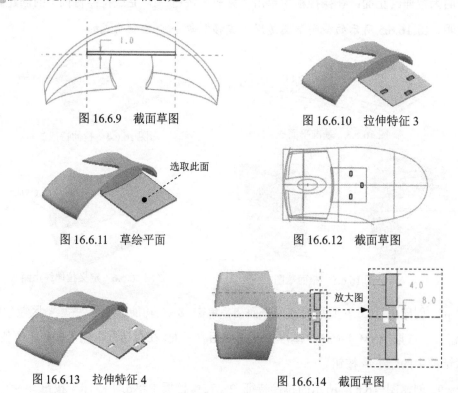

图 16.6.9　截面草图　　　图 16.6.10　拉伸特征 3

图 16.6.11　草绘平面　　　图 16.6.12　截面草图

图 16.6.13　拉伸特征 4　　　图 16.6.14　截面草图

Step12. 创建图 16.6.15b 所示的圆角特征 1。单击 模型 功能选项卡 工程 ▾ 区域中的

158

按钮。选取图 16.6.15a 所示的边线为圆角放置参照，在圆角半径文本框中输入值 0.5。

a) 倒圆角前　　　　　　　　　　　　　　　　　　　　b) 倒圆角后

图 16.6.15　圆角特征 1

Step13. 创建图 16.6.16b 所示的圆角特征 2。选取图 16.6.16a 所示的边线为圆角放置参照，输入圆角半径值 0.5。

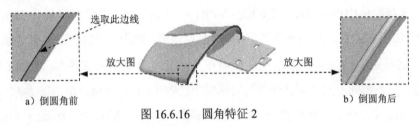

a) 倒圆角前　　　　　　　　　　　　　　　　　　　　b) 倒圆角后

图 16.6.16　圆角特征 2

Step14. 创建图 16.6.17b 所示的圆角特征 3。选取图 16.6.17a 所示的边线为圆角放置参照，输入圆角半径值 0.2。

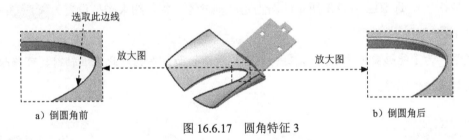

a) 倒圆角前　　　　　　　　　　　　　　　　　　　　b) 倒圆角后

图 16.6.17　圆角特征 3

Step15. 创建图 16.6.18 所示的拉伸特征 5。在操控板中单击"拉伸"按钮 拉伸，按下操控板中的"移除材料"按钮 。选取 ASM_TOP 基准平面为草绘平面，选取 ASM_RIGHT 基准平面为参考平面，方向为 下；绘制图 16.6.19 所示的截面草图，在操控板中定义拉伸类型为 ，单击 按钮调整拉伸方向；单击 按钮，完成拉伸特征 5 的创建。

Step16. 保存模型文件。

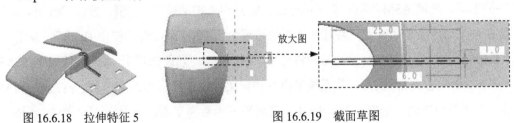

图 16.6.18　拉伸特征 5　　　　　　　　　图 16.6.19　截面草图

16.7　滚　轮

下面讲解滚轮（TROLLEY.PRT）的创建过程，零件模型及模型树如图 16.7.1 所示。

图 16.7.1　零件模型及模型树

Step1. 在装配体中创建滚轮（TROLLEY.PRT）。单击 模型 功能选项卡 元件▼ 区域中的"创建"按钮；此时系统弹出"元件创建"对话框，选中 类型 选项组中的 ◉ 零件 单选项，选中 子类型 选项组中的 ◉ 实体 单选项，然后在 名称 文本框中输入文件名 TROLLEY，单击 确定 按钮；在系统弹出的"创建选项"对话框中选中 ◉ 空 单选项，单击 确定 按钮。

Step2. 激活零件模型。在模型树中单击 TROLLEY.PRT，然后右击，在系统弹出的快捷菜单中选择 激活 命令。

Step3. 创建图 16.7.2 所示的基准轴 A_1。单击 模型 功能选项卡 基准▼ 区域中的"基准轴"按钮 。选取图 16.7.3 所示的面为基准轴参考，将其约束类型设置为 穿过 ；单击对话框中的 确定 按钮。

说明：为了能够更加方便地选取图 16.7.3 所示的面，在创建此基准轴前，可将除下盖之外的其他控件隐藏。

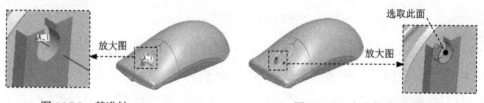

图 16.7.2　基准轴 A_1　　　　　图 16.7.3　定义基准轴参考

Step4. 创建图 16.7.4 所示的基准平面 1。单击 模型 功能选项卡 基准▼ 区域中的"平面"按钮，选取 ASM_FRONT 基准平面，将其约束类型设置为 平行 ，按住 Ctrl 键，选取基准轴 A_1 为基准平面参考，将其约束类型设置为 穿过 ；单击对话框中的 确定 按钮。

Step5. 创建图 16.7.5 所示的旋转特征 1。单击 模型 功能选项卡 形状▼ 区域中的"旋转"按钮 旋转 ；在图形区右击，从系统弹出的快捷菜单中选择 定义内部草绘... 命令；选取 DTM1 基准平面为草绘平面，选取 ASM_RIGHT 基准平面为参考平面，方向为 右 ；单击 草绘 按钮，绘制图 16.7.6 所示的截面草图（包括旋转中心线）；在操控板中选择旋转类型为 ，在角度文本框中输入角度值 360.0，并按 Enter 键；在操控板中单击"完成"按钮 ✔，完成旋转特征 1 的创建。

说明： 图 16.7.6 所示的旋转中心线与基准轴 A_1 共线。

Step6. 创建图 16.7.7 所示的拉伸特征 1。单击 模型 功能选项卡 形状 ▾ 区域中的"拉伸"按钮 🗗 拉伸；在图形区右击，从系统弹出的快捷菜单中选择 定义内部草绘... 命令；选取 ASM_RIGHT 基准平面为草绘平面，选取 ASM_TOP 基准平面为参考平面，方向为 上；单击 草绘 按钮，绘制图 16.7.8 所示的截面草图；在操控板中定义拉伸类型为 ⊟，输入深度值 12.0；在操控板中单击"完成"按钮 ✔，完成拉伸特征 1 的创建。

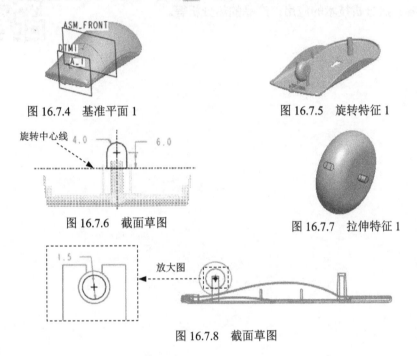

图 16.7.4　基准平面 1　　　　图 16.7.5　旋转特征 1

图 16.7.6　截面草图　　　　图 16.7.7　拉伸特征 1

图 16.7.8　截面草图

Step7. 在模型树中选择 🗋 TROLLEY.PRT，然后右击，在系统弹出的快捷菜单中选择 打开 命令。

Step8. 保存模型文件。

16.8　编辑总装配模型的显示

Step1. 按住 Ctrl 键，在模型树中选取 🗋 FIRST.PRT 和 🗋 SECOND.PRT，然后右击，在系统弹出的下拉列表中单击 隐藏 命令。

Step2. 隐藏草图、基准、曲线和曲面。在模型树区域选取 🗉 ▾ 下拉列表中的 层树(L) 选项，在系统弹出的层区域中，按住 Ctrl 键，依次选取 ▶ 🗐 AXIS 、▶ 🗐 CURVE 和 ▶ 🗐 QUILT，然后右击，在系统弹出的下拉列表中单击 隐藏 命令；在"层树"列表中右击，在系统弹出的下拉

列表中单击 保存状况 命令，然后单击 📄 ▾ ➡ 模型树 (M) 命令。

Step3. 保存装配体模型文件。

学习拓展：扫一扫右侧二维码，可以免费学习更多视频讲解。

讲解内容：热分析技术的应用，产品的热分析等。

实例 **17** 玩具风扇自顶向下设计

17.1 概　　述

本实例详细讲解了一款玩具风扇的整个设计过程，该设计过程采用了较为先进的设计方法——自顶向下设计（Top_Down Design）。采用此方法，不仅可以获得较好的整体造型，并且能够大大缩短产品的设计周期。许多家用电器（如计算机机箱、吹风机和计算机鼠标等）都可以采用这种方法进行设计。本例设计的产品成品模型如图 17.1.1 所示。

图 17.1.1　玩具风扇模型

本例中玩具风扇的设计流程图如图 17.1.2 所示。

17.2 骨架模型

Task1. 设置工作目录

将工作目录设置至 D:\creo6.9\work\ch17。

Task2. 新建一个装配体文件

Step1. 单击"新建"按钮 ，在系统弹出的"新建"对话框中进行下列操作。选中 类型 选项组中的 ◉ 🗔 装配 单选项；选中 子类型 选项组中的 ◉ 设计 单选项；在 名称 文本框中输入文件名 TOY_FAN；取消选中 □ 使用默认模板 复选框；单击该对话框中的 确定 按钮。

Step2. 选取适当的装配模板。在系统弹出的"新文件选项"对话框中进行下列操作。在模板选项组中选择 mmns_asm_design 模板，单击该对话框中的 确定 按钮。

Step3. 设置模型树的显示。在模型树操作界面中选择 🗂 ▾ ➡ ⸙ 树过滤器 (F)... 命令，然后在"模型树项"对话框中选中 ☑ 特征 复选框，单击 确定 按钮。

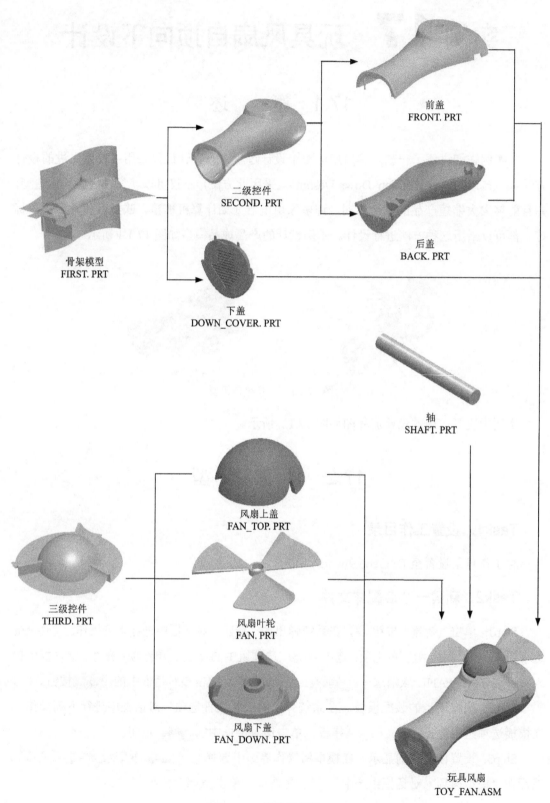

图 17.1.2 设计流程图

Task3. 创建图 17.2.1 所示的骨架模型

在装配环境下，创建图 17.2.1 所示的骨架模型及模型树。

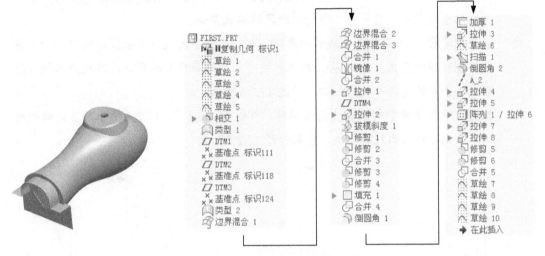

图 17.2.1 骨架模型及模型树

Step1. 在装配体中建立骨架模型 FIRST。单击 模型 功能选项卡 元件▼ 区域中的 "创建"按钮 ；此时系统弹出"元件创建"对话框，选中 类型 选项组中的 ◉骨架模型 单选项，在 名称 文本框中输入文件名 FIRST，然后单击 确定 按钮；在系统弹出的"创建选项"对话框中选中 ◉空 单选项，单击 确定 按钮。

Step2. 激活骨架模型。在模型树中选取 FIRST.PRT，然后右击，在系统弹出的快捷菜单中选择 激活 命令；单击 模型 功能选项卡 获取数据▼ 区域中的"复制几何"按钮 。系统弹出"复制几何"操控板，在该操控板中进行下列操作。在"复制几何"操控板中先确认"将参考类型设置为装配上下文"按钮 被按下，然后单击"仅限发布几何"按钮 （使此按钮为弹起状态），在"复制几何"操控板中单击 参考 按钮，系统弹出"参考"界面；单击 参考 区域中的 单击此处添加项 字符。然后选取装配文件中的三个基准平面，在"复制几何"操控板中单击 选项 按钮，选中 ◉按原样复制所有曲面 单选项，在"复制几何"操控板中单击"完成"按钮 ，完成操作后，所选的基准平面被复制到 FIRST.PRT 中。

Step3. 在装配体中打开骨架模型 FIRST.PRT。在模型树中单击 FIRST.PRT 并右击，在系统弹出的快捷菜单中选择 打开 命令。

Step4. 创建图 17.2.2 所示的草图 1。在操控板中单击"草绘"按钮 ；选取 ASM_FRONT 基准平面为草绘平面，选取 ASM_TOP 基准平面为参考平面，方向为 上，单击 草绘 按钮，绘制图 17.2.2 所示的草图 1。

Step5. 创建图 17.2.3 所示的草图 2。在操控板中单击"草绘"按钮 ，选取 ASM_FRONT 基准平面为草绘平面，选取 ASM_TOP 基准平面为参考平面，方向为 上，单击 草绘 按钮，绘制图 17.2.3 所示的草图 2。

关于绘制草图 2 的相关说明如下。

● 进入草绘环境时，选择草图 1 中两线段的端点，然后约束图 17.2.3 所示的样条曲线的两个端点分别与草图 1 中的两线段的端点重合。

● 在调整草图 2 中的样条曲线的曲率时，先双击样条曲线，单击操控板中的"切换到控制多边形模式"按钮 ，约束系统所生成的多边形的最高处边线为水平，然后使样条曲线与水平边线相切，如图 17.2.4 所示。

● 在调整草图 2 中的样条曲线的曲率时，可以通过选取图 17.2.4 所示的多边形的控制点来调整样条曲线的曲率，结果如图 17.2.5 所示。

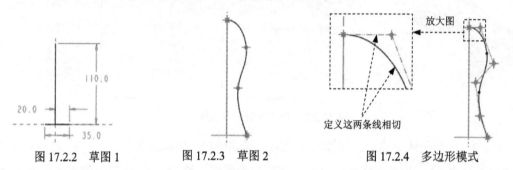

图 17.2.2　草图 1　　　　图 17.2.3　草图 2　　　　图 17.2.4　多边形模式

Step6. 创建图 17.2.6 所示的草图 3。在操控板中单击"草绘"按钮 ，选取 ASM_FRONT 基准平面为草绘平面，选取 ASM_TOP 基准平面为参考平面，方向为 上 ，单击 草绘 按钮，参照 Step5，绘制图 17.2.6 所示的草图 3。选取图 17.2.7 所示的样条曲线和多边形的连线相切，并调整样条曲线的曲率大致如图 17.2.8 所示。

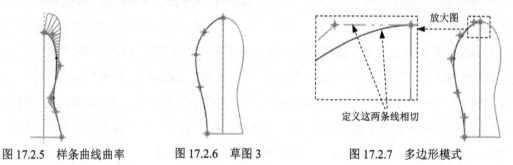

图 17.2.5　样条曲线曲率　　　图 17.2.6　草图 3　　　　图 17.2.7　多边形模式

Step7. 创建图 17.2.9 所示的草图 4。在操控板中单击"草绘"按钮 ，选取 ASM_FRONT 基准平面为草绘平面，选取 ASM_TOP 基准平面为参考平面，方向为 上 ，单击 草绘 按钮，参照 Step5，绘制图 17.2.10 所示的草图 4。选取图 17.2.11 所示的样条曲线与草图 1 中直线的端点重合，并调整样条曲线的曲率大致如图 17.2.11 所示。

Step8. 创建图 17.2.12 所示的草图 5。在操控板中单击"草绘"按钮 ，选取 ASM_RIGHT 基准平面为草绘平面，选取 ASM_TOP 基准平面为参考平面，方向为 上 ，单击 草绘 按钮，参照 Step5，绘制图 17.2.13 所示的草图 5；定义其约束如图 17.2.14 所示，并调整样条曲线的曲率大致如图 17.2.15 所示。

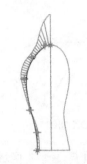

图 17.2.8 样条曲线曲率

图 17.2.9 草图 4

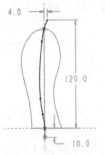

图 17.2.10 草绘详图

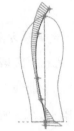

图 17.2.11 样条曲线曲率

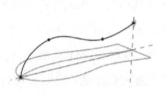

图 17.2.12 草图 5（建模环境）

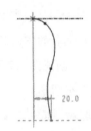

图 17.2.13 草图 5（草绘环境）

Step9. 创建图 17.2.16 所示的交截曲线——交截 1。在模型树中选取上步创建的草图 4 和草图 5，选择下拉菜单 编辑 ▾ ➡ 🔲相交 命令。

说明： 在创建完此特征后，草图 4 和草图 5 会自动隐藏。

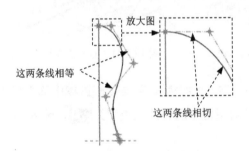

图 17.2.14 多边形模式

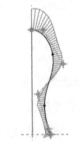

图 17.2.15 样条曲线曲率

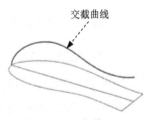

图 17.2.16 交截 1

Step10. 创建图 17.2.17 所示的造型特征 1。单击 模型 功能选项卡 曲面 ▾ 区域中的 🔲造型 按钮；选取 ASM_TOP 基准平面为活动平面；单击"曲线"按钮 ～，系统弹出"造型：曲线"操控板。在操控板中选中 🔲 单选项，绘制图 17.2.18 所示的 ISDX 曲线（按住 Shift 键分别捕捉各端点），然后在操控板中单击"完成"按钮 ✔；单击"曲线编辑"按钮 🔲 曲线编辑，系统弹出"编辑曲线"操控板。单击操控板中的 相切 按钮，选取图 17.2.18 所示 ISDX 曲线的端点 1，在 第一 的下拉列表中选取 法向 选项，在绘图区选取 ASM_FRONT 基准平面，在 属性 区域中选中 ◉ 固定长度 单选项，输入长度值 17.0；再选取图 17.2.18 所示 ISDX 曲线的端点 2，其约束与端点 1 相同。单击操控板中的"完成"按钮 ✔；单击"确定"

按钮 ✔，完成造型特征 1 的创建。

说明：端点的"法向"长度可以根据实际曲线形状自行调整。

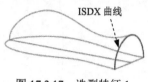

图 17.2.17　造型特征 1

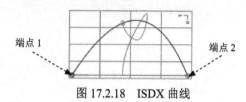

图 17.2.18　ISDX 曲线

Step11. 创建图 17.2.19 所示的基准平面 1。单击 模型 功能选项卡 基准 ▼ 区域中的"平面"按钮 ◻，选择 ASM_TOP 基准平面为参照，在对话框中选择约束类型为 偏移，输入偏移距离值为 35.0，单击对话框中的 确定 按钮。

说明：偏移的方向应该视实际情况而定，这里可以参考图 17.2.19 来确定偏移方向。

Step12. 创建图 17.2.20 所示的基准点标识。单击 模型 功能选项卡 基准 ▼ 区域中的"基准点"按钮 ✕✕点 ▼，按住 Ctrl 键，选取 DTM1 基准平面和图 17.2.21 所示的曲线 1 为点参照；选取对话框中的 ✦ 新点 选项，按住 Ctrl 键，选取 DTM1 基准平面和图 17.2.21 所示的曲线 2 为点参照；选取对话框中的 ✦ 新点 选项，按住 Ctrl 键，选取 DTM1 基准平面和图 17.2.21 所示的曲线 3 为点参照，单击对话框中的 确定 按钮。

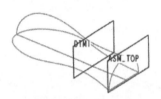

图 17.2.19　基准平面 1

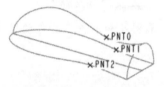

图 17.2.20　基准点标识

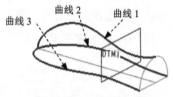

图 17.2.21　定义点参照

Step13. 创建图 17.2.22 所示的基准平面 2。单击 模型 功能选项卡 基准 ▼ 区域中的"平面"按钮 ◻，选择 ASM_TOP 基准平面为参照，在对话框中选择约束类型为 偏移，输入偏移距离值为 70.0，单击对话框中的 确定 按钮。

说明：偏移方向参考图 17.2.22 所示。

Step14. 创建图 17.2.23 所示的基准点标识。单击 模型 功能选项卡 基准 ▼ 区域中的"基准点"按钮 ✕✕点 ▼，参照 Step12，按住 Ctrl 键，分别选取 DTM2 基准平面和图 17.2.24 所示的曲线 1、曲线 2 和曲线 3 为点参照。

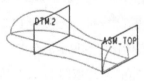

图 17.2.22　基准平面 2

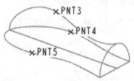

图 17.2.23　基准点标识

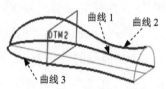

图 17.2.24　定义点参照

Step15. 创建图 17.2.25 所示的基准平面 3。单击 模型 功能选项卡 基准 ▾ 区域中的"平面"按钮 ▱，选择 ASM_TOP 基准平面为参照，在对话框中选择约束类型为 偏移，输入偏移距离值为 95.0，单击对话框中的 确定 按钮。

Step16. 创建图 17.2.26 所示的基准点标识。单击 模型 功能选项卡 基准 ▾ 区域中的"基准点"按钮 ××点 ▾，参照 Step12，按住 Ctrl 键，分别选取 DTM3 基准平面和图 17.2.27 所示的曲线 1、曲线 2 和曲线 3 为点参照。

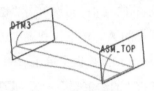

图 17.2.25　基准平面 3

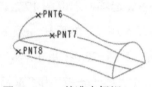

图 17.2.26　基准点标识

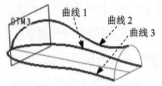

图 17.2.27　定义点参照

Step17. 创建图 17.2.28 所示的造型特征 2。单击 模型 功能选项卡 曲面 ▾ 区域中的 ▢造型 按钮；选取基准平面 DTM1 为活动平面，单击"ISDX 创建"按钮 ∿，绘制图 17.2.28 所示的 ISDX 曲线（按住 Shift 键依次选取基准点 PNT1、PNT0 和 PNT2），单击操控板中的"完成"按钮 ✓，单击"曲线编辑"按钮 ✐，系统弹出"编辑曲线"操控板。单击操控板中的 相切 按钮，选取图 17.2.29 所示 ISDX 曲线与 PNT1 点重合的端点，在 第一个 的下拉列表中选取 法向 选项，在绘图区选取 ASM_FRONT 基准平面，在 属性 区域中选中 ⦿ 固定长度 单选项，输入长度值 15.0。再选取图 17.2.29 所示 ISDX 曲线与 PNT2 点重合的端点，约束其法向长度值为 20.0，单击操控板中的"完成"按钮 ✓，完成曲线 1 的绘制；选取基准平面 DTM2 为活动平面，单击"ISDX 创建"按钮 ∿，绘制图 17.2.29 所示的 ISDX 曲线 2（按住 Shift 键依次选取基准点 PNT3、PNT4 和 PNT5），单击操控板中的"完成"按钮 ✓，其操作方法与曲线 1 相同，分别输入长度值 22.0 和 32.0。选取基准平面 DTM3 为活动平面，单击"ISDX 创建"按钮 ∿，绘制图 17.2.29 所示的 ISDX 曲线 3（按住 Shift 键依次选取基准点 PNT7、PNT6 和 PNT8），单击操控板中的"完成"按钮 ✓，其操作方法与曲线 1 相同，分别输入长度值 20.0 和 28.0。单击"确定"按钮 ✓，完成造型特征 2 的创建。

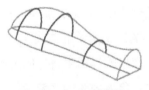

图 17.2.28　造型特征 2

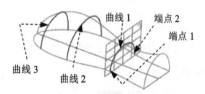

图 17.2.29　ISDX 曲线

Step18. 创建图 17.2.30 所示的边界混合曲面 1。单击 模型 功能选项卡 曲面 ▾ 区域中的"边界混合"按钮 ⬠；按住 Ctrl 键，在绘图区依次选取图 17.2.31 所示的曲线 1、曲线 2、曲线 3 和曲线 4 为第一方向边界曲线，单击操控板中 第二方向曲线操作栏，按住 Ctrl 键，依次选取图 17.2.31 所示的曲线 5、曲线 6、曲线 7 为第二方向边界曲线。然后单击 曲线 按钮，在系统弹出的"第一方向、第二方向"对话框中单击 "第二方向"下面的 细节... 按钮，系统弹出"链"对话框，单击"链"对话框中的 选项 选项卡，然后单击 链 选项，曲线 7 加亮，然后在 长度调整 对话框的 第 1 侧 下拉列表中选取 在参考上修剪 选项，选取图 17.2.31 所示的曲线 4；再单击"链"对话框中的下一个 链 选项，曲线 6 加亮，然后在 长度调整 区域中的 第 1 侧 下拉列表中选取 在参考上修剪 选项，选取图 17.2.31 所示的曲线 4；再次单击"链"对话框中的最后一个 链 选项，曲线 5 加亮，然后在 长度调整 对话框的 第 2 侧 下拉列表中选取 值 选项，并在其下的文本框中输入数值-22.0；单击 确定 按钮；在操控板中单击 约束 按钮，在系统弹出的界面中将方向 2 中"第一条链"和"最后一条链"的约束类型设置为 垂直，选择 ASM_FRONT 基准平面为垂直参照；单击操控板中的"完成"按钮，完成边界混合曲面 1 的创建。

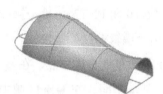

图 17.2.30 边界混合曲面 1

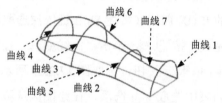

图 17.2.31 选取边界曲线

Step19. 创建图 17.2.32 所示的边界混合曲面 2。单击 模型 功能选项卡 曲面 区域中的"边界混合"按钮；按住 Ctrl 键，在绘图区选取图 17.2.33 所示的曲线 1 和曲线 2，单击操控板中 第二方向曲线操作栏，选取图 17.2.33 所示的曲线 3，单击 曲线 按钮，在系统弹出的界面中单击 第一方向 下面的 细节... 按钮，在系统弹出的"链"对话框中选择 选项 选项卡，然后单击 链 选项，曲线 1 加亮，在 长度调整 区域 第 1 侧 下拉列表中选取 在参考上修剪 选项，然后选取图 17.2.33 所示的曲线 3；单击"链"对话框中的下一个 链 选项，曲线 2 加亮，在 长度调整 区域 第 1 侧 下拉列表中选取 在参考上修剪 选项，然后选取图 17.2.33 所示的曲线 1；单击此对话框中的 确定 按钮，在系统弹出的界面中单击 第二方向 下面的 细节... 按钮，在系统弹出的"链"对话框中选择 选项 选项卡，然后单击 链 选项，曲线 3 加亮，在 长度调整 区域 第 2 侧 下拉列表中选取 在参考上修剪 选项，然后选取图 17.2.33 所示的曲线 1；单击此对话框中的 确定 按钮；在操控板中单击 约束 按钮，在系统弹出的界面中将方向 1 中"第一条链"的约束类型设置为 相切，相切对象为边界混合曲面 1；将方向 1 中"最后一条链"的约束类型设置为 垂直，其他采用系统默认设置；单击操控板中的"完成"按钮，完成边界混合曲面 2 的创建。

图 17.2.32　边界混合曲面 2

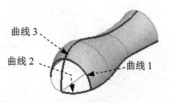

图 17.2.33　选取边界曲线

Step20. 创建图 17.2.34 所示的边界混合曲面 3。单击 模型 功能选项卡 曲面▼ 区域中的"边界混合"按钮 ；按住 Ctrl 键，在绘图区选取图 17.2.35 所示的曲线 1，单击操控板中 第二方向曲线操作栏，选取图 17.2.35 所示的曲线 2 和曲线 3，单击 曲线 按钮，在系统弹出的界面中单击 第一方向 下面的 细节... 按钮，在系统弹出的"链"对话框中选择 选项 选项卡，然后单击 链 选项，曲线 1 加亮，在 长度调整 区域 第 1 侧 下拉列表中选取 在参考上修剪 选项，然后选取图 17.2.35 所示的曲线 2；单击此对话框中的 确定 按钮，在系统弹出的界面中单击 第二方向 下面的 细节... 按钮，在系统弹出的"链"对话框中选择 选项 选项卡，然后单击 链 选项，曲线 3 加亮，在 长度调整 区域 第 2 侧 下拉列表中选取 在参考上修剪 选项，然后选取图 17.2.35 所示的曲线 1；单击对话框中的下一个 链 选项，曲线 2 加亮，在 长度调整 区域 第 2 侧: 下拉列表中选取 在参考上修剪 选项，然后选取图 17.2.35 所示的曲线 1，单击此对话框中的 确定 按钮；在操控板中单击 约束 按钮，在系统弹出的界面中将方向 1 中第一条链的约束类型设置为 相切，然后选取图 17.2.35 所示的曲面 1；将方向 2 中"第一条链"的约束类型设置为 相切，然后单击图 17.2.35 所示的曲面 2；将方向 2 中"最后一条链"的约束类型设置为 垂直；单击操控板中的"完成"按钮 ，完成边界混合曲面 3 的创建。

Step21. 创建曲面合并 1。按住 Ctrl 键，在绘图区选取图 17.2.36 所示的曲面；单击 模型 功能选项卡 编辑▼ 区域中的 合并 按钮；单击 按钮，完成曲面合并 1 的创建。

图 17.2.34　边界混合曲面 3

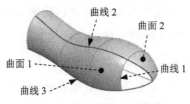

图 17.2.35　选取边界曲线

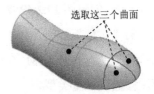

图 17.2.36　定义合并曲面

Step22. 创建图 17.2.37b 所示的镜像特征 1。在绘图区选取图 17.2.37a 所示的曲面为镜像对象；单击 模型 功能选项卡 编辑▼ 区域中的"镜像"按钮 ；选取 ASM_FRONT 基准平面为镜像中心平面；在操控板中单击 按钮，完成镜像特征 1 的创建。

说明：读者练习到此处时，如果发现模型形状与书中形状差别较大，可以参考随书附赠资源中本例的视频文件进行调整。

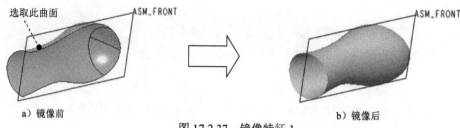

图 17.2.37　镜像特征 1

Step23. 创建曲面合并 2。按住 Ctrl 键,在绘图区选取图 17.2.38 所示的曲面,单击 模型 功能选项卡 编辑 ▾ 区域中的 合并 按钮。单击 ✔ 按钮,完成曲面合并 2 的创建。

Step24. 创建图 17.2.39 所示的拉伸曲面 1。单击 模型 功能选项卡 形状 ▾ 区域中的"拉伸"按钮 拉伸,按下操控板中的"曲面类型"按钮 ;在图形区右击,从系统弹出的快捷菜单中选择 定义内部草绘… 命令;选取 ASM_FRONT 基准平面为草绘平面,单击 反向 按钮,选取 ASM_TOP 基准平面为参考平面,方向为 左;单击 草绘 按钮,绘制图 17.2.40 所示的截面草图;在操控板中选取深度类型为 ,输入深度值 40.0;在操控板中单击"完成"按钮 ✔,完成拉伸曲面 1 的创建。

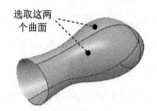

图 17.2.38　定义合并面

图 17.2.39　拉伸曲面 1

图 17.2.40　截面草图

Step25. 创建图 17.2.41 所示的基准平面 4。单击 模型 功能选项卡 基准 ▾ 区域中的"平面"按钮 ,选取 ASM_RIGHT 基准平面为参照,定义约束类型为 偏移,输入偏移距离值 30.0,单击"基准平面"对话框中的 确定 按钮。

Step26. 创建图 17.2.42 所示的拉伸曲面 2(曲面已隐藏)。单击 模型 功能选项卡 形状 ▾ 区域中的"拉伸"按钮 拉伸,按下操控板中的"曲面类型"按钮 ;选取 DTM4 基准平面为草绘平面,选取 ASM_TOP 基准平面为参考平面,方向为 左,绘制图 17.2.43 所示的截面草图;选取深度类型为 ,输入深度值 15.0;单击操控板中的"完成"按钮 ✔,完成拉伸曲面 2 的创建。

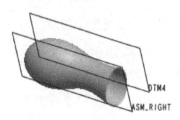

图 17.2.41　基准平面 4

图 17.2.42　拉伸曲面 2

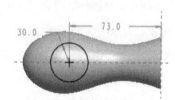

图 17.2.43　截面草图

说明：因为样条曲线绘制不同，所生成的曲面形状也不一样，所以此处草图的定位和定形尺寸有可能与图 17.2.43 不一致。

Step27. 创建图 17.2.44b 所示的拔模曲面 1。单击 模型 功能选项卡 工程 ▼ 区域中的 拔模 ▼ 按钮；选取图 17.2.44a 所示的面为要拔模的面。选取 DTM4 基准平面为拔模枢轴平面，在操控板中输入拔模角度值 12.0（此处拔模角度可以根据读者自己做的曲面定义，只要保证拔模后的曲面之间相交即可），采用系统默认的拔模方向；单击"完成"按钮 ✓，完成拔模曲面 1 的创建。

a）拔模前　　　　　　　　　　　b）拔模后

图 17.2.44　拔模曲面 1

Step28. 创建曲面修剪 1。在绘图区选取图 17.2.45 所示的曲面 1，单击 模型 功能选项卡 编辑 ▼ 区域中的 修剪 按钮；在绘图区选取图 17.2.45 所示的曲面 2 作为修剪对象，并单击 ⚡ 按钮，定义修剪方向如图 17.2.45 所示；单击 ✓ 按钮，完成曲面修剪 1 的创建。

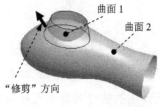

图 17.2.45　定义修剪对象

Step29. 创建图 17.2.46b 所示的曲面修剪 2。在绘图区选取图 17.2.46a 所示的曲面 1，单击 模型 功能选项卡 编辑 ▼ 区域中的 修剪 按钮，选取图 17.2.46a 所示的曲面 2 作为修剪对象，定义修剪方向如图 17.2.46a 所示。单击 ✓ 按钮，完成曲面修剪 2 的创建。

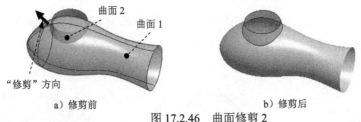

a）修剪前　　　　　　　　　　　b）修剪后

图 17.2.46　曲面修剪 2

Step30. 创建曲面合并 3。按住 Ctrl 键，在绘图区选取图 17.2.47 所示的两个曲面，单击 模型 功能选项卡 编辑 ▼ 区域中的 合并 按钮。单击 ✓ 按钮，完成曲面合并 3 的创建。

Step31. 创建图 17.2.48b 所示的曲面修剪 3。在绘图区选取图 17.2.48a 所示的曲面 1，单击 模型 功能选项卡 编辑 ▾ 区域中的 🔲修剪 按钮，选取图 17.2.48a 所示的曲面 2 作为修剪对象，定义修剪方向如图 17.2.48a 所示，单击 ✔ 按钮，完成曲面修剪 3 的创建。

说明： 在创建此特征前，先将 Step24 所创建的拉伸曲面 1 显示。

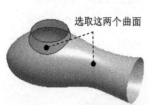
图 17.2.47 定义合并对象

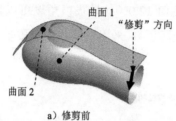
a）修剪前

b）修剪后

图 17.2.48 曲面修剪 3

Step32. 创建图 17.2.49b 所示的曲面修剪 4。在绘图区选取图 17.2.49a 所示的曲面 1，单击 模型 功能选项卡 编辑 ▾ 区域中的 🔲修剪 按钮，选取图 17.2.49a 所示的曲面 2 作为修剪对象，定义修剪方向如图 17.2.49a 所示，单击 ✔ 按钮，完成曲面修剪 4 的创建。

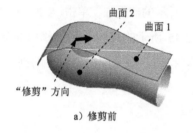
a）修剪前

b）修剪后

图 17.2.49 曲面修剪 4

Step33. 创建图 17.2.50 所示的填充曲面 1。单击 模型 功能选项卡 曲面 ▾ 区域中的 🔲填充 按钮；在绘图区右击，从系统弹出的快捷菜单中选择 定义内部草绘... 命令，系统弹出 "草绘" 对话框，选取 ASM_TOP 基准平面为草绘平面，选取 ASM_FRONT 基准平面为参考平面，方向为 上，单击对话框中的 草绘 按钮；进入截面草绘环境，绘制图 17.2.51 所示的截面草图（用 "投影" 🔲 命令）。完成绘制后，单击 "完成" 按钮 ✔；在操控板中单击 ✔ 按钮，完成填充曲面 1 的创建。

Step34. 创建曲面合并 4。按住 Ctrl 键，在绘图区依次选取图 17.2.52 所示的三个曲面，单击 模型 功能选项卡 编辑 ▾ 区域中的 🔲合并 按钮。单击 ✔ 按钮，完成曲面合并 4 的创建。

说明： 在选取图 17.2.52 所示的三个曲面时，一定要按顺序选取，否则此特征将无法生成。

图 17.2.50 填充曲面 1

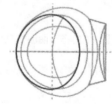
图 17.2.51 截面草图

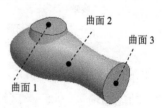
图 17.2.52 定义合并对象

Step35. 创建图 17.2.53b 所示的圆角特征 1。单击 模型 功能选项卡 工程 ▼ 区域中的 ⬧倒圆角 ▼按钮，选取图 17.2.53a 所示的边线 1，在操控板的圆角尺寸文本框中输入圆角半径值 2.0，选取图 17.2.53a 所示的边线 2，输入圆角半径值 1.0。

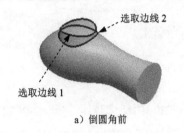

a）倒圆角前   b）倒圆角后

图 17.2.53　圆角特征 1

Step36. 创建曲面加厚 1。在绘图区选取图 17.2.54 所示的曲面特征，单击 模型 功能选项卡 编辑 ▼ 区域中的 ⬚加厚 按钮；在操控板中输入加厚偏距值 2.0，并单击 ⬧ 按钮，定义加厚方向如图 17.2.54 所示（向内部加厚）；在操控板中单击"完成"按钮 ✔，完成加厚 1 的创建。

Step37. 创建图 17.2.55 所示的拉伸特征 3。在操控板中单击"拉伸"按钮 ⬧拉伸。选取 ASM_RIGHT 基准平面为草绘平面，选取 ASM_FRONT 基准平面为参考平面，方向为 上；绘制图 17.2.56 所示的截面草图，在操控板中定义拉伸类型为 ⬧，并单击"去除材料"按钮 ⬧；单击"完成"按钮 ✔，完成拉伸特征 3 的创建。

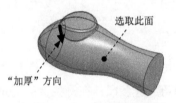

图 17.2.54　定义加厚曲面   图 17.2.55　拉伸特征 3

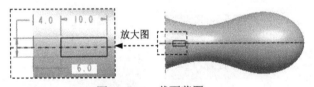

图 17.2.56　截面草图

Step38. 创建图 17.2.57 所示的草图 6。在操控板中单击"草绘"按钮 ⬧，选取 ASM_FRONT 基准平面为草绘平面，选取 ASM_RIGHT 基准平面为参考平面，方向为 上，单击对话框中的 草绘 按钮，绘制图 17.2.57 所示的草图，双击样条曲线，单击操控板中的"切换到控制多边形模式"按钮 ⬧，定义约束如图 17.2.57 所示，单击工具栏中的 ✔ 按钮，退出草绘环境，完成草图 6 的创建。

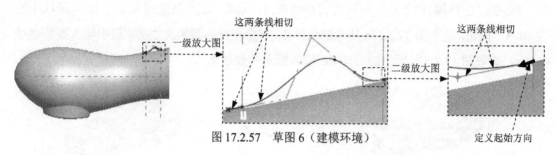

图 17.2.57　草图 6（建模环境）

Step39. 创建图 17.2.58 所示的扫描特征 1。单击 模型 功能选项卡 形状 ▾ 区域中的 扫描 ▾ 按钮；在操控板中确认"实体"按钮 ▢ 和"恒定轨迹"按钮 ▬ 被按下，在绘图区选取图 17.2.57 所示的草图 6，定义扫描轨迹的起始方向如图 17.2.57 所示；在操控板中单击"创建或编辑扫描截面"按钮 ☑，系统自动进入草绘环境。绘制并标注扫描截面的草图，如图 17.2.59 所示，完成截面的绘制和标注后，单击"确定"按钮 ✔；单击操控板中的 ✔ 按钮，完成扫描特征的创建。

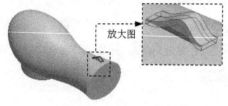
图 17.2.58　扫描特征 1

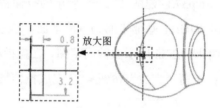
图 17.2.59　截面草图

Step40. 创建图 17.2.60b 所示的圆角特征 2。单击 模型 功能选项卡 工程 ▾ 区域中的 倒圆角 ▾ 按钮，选取图 17.2.60a 所示的四条边线为圆角放置参照，在操控板的圆角尺寸框中输入圆角半径值为 0.1。

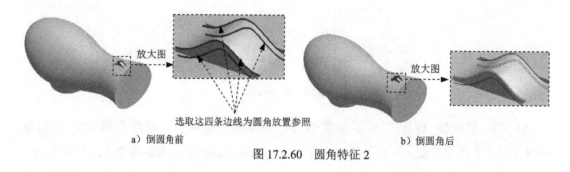

a）倒圆角前　　　　　　　　　　　　　　　　b）倒圆角后
图 17.2.60　圆角特征 2

Step41. 创建图 17.2.61 所示的基准轴 A_2。单击 模型 功能选项卡 基准 ▾ 区域中的"基准轴"按钮 ⁄ 轴。选取图 17.2.62 所示的曲面，将其约束类型设置为 穿过。单击对话框中的 确定 按钮，完成基准轴 A_2 的创建。

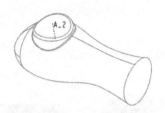

图 17.2.61 基准轴 A_2

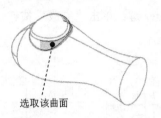

选取该曲面

图 17.2.62 定义放置参照

Step42. 创建图 17.2.63 所示的拉伸特征 4。在操控板中单击"拉伸"按钮 拉伸。选取 ASM_RIGHT 基准平面为草绘平面，选取 ASM_FRONT 基准平面为参考平面，方向为 上，绘制图 17.2.64 所示的截面草图，在操控板中选取深度类型为 ，单击"去除材料"按钮 ，单击 按钮。单击"完成"按钮 ，完成拉伸特征 4 的创建。

图 17.2.63 拉伸特征 4

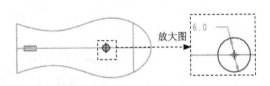

放大图

图 17.2.64 截面草图

Step43. 创建图 17.2.65 所示的拉伸特征 5。在操控板中单击"拉伸"按钮 拉伸。选取图 17.2.66 所示的平面为草绘平面，选取 ASM_FRONT 基准平面为参考平面，方向为 上，绘制图 17.2.67 所示的截面草图（图中两条斜边互相垂直），在操控板中选取深度类型为 ，输入深度值为 0.5，单击"去除材料"按钮 ，单击 按钮。单击"完成"按钮 ，完成拉伸特征 5 的创建。

放大图

图 17.2.65 拉伸特征 5

选取该平面

图 17.2.66 定义草绘平面

Step44. 创建图 17.2.68 所示的拉伸特征 6。在操控板中单击"拉伸"按钮 拉伸。选取 ASM_FRONT 基准平面为草绘平面，选取 ASM_TOP 基准平面为参考平面，单击 反向 按钮，方向为 上，绘制图 17.2.69 所示的截面草图，在操控板中选取深度类型为 ，输入深度值为 25.0。单击"完成"按钮 ，完成拉伸特征 6 的创建（两条直线垂直）。

Step45. 创建图 17.2.70b 所示的阵列特征 1。在模型树中选取图 17.2.70a 所示的拉伸特征 6 并右击，选择 命令；在操控板的 选项 界面中选中 常规 单选项；在操控板中单击 方向 按钮，在绘图区选取图 17.2.71 所示的边线，输入增量值 1.5，在操控板中输入阵列数目 12，并按 Enter 键；单击"完成"按钮 ✔ ，完成阵列 1 的创建。

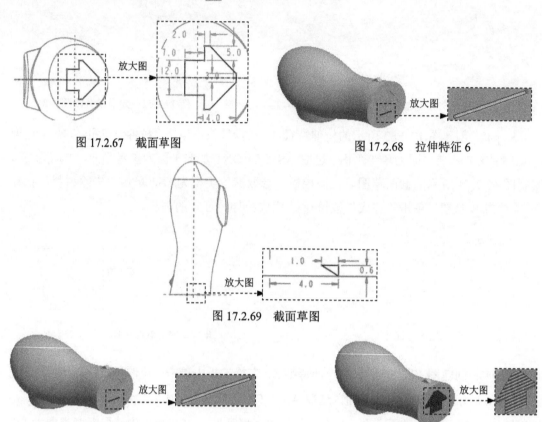

图 17.2.67　截面草图　　　　　　　　　　　图 17.2.68　拉伸特征 6

图 17.2.69　截面草图

a）阵列前　　　　　　　　　　　　　　　　　　b）阵列后

图 17.2.70　阵列 1/拉伸 6

Step46. 创建图 17.2.72 所示的拉伸特征 7。在操控板中单击"拉伸"按钮 ⬚ 拉伸 。在操控板中确认"曲面"按钮 ⬚ 被按下。选取 ASM_RIGHT 基准平面为草绘平面，选取 ASM_TOP 基准平面为参考平面，方向为 上；绘制图 17.2.73 所示的截面草图；选取深度类型为 ⬚，输入深度值 50.0；单击"完成"按钮 ✔ ，完成拉伸特征 7 的创建。

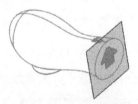

图 17.2.71　定义阵列方向　　　　　　　　　　图 17.2.72　拉伸特征 7

Step47. 创建图 17.2.74 所示的拉伸特征 8。在操控板中单击"拉伸"按钮 ⬚ 拉伸 。在操控板中确认"曲面"按钮 ⬚ 被按下。选取图 17.2.75 所示的面为草绘平面，选取 ASM_RIGHT 基准平面为参考平面，方向为 上；绘制图 17.2.76 所示的截面草图；选取深度类型为 ⬚，输入深度值 20.0；单击"完成"按钮 <input type="checkbox" checked>，完成拉伸特征 8 的创建。

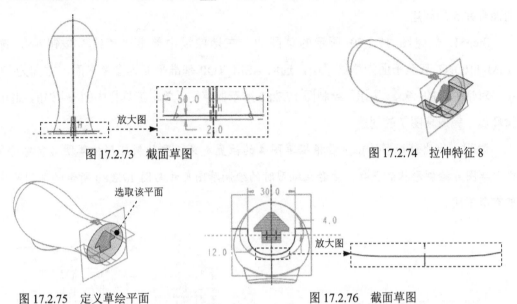

图 17.2.73 截面草图　　　　　图 17.2.74 拉伸特征 8

图 17.2.75 定义草绘平面　　　　　图 17.2.76 截面草图

Step48. 创建图 17.2.77b 所示的曲面修剪 5。在模型树中选取图 17.2.77a 所示的拉伸 7，单击 模型 功能选项卡 编辑 ▾ 区域中的 修剪 按钮，选取图 17.2.77a 所示的拉伸 8 作为修剪对象，定义修剪方向如图 17.2.77a 所示。单击 ✓ 按钮，完成曲面修剪 5 的创建。

a）修剪前　　　　　b）修剪后

图 17.2.77 曲面修剪 5

Step49. 创建图 17.2.78b 所示的曲面修剪 6。在绘图区选取图 17.2.78a 所示的曲面 1，单击 模型 功能选项卡 编辑 ▾ 区域中的 修剪 按钮，选取图 17.2.78a 所示的曲面 2 作为修剪对象，定义修剪方向如图 17.2.78a 所示。单击 ✓ 按钮，完成曲面修剪 6 的创建。

a）修剪前　　　　　b）修剪后

图 17.2.78 曲面修剪 6

Step50. 创建曲面合并 5。按住 Ctrl 键，在绘图区选取 Step48 所创建的修剪 5 和 Step49

所创建的修剪 6，单击 模型 功能选项卡 编辑▼ 区域中的 ⊙合并 按钮。单击 ✓ 按钮，完成曲面合并 5 的创建。

Step51. 创建图 17.2.79 所示的草图 7。在操控板中单击"草绘"按钮 ，选取 ASM_FRONT 基准平面为草绘平面，选取 ASM_TOP 基准平面为参考平面，方向为 上 ，单击对话框中的 草绘 按钮，绘制图 17.2.80 所示的草图。单击工具栏中的 ✓ 按钮，退出草绘环境，完成草图 7 的创建。

说明：此处斜矩形的位置要根据草图 4 的位置定义，要使斜矩形被草图 4 贯穿分割。由于草图 4 绘制形状的差异，读者在练习时的绘制草图尺寸与图 17.2.80 所示的草图尺寸可能有所不同。

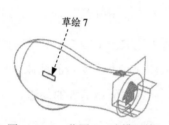

图 17.2.79 草图 7（建模环境）

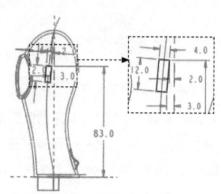

图 17.2.80 草图 7（草绘环境）

Step52. 创建图 17.2.81 所示的草图 8。在操控板中单击"草绘"按钮 ，选取 ASM_TOP 基准平面为草绘平面，选取 ASM_FRONT 基准平面为参考平面，方向为 上 ，单击对话框中的 草绘 按钮，绘制图 17.2.82 所示的截面草图。单击工具栏中的 ✓ 按钮，退出草绘环境，完成草图 8 的创建。

Step53. 创建图 17.2.83 所示的草图 9。在操控板中单击"草绘"按钮 ，选取 ASM_RIGHT 基准平面为草绘平面，选取 ASM_TOP 基准平面为参考平面，方向为 上 ，单击对话框中的 草绘 按钮，绘制图 17.2.84 所示的截面草图。单击工具栏中的 ✓ 按钮，退出草绘环境，完成草图 9 的创建。

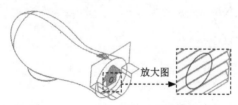

图 17.2.81 草图 8（建模环境）

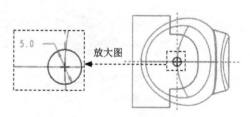

图 17.2.82 草图 8（草绘环境）

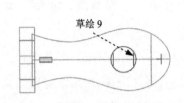

图 17.2.83　草图 9（建模环境）

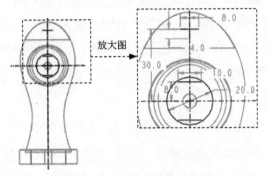

图 17.2.84　草图 9（草绘环境）

Step54. 创建图 17.2.85 所示的草图 10。在操控板中单击"草绘"按钮 ，选取 ASM_RIGHT 基准平面为草绘平面，选取 ASM_TOP 基准平面为参考平面，方向为 上 ，单击对话框中的 草绘 按钮，绘制图 17.2.86 所示的截面草图。单击工具栏中的 ✔ 按钮，退出草绘环境，完成草图 10 的创建。

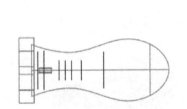

图 17.2.85　草图 10（建模环境）

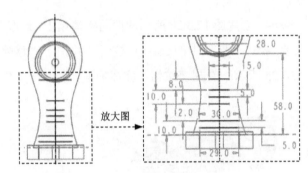

图 17.2.86　草图 10（草绘环境）

Step55. 保存模型文件，关闭骨架模型。

17.3　二　级　控　件

下面讲解二级控件（SECOND.PRT）的创建过程，零件模型及模型树如图 17.3.1 所示。

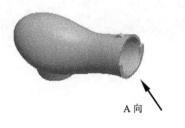

A 向

从 A 向查看

图 17.3.1　零件模型及模型树

Step1. 在装配体中创建二级控件（SECOND.PRT）。单击 模型 功能选项卡 元件 ▼ 区域中的"创建"按钮 ；此时系统弹出"元件创建"对话框，选中 类型 选项组中的 ◉ 零件 单选项，选中 子类型 选项组中的 ◉ 实体 单选项，然后在 名称 文本框中输入文件名 SECOND，单击 确定 按钮；在系统弹出的"创建选项"对话框中选中 ◉ 空 单选项，单击 确定 按钮。

Step2. 激活二级控件模型。在模型树中单击 ☐ SECOND.PRT，然后右击，在系统弹出的快捷菜单中选择 激活 命令；单击 模型 功能选项卡中的 获取数据 ▼ 按钮，在系统弹出的菜单中选择 合并/继承 命令，系统弹出"合并/继承"操控板，在该操控板中进行下列操作。在操控板中先确认"将参考类型设置为装配上下文"按钮 ⊠ 被按下，在操控板中单击 参考 选项卡，系统弹出"参考"界面；选中 ☑ 复制基准 复选框，然后选取骨架模型特征；单击"完成"按钮 ✓。

Step3. 在模型树中选择 ☐ SECOND.PRT，然后右击，在系统弹出的快捷菜单中选择 打开 命令。

Step4. 创建图 17.3.2b 所示的曲面实体化 1。选取图 17.3.2a 所示的面，单击 模型 功能选项卡 编辑 ▼ 区域中的 实体化 按钮，并按下"移除材料"按钮 ◿，定义实体化方向如图 17.3.2a 所示；单击 ✓ 按钮，完成曲面实体化 1 的创建。

a）实体化前　　　　　　　　　　b）实体化后

图 17.3.2　曲面实体化 1

Step5. 创建图 17.3.3b 所示的圆角特征 1。单击 模型 功能选项卡 工程 ▼ 区域中的 倒圆角 ▼ 按钮。选取图 17.3.3a 所示的边为圆角放置参照，在操控板的圆角尺寸文本框中输入圆角半径值 0.5，单击"完成"按钮 ✓。

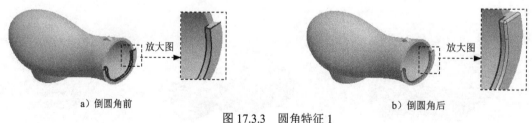

a）倒圆角前　　　　　　　　　　b）倒圆角后

图 17.3.3　圆角特征 1

Step6. 保存模型文件，然后关闭二级控件。

17.4 前 盖

下面讲解前盖（FRONT.PRT）的创建过程，零件模型及模型树如图17.4.1所示。

Step1. 在装配体中创建前盖（FRONT.PRT）。单击 模型 功能选项卡 元件▼ 区域中的"创建"按钮；此时系统弹出"元件创建"对话框，选中 类型 选项组中的 ⚪零件 单选项，选中 子类型 选项组中的 ⚪实体 单选项，然后在 名称 文本框中输入文件名 FRONT，单击 确定 按钮；在系统弹出的"创建选项"对话框中选中 ⚫空 单选项，单击 确定 按钮。

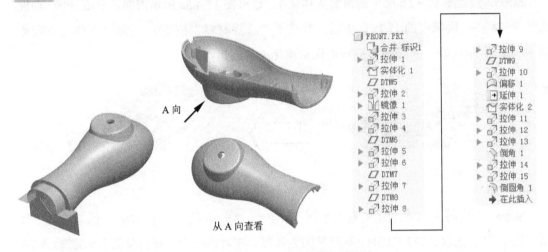

A向

从A向查看

图17.4.1 零件模型及模型树

Step2. 激活前盖模型。在模型树中单击 FRONT.PRT，然后右击，在系统弹出的快捷菜单中选择 激活 命令；单击 模型 功能选项卡中的 获取数据 ▼按钮，在系统弹出的菜单中选择 合并/继承 命令，系统弹出"合并/继承"操控板，在该操控板中进行下列操作。在操控板中先确认"将参考类型设置为装配上下文"按钮 被按下，在操控板中单击 参考 选项卡，系统弹出"参考"界面；选中 ☑复制基准 复选框，然后在模型树中选取 SECOND.PRT；单击"完成"按钮 ✓。

Step3. 在模型树中选择 FRONT.PRT，然后右击，在系统弹出的快捷菜单中选择 打开 命令。

Step4. 创建图17.4.2所示的拉伸曲面1。在操控板中单击"拉伸"按钮 拉伸，按下操控板中的"曲面类型"按钮。选取 ASM_FRONT 基准平面为草绘平面，选取 ASM_TOP 基准平面为参考平面，方向为 上；绘制图17.4.3所示的截面草图（用"投影"命令）。选取深度类型为，输入深度值为60.0；单击"完成"按钮 ✓，完成拉伸曲面1的创建。

说明：图17.4.3所示的草绘曲线是以骨架模型中的草绘4为投影参照绘制的，如图17.4.4所示。

图 17.4.2 拉伸曲面 1

图 17.4.3 截面草图

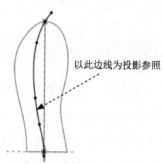

以此边线为投影参照

图 17.4.4 定义投影参照

Step5. 创建图 17.4.5b 所示的曲面实体化 1。选取图 17.4.5a 所示的面，单击 模型 功能选项卡 编辑 ▾ 区域中的 实体化 按钮，并按下 "移除材料" 按钮，定义实体化方向如图 17.4.5a 所示；单击 ✓ 按钮，完成曲面实体化 1 的创建。

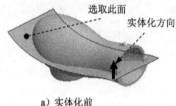

选取此面
实体化方向

a) 实体化前

b) 实体化后

图 17.4.5 曲面实体化 1

Step6. 创建图 17.4.6 所示的基准平面 5。单击 模型 功能选项卡 基准 ▾ 区域中的 "平面" 按钮；选取 ASM_RIGHT 基准平面为参照，在对话框中选择约束类型为 偏移，输入偏移值为 15.0，单击对话框中的 确定 按钮。

Step7. 创建图 17.4.7 所示的拉伸特征 2。在操控板中单击 "拉伸" 按钮 拉伸，选取 DTM5 基准平面为草绘平面，选取 ASM_TOP 基准平面为参考平面，方向为 右，绘制图 17.4.8 所示的截面草图；选取深度类型为 ，单击 按钮调整拉伸方向，单击 "加厚草绘" 按钮，输入厚度值为 1.0，并单击 按钮调整加厚方向（两侧对称加厚）；单击操控板中的 "完成" 按钮 ✓，完成拉伸特征 2 的创建。

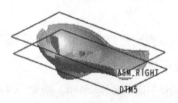

ASM_RIGHT
DTM5

图 17.4.6 基准平面 5

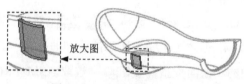

放大图

图 17.4.7 拉伸特征 2

Step8. 创建图 17.4.9b 所示的镜像特征 1。在模型树中选取 Step7 所创建的拉伸特征 2 为镜像对象；单击 模型 功能选项卡 编辑 ▾ 区域中的 "镜像" 按钮；选取图 17.4.9a 所示的 ASM_FRONT 基准平面为镜像中心平面；单击操控板中的 "完成" 按钮 ✓，完成镜像特征 1 的创建。

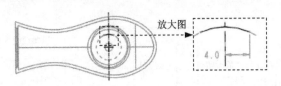

图 17.4.8　截面草图

a）镜像前　　　　　　　　　　　　　　　b）镜像后

图 17.4.9　镜像特征 1

Step9. 创建图 17.4.10 所示的拉伸特征 3。在操控板中单击"拉伸"按钮，选取 DTM5 基准平面为草绘平面，选取 ASM_FRONT 基准平面为参考平面，方向为上，绘制图 17.4.11 所示的截面草图（用"投影"命令）；选取深度类型为，单击按钮调整拉伸方向，单击"加厚草绘"按钮，输入厚度值为 1.0（向草图右侧加厚）；单击"完成"按钮，完成拉伸特征 3 的创建。

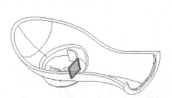

图 17.4.10　拉伸特征 3

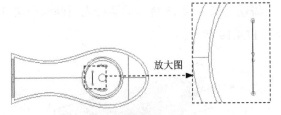

图 17.4.11　截面草图

说明：图 17.4.11 所示的草绘直线的两个端点分别与草图 9 中的一条直线的端点重合，如图 17.4.12 所示。

Step10. 创建图 17.4.13 所示的拉伸特征 4。在操控板中单击"拉伸"按钮，选取 DTM5 基准平面为草绘平面，选取 ASM_FRONT 基准平面为参考平面，方向为上，绘制图 17.4.14 所示的截面草图（用"投影"命令）；选取深度类型为，单击按钮调整拉伸方向，单击"加厚草绘"按钮，输入厚度值为 1.0（向草图左侧加厚）；单击"完成"按钮，完成拉伸特征 4 的创建。

说明：图 17.4.14 所示的草绘直线的两个端点分别与草绘 9 中的一条直线的端点重合，如图 17.4.15 所示。

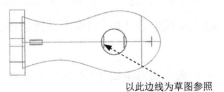

以此边线为草图参照

图 17.4.12　定义草图参照

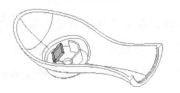

图 17.4.13　拉伸特征 4

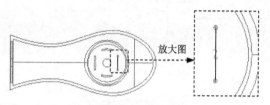

图 17.4.14　截面草图　　　　　　　　图 17.4.15　定义草图参照

Step11. 创建图 17.4.16 所示的基准平面 6。单击 模型 功能选项卡 基准 ▾ 区域中的"平面"按钮 ▱；选取 ASM_RIGHT 基准平面为参照，定义约束类型为 偏移，输入偏移值为 4.0，单击"基准平面"对话框中的 确定 按钮。

Step12. 创建图 17.4.17 所示的拉伸特征 5。在操控板中单击"拉伸"按钮 ◻拉伸，选取 DTM6 基准平面为草绘平面，选取 ASM_FRONT 基准平面为参考平面，方向为 上，绘制图 17.4.18 所示的截面草图（用"投影"命令 ◻）；选取深度类型为 ⯐，单击 ⯑ 按钮调整拉伸方向，单击"加厚草绘"按钮 ⊏，输入厚度值为 1.0（向草图左侧加厚）。单击"完成"按钮 ✔，完成拉伸特征 5 的创建。

说明： 图 17.4.18 所示的草绘直线的两个端点分别与草图 9 中的一条直线的端点重合，如图 17.4.19 所示。

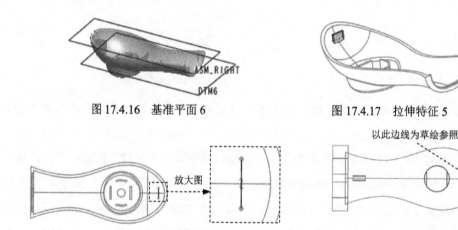

图 17.4.16　基准平面 6　　　　　　　　图 17.4.17　拉伸特征 5

图 17.4.18　截面草图　　　　　　　　图 17.4.19　定义草图参照

Step13. 创建图 17.4.20 所示的拉伸特征 6。在操控板中单击"拉伸"按钮 ◻拉伸，选取 ASM_RIGHT 基准平面为草绘平面，选取 ASM_FRONT 基准平面为参考平面，方向为 上，绘制图 17.4.21 所示的截面草图（用"投影"命令 ◻）；选取深度类型为 ⯐，单击 ⯑ 按钮调整拉伸方向，单击"加厚草绘"按钮 ⊏，输入厚度值为 1.0（向草图左侧加厚）。单击"完成"按钮 ✔，完成拉伸特征 6 的创建。

说明： 图 17.4.21 所示的草绘直线的两个端点分别与草图 10 中的一条直线的端点重合，如图 17.4.22 所示。

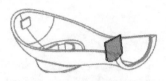

图 17.4.20 拉伸特征 6

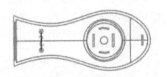

图 17.4.21 截面草图

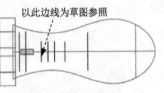

以此边线为草图参照

图 17.4.22 定义草图参照

Step14. 创建图 17.4.23 所示的基准平面 7。单击 模型 功能选项卡 基准 ▼ 区域中的 "平面" 按钮 ▢ ；选取 ASM_RIGHT 基准平面为参照，定义约束类型为 偏移 ，输入偏移值为 11.0。单击 "基准平面" 对话框中的 确定 按钮。

图 17.4.23 基准平面 7

Step15. 创建图 17.4.24 所示的拉伸特征 7。在操控板中单击 "拉伸" 按钮 拉伸 ，选取 DTM7 基准平面为草绘平面，选取 ASM_FRONT 基准平面为参考平面，方向为 上 ，绘制图 17.4.25 所示的截面草图（用 "投影" 命令 ▢ ）；选取深度类型为 ，单击 ╱ 按钮调整拉伸方向，单击 "加厚草绘" 按钮 ▢ ，输入厚度值为 1.0（向草图左侧加厚）。单击 "完成" 按钮 ✓ ，完成拉伸特征 7 的创建。

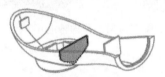

图 17.4.24 拉伸特征 7

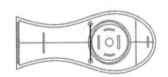

图 17.4.25 截面草图

说明： 图 17.4.25 所示的草绘直线的两个端点分别与草图 10 中的一条直线的端点重合，如图 17.4.26 所示。

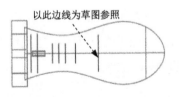

以此边线为草图参照

图 17.4.26 定义草图参照

Step16. 创建图 17.4.28 所示的拉伸特征 8。在操控板中单击 "拉伸" 按钮 拉伸 ，选取图 17.4.27 所示的 DTM8 基准平面为草绘平面，选取 ASM_FRONT 基准平面为参考平面，方向为 上 ，绘制图 17.4.29 所示的截面草图（用 "投影" 命令 ▢ ）；选取深度类型为 ，

单击 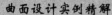 按钮调整拉伸方向，单击"加厚草绘"按钮 □ ，输入厚度值为 1.0（向草图左侧加厚），单击"完成"按钮 ✔ ，完成拉伸特征 8 的创建。

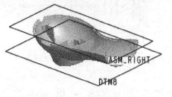

图 17.4.27　基准平面 8

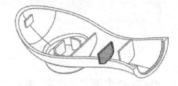

图 17.4.28　拉伸特征 8

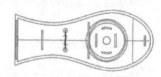

图 17.4.29　截面草图

说明：图 17.4.29 所示的草绘直线的两个端点分别与草图 10 中的一条直线的端点重合，如图 17.4.30 所示。

Step17. 创建图 17.4.31 所示的拉伸特征 9。在操控板中单击"拉伸"按钮 □拉伸 ，选取 DTM6 基准平面为草绘平面，选取 ASM_FRONT 基准平面为参考平面，方向为 上 ，绘制图 17.4.32 所示的截面草图（用"投影"命令 □）；选取深度类型为 ⊨ ，单击 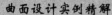 按钮调整拉伸方向，单击"加厚草绘"按钮 □ ，输入厚度值为 1.0（向两侧对称加厚）。单击"完成"按钮 ✔ ，完成拉伸特征 9 的创建。

说明：图 17.4.32 所示的草绘直线的两个端点分别与草绘 10 中的一条直线的端点重合，如图 17.4.33 所示。

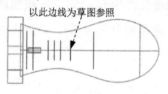

图 17.4.30　定义草图参照

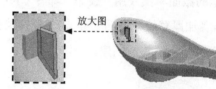

图 17.4.31　拉伸特征 9

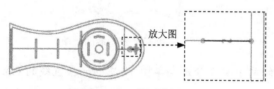

图 17.4.32　截面草图

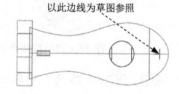

图 17.4.33　定义草图参照

Step18. 创建图 17.4.34 所示的基准平面 9。单击 模型 功能选项卡 基准▾ 区域中的"平面"按钮 □ ；选取 ASM_RIGHT 基准平面为参照，定义约束类型为 偏移 ，输入偏移值为 1.5。单击"基准平面"对话框中的 确定 按钮。

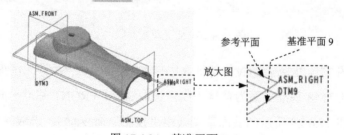

图 17.4.34　基准平面 9

Step19. 创建图 17.4.35 所示的拉伸特征 10。在操控板中单击"拉伸"按钮 [ ] 拉伸，选取 DTM9 基准平面为草绘平面，选取 ASM_FRONT 基准平面为参考平面，方向为 [上]，绘制图 17.4.36 所示的截面草图（用"投影"命令 □）；选取深度类型为 ⊥，选取图 17.4.37 所示的曲面为拉伸终止面，单击"加厚草绘"按钮 [ ] （向内加厚），输入厚度值为 1.0。单击"完成"按钮 ✓，完成拉伸特征 10 的创建。

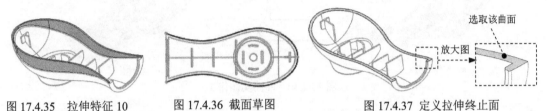

图 17.4.35 拉伸特征 10   图 17.4.36 截面草图   图 17.4.37 定义拉伸终止面

Step20. 创建图 17.4.38b 所示的偏移曲面 1。在绘图区选取图 17.4.38a 所示的面，单击 [模型] 功能选项卡 [编辑 ▼] 区域中的 [偏移] 按钮，系统弹出"偏移"操控板；在操控板的距离文本框中输入值 1.0，定义偏移方向如图 17.4.38a 所示；单击 ✓ 按钮，完成偏移曲面 1 的创建。

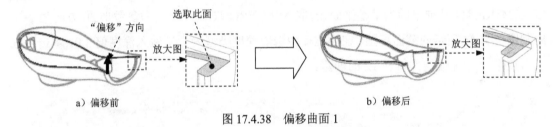

a）偏移前   b）偏移后

图 17.4.38 偏移曲面 1

Step21. 创建图 17.4.39b 所示的曲面延伸 1。选取图 17.4.39a 所示的边线，单击 [模型] 功能选项卡 [编辑 ▼] 区域中的 [延伸] 按钮；在操控板中输入延伸值 5.0；在操控板中单击"完成"按钮 ✓，完成曲面延伸 1 的创建。

a）延伸前   b）延伸后

图 17.4.39 曲面延伸 1

说明：图 17.4.39a 所示的边线为图 17.4.38b 所示创建的偏移曲面 1 的外边线。

Step22. 创建图 17.4.40b 所示的曲面实体化 2。在绘图区选取图 17.4.40a 所示的曲面，单击 [模型] 功能选项卡 [编辑 ▼] 区域中的 [实体化] 按钮，并按下"移除材料"按钮 △，使去除材料的方向如图 17.4.40a 所示；单击 ✓ 按钮，完成曲面实体化 2 的创建。

Step23. 创建图 17.4.41 所示的拉伸特征 11。在操控板中单击"拉伸"按钮 [ ] 拉伸。选取 ASM_RIGHT 基准平面为草绘平面,选取 ASM_FRONT 基准平面为参考平面,方向为 上,绘制图 17.4.42 所示的截面草图,在操控板中选取深度类型为 ⬒;单击"完成"按钮 ✔,完成拉伸特征 11 的创建。

图 17.4.40　曲面实体化 2

图 17.4.41　拉伸特征 11

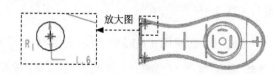

图 17.4.42　截面草图

Step24. 创建图 17.4.43 所示的拉伸特征 12。在操控板中单击"拉伸"按钮 ⬚ 拉伸。选取 ASM_RIGHT 基准平面为草绘平面,选取 ASM_FRONT 基准平面为参考平面,方向为 上,绘制图 17.4.44 所示的截面草图,在操控板中选取深度类型为 ⬓,输入深度值 3.0;单击"完成"按钮 ✔,完成拉伸特征 12 的创建。

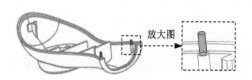

图 17.4.43　拉伸特征 12

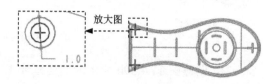

图 17.4.44　截面草图

Step25. 创建图 17.4.45 所示的拉伸特征 13。在操控板中单击"拉伸"按钮 ⬚ 拉伸。选取 DTM3 基准平面为草绘平面,选取 ASM_FRONT 基准平面为参考平面,方向为 上,绘制图 17.4.46 所示的截面草图(用"投影"命令 ▢),在操控板中选取深度类型为 ⬒,再单击"去除材料"按钮 ⬕;单击"完成"按钮 ✔,完成拉伸特征 13 的创建。

说明:图 17.4.46 所示的截面草图的轨迹与草图 8 中的轨迹线重合。

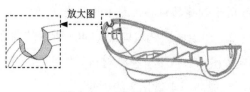

图 17.4.45　拉伸特征 13

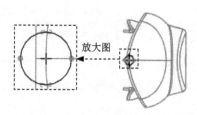

图 17.4.46　截面草图

Step26. 创建图 17.4.47b 所示的倒角特征 1。单击 模型 功能选项卡 工程 ▾ 区域中的 ▾ 倒角 ▾ 按钮。选取图 17.4.47a 所示的边线，在操控板中选取倒角方案 D x D ，输入值为 0.5。在操控板中单击"完成"按钮 ✔ ，完成倒角特征 1 的创建。

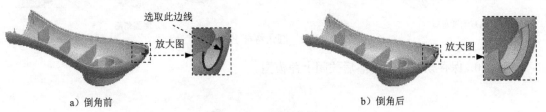

a）倒角前　　　　　　　　　　　　　　　b）倒角后

图 17.4.47　倒角特征 1

Step27. 创建图 17.4.48 所示的拉伸特征 14。在操控板中单击"拉伸"按钮 ⬚ 拉伸 。选取 ASM_FRONT 基准平面为草绘平面，选取 ASM_RIGHT 基准平面为参考平面，方向为 上 ，绘制图 17.4.49 所示的截面草图，在操控板中选取深度类型为 ⽇ ，再单击"去除材料"按钮 ⬚ ；单击"完成"按钮 ✔ ，完成拉伸特征 14 的创建。

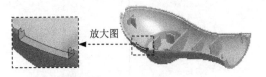

图 17.4.48　拉伸特征 14

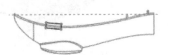

图 17.4.49　截面草图

说明：图 17.4.49 所示的截面草图的轨迹分别与草图 7 中的轨迹线重合。

Step28. 创建图 17.4.50 所示的拉伸特征 15。在操控板中单击"拉伸"按钮 ⬚ 拉伸 。选取 ASM_TOP 基准平面为草绘平面，选取 ASM_FRONT 基准平面为参考平面，方向为 上 ，绘制图 17.4.51 所示的截面草图，在操控板中选取深度类型为 ⬚ ，输入深度值 45.0，再单击"去除材料"按钮 ⬚ ；单击"完成"按钮 ✔ ，完成拉伸特征 15 的创建。

图 17.4.50　拉伸特征 15

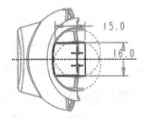

图 17.4.51　截面草图

Step29. 创建图 17.4.52b 所示圆角特征 1。单击 模型 功能选项卡 工程 ▾ 区域中的 ▾ 倒圆角 ▾ 按钮，系统弹出"倒圆角"操控板；选取图 17.4.52a 所示的边线为圆角放置参照，在操控板的圆角尺寸文本框中输入圆角半径值 1.0；在操控板中单击"完成"按钮 ✔ ，完成圆角特征 1 的创建。

此边线为圆角放置参照

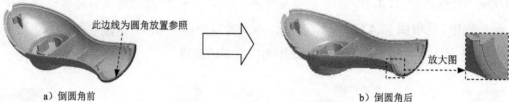
放大图

a) 倒圆角前

图 17.4.52　圆角特征 1

b) 倒圆角后

Step30. 保存模型文件，然后关闭上盖模型。

17.5　后　　盖

下面讲解后盖（BACK.PRT）的创建过程，零件模型及模型树如图 17.5.1 所示。

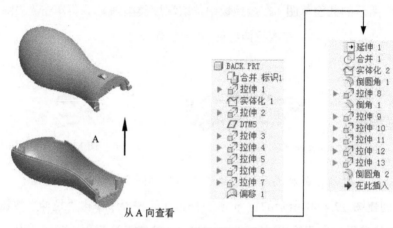

A

从 A 向查看

图 17.5.1　零件模型及模型树

Step1. 在装配体中创建后盖（BACK.PRT）。单击 模型 功能选项卡 元件 ▼ 区域中的"创建"按钮 ；此时系统弹出"元件创建"对话框，选中 类型 选项组中的 ◉ 零件 单选项，选中 子类型 选项组中的 ◉ 实体 单选项，然后在 名称 文本框中输入文件名 BACK，单击 确定 按钮；在系统弹出的"创建选项"对话框中选中 ◉ 空 单选项，单击 确定 按钮。

Step2. 激活后盖模型。在模型树中单击 □ BACK.PRT，然后右击，在系统弹出的快捷菜单中选择 激活 命令；单击 模型 功能选项卡中的 获取数据 ▼ 按钮，在系统弹出的菜单中选择 合并/继承 命令，系统弹出"合并/继承"操控板，在该操控板中进行下列操作。在操控板中先确认"将参考类型设置为装配上下文"按钮 ⊠ 被按下；在操控板中单击 参考 按钮，系统弹出"参考"界面；选中 ☑ 复制基准 复选框，在模型树中选取 SECOND.PRT；单击"完成"按钮 ✔。

Step3. 在模型树中选择 □ BACK.PRT，然后右击，在系统弹出的快捷菜单中选择 打开 命令。

Step4. 创建图 17.5.2 所示的拉伸曲面 1。在操控板中单击"拉伸"按钮 拉伸，按下操控板中的"曲面类型"按钮 。选取 ASM_FRONT 基准平面为草绘平面，选取 ASM_TOP

基准平面为参考平面，方向为 上，绘制图 17.5.3 所示的截面草图（用"投影"命令 ▢ ）。选取深度类型为 ⊟，输入深度值为 60.0；单击"完成"按钮 ✔，完成拉伸曲面 1 的创建。

　　说明：图 17.5.3 所示的草绘曲线是以骨架模型中的草图 4 为参照绘制的，如图 17.5.4 所示。

　　Step5. 创建图 17.5.5b 所示的曲面实体化 1。选取图 17.5.5a 所示的面，单击 模型 功能选项卡 编辑 ▾ 区域中的 ⛶ 实体化 按钮，并按下"移除材料"按钮 ◿，定义实体化方向如图 17.5.5a 所示；单击 ✔ 按钮，完成曲面实体化 1 的创建。

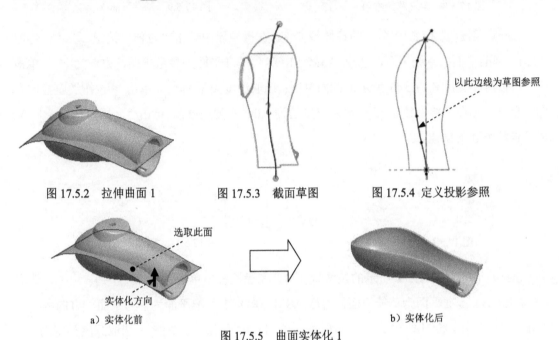

图 17.5.2 拉伸曲面 1　　　图 17.5.3 截面草图　　　图 17.5.4 定义投影参照

图 17.5.5 曲面实体化 1

　　Step6. 创建图 17.5.6 所示的拉伸特征 2。在操控板中单击"拉伸"按钮 ⬚ 拉伸，选取 ASM_RIGHT 基准平面为草绘平面，选取 ASM_FRONT 基准平面为参考平面，方向为 上，单击 反向 按钮，绘制图 17.5.7 所示的截面草图（用"投影"命令 ▢ ）；选取深度类型为 ⇌，单击 ⤢ 按钮调整拉伸方向，单击"加厚草绘"按钮 ⊏，输入厚度值为 1.0（两侧加厚）。单击"完成"按钮 ✔，完成拉伸特征 2 的创建。

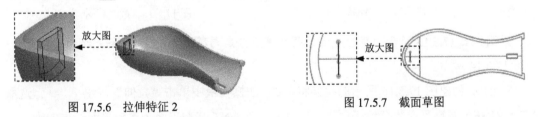

图 17.5.6 拉伸特征 2　　　　　　　　　　图 17.5.7 截面草图

　　说明：图 17.5.7 所示的草绘直线的两个端点分别与草图 9 中的一条直线的端点重合，如图 17.5.8 所示。

Step7. 创建图 17.5.9 所示的基准平面 5。单击 模型 功能选项卡 基准 ▼ 区域中的"平面"按钮 ▱；选取 ASM_RIGHT 基准平面为参照，定义约束类型为偏移，输入偏移值为 8.0，单击"基准平面"对话框中的 确定 按钮，完成基准平面 5 的创建。

以此边线为草绘参照

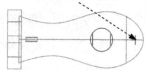

图 17.5.8　定义草绘参照　　　　　　　　　图 17.5.9　基准平面 5

Step8. 创建图 17.5.10 所示的拉伸特征 3。在操控板中单击"拉伸"按钮 拉伸，选取 DTM5 基准平面为草绘平面，选取 ASM_FRONT 基准平面为参考平面，方向为 上，单击 反向 按钮，绘制图 17.5.11 所示的截面草图；选取深度类型为 ⯜，单击 ⯍ 按钮调整拉伸方向，单击"加厚草绘"按钮 ⊏，输入厚度值为 1.0（两侧加厚）。单击"完成"按钮 ✓，完成拉伸特征 3 的创建。

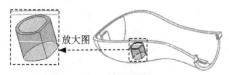

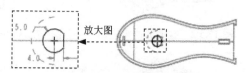

图 17.5.10　拉伸特征 3　　　　　　　　　图 17.5.11　截面草图

Step9. 创建图 17.5.12 所示的拉伸特征 4。在操控板中单击"拉伸"按钮 拉伸，选取 ASM_RIGHT 基准平面为草绘平面，选取 ASM_FRONT 基准平面为参考平面，方向为 上，单击 反向 按钮，绘制图 17.5.13 所示的截面草图（用"投影"命令 ▢）；选取深度类型为 ⯜，单击 ⯍ 按钮调整拉伸方向，单击"加厚草绘"按钮 ⊏，输入厚度值为 1.0（向左侧加厚）；单击"完成"按钮 ✓，完成拉伸特征 4 的创建。

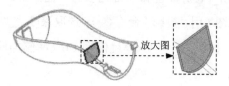

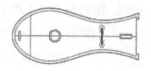

图 17.5.12　拉伸特征 4　　　　　　　　　图 17.5.13　截面草图

说明： 图 17.5.13 所示的草绘直线的两个端点分别与草图 10 中的一条直线的端点重合，如图 17.5.14 所示。

Step10. 创建图 17.5.15 所示的拉伸特征 5。在操控板中单击"拉伸"按钮 拉伸，选取 ASM_RIGHT 基准平面为草绘平面，选取 ASM_FRONT 基准平面为参考平面，方向为 上，绘制图 17.5.16 所示的截面草图（用"投影"命令 ▢）；选取深度类型为 ⯜，单击 ⯍ 按钮调整拉伸方向，单击"加厚草绘"按钮 ⊏，输入厚度值为 1.0（向左侧加厚）。单击"完成"

按钮 ✔，完成拉伸特征 5 的创建。

　　说明：图 17.5.16 所示的草绘直线的两个端点分别与草图 10 中的一条直线的端点重合，如图 17.5.17 所示。

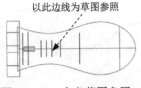

图 17.5.14 定义草图参照

图 17.5.15 拉伸特征 5

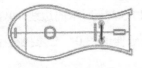

图 17.5.16 截面草图

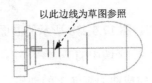

图 17.5.17 定义草图参照

　　Step11. 创建图 17.5.18 所示的拉伸特征 6。在操控板中单击"拉伸"按钮 ⬚拉伸，选取 ASM_RIGHT 基准平面为草绘平面，选取 ASM_FRONT 基准平面为参考平面，方向为 上，单击 反向 按钮，绘制图 17.5.19 所示的截面草图；选取深度类型为 ⊟，单击 ╱ 按钮调整拉伸方向，单击"加厚草绘"按钮 ⬚，输入厚度值为 1.0（两侧加厚）。单击"完成"按钮 ✔，完成拉伸特征 6 的创建。

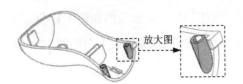

图 17.5.18 拉伸特征 6

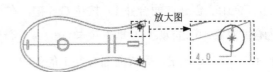

图 17.5.19 截面草图

　　Step12. 创建图 17.5.20 所示的拉伸特征 7。在操控板中单击"拉伸"按钮 ⬚拉伸。在操控板中应确认"曲面"按钮 ⬚ 被按下。选取 ASM_RIGHT 基准平面为草绘平面，选取 ASM_FRONT 基准平面为参考平面，方向为 上；绘制图 17.5.21 所示的截面草图（用"偏移"命令 ⬚）；选取深度类型为 ⬚，输入深度值 30.0；单击"完成"按钮 ✔，完成拉伸特征 7 的创建。

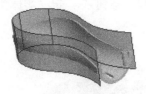

图 17.5.20 拉伸特征 7

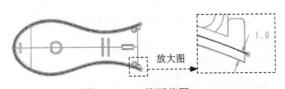

图 17.5.21 截面草图

　　Step13. 创建图 17.5.22b 所示的偏移曲面 1（拉伸特征 7 已隐藏）。在绘图区选取图

17.5.22a 所示的面，单击 模型 功能选项卡 编辑 ▾ 区域中的 🗍 偏移 按钮，系统弹出"偏移"操控板；在操控板距离文本框中输入值 1.0，定义偏移方向如图 17.5.22a 所示；单击 ✔ 按钮，完成偏移曲面 1 的创建。

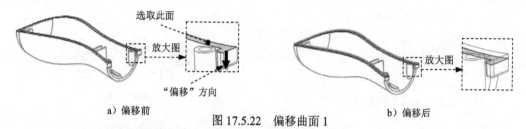

图 17.5.22　偏移曲面 1

Step14. 创建图 17.5.23b 所示的曲面延伸 1。选取图 17.5.23a 所示的边线，单击 模型 功能选项卡 编辑 ▾ 区域中的 🗋 延伸 按钮；在操控板中输入延伸值 3.0；在操控板中单击"完成"按钮 ✔，完成曲面延伸 1 的创建。

说明：图 17.5.23a 所示的边线为图 17.5.22b 所示创建的偏移曲面 1 的边线。

图 17.5.23　曲面延伸 1

Step15. 创建曲面合并 1。按住 Ctrl 键，在绘图区选取图 17.5.24 所示的曲面 1 和曲面 2 为合并对象；单击 模型 功能选项卡 编辑 ▾ 区域中的 🗗 合并 按钮，调整箭头方向如图 17.5.24 所示；单击 ✔ 按钮，完成曲面合并 1 的创建。

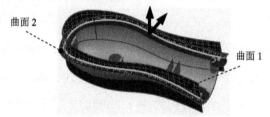

图 17.5.24　定义合并参照

Step16. 创建图 17.5.25b 所示的曲面实体化 2。选取图 17.5.25a 所示的曲面，单击 模型 功能选项卡 编辑 ▾ 区域中的 🗇 实体化 按钮，并按下"移除材料"按钮 🗗，定义实体化方向如图 17.5.25a 所示。单击 ✔ 按钮，完成曲面实体化 2 的创建。

图 17.5.25　曲面实体化 2

Step17. 创建图 17.5.26b 所示的圆角特征 1。单击 模型 功能选项卡 工程 ▼ 区域中的 🔾倒圆角 ▼ 按钮。按住 Ctrl 键，选取图 17.5.26a 所示的边线为圆角放置参照，圆角半径值为 1.0。在操控板中单击"完成"按钮 ✔，完成圆角特征 1 的创建。

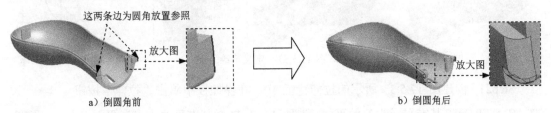

a）倒圆角前 b）倒圆角后

图 17.5.26 圆角特征 1

Step18. 创建图 17.5.27 所示的拉伸特征 8。在操控板中单击"拉伸"按钮 拉伸。选取 DTM3 基准平面为草绘平面，选取 ASM_FRONT 基准平面为参考平面，方向为 上，绘制图 17.5.28 所示的截面草图（用"投影"命令 □），在操控板中选取深度类型为 非，再单击"去除材料"按钮 ；单击"完成"按钮 ✔，完成拉伸特征 8 的创建。

说明：图 17.5.28 所示的截面草图使用了骨架模型的草图 8。

图 17.5.27 拉伸特征 8 图 17.5.28 截面草图

Step19. 创建图 17.5.29b 所示的倒角特征 1。单击 模型 功能选项卡 工程 ▼ 区域中的 🔾倒角 ▼ 按钮，系统弹出"倒角"操控板；选取图 17.5.29a 所示的边线为倒角放置参照，在操控板中选取倒角方案 D x D，输入值 0.5。在操控板中单击"完成"按钮 ✔，完成倒角特征 1 的创建。

a）倒角前 b）倒角后

图 17.5.29 倒角特征 1

Step20. 创建图 17.5.30 所示的拉伸特征 9。在操控板中单击"拉伸"按钮 拉伸，选取图 17.5.31 所示的平面为草绘平面，选取 ASM_FRONT 基准平面为参考平面，方向为 上，绘制图 17.5.32 所示的截面草图；选取深度类型为 止，输入深度值为 2.0。单击操控板中的"完成"按钮 ✔，完成拉伸特征 9 的创建。

说明：图 17.5.32 所示的截面草图中的圆弧轨迹用"投影"命令 □ 来绘制。

图 17.5.30　拉伸特征 9

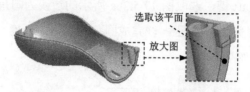

图 17.5.31　定义草绘平面

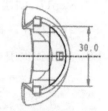

图 17.5.32　截面草图

Step21. 创建图 17.5.33 所示的拉伸特征 10。在操控板中单击"拉伸"按钮 ⬠拉伸。选取 ASM_FRONT 基准平面为草绘平面，选取 ASM_TOP 基准平面为参考平面，方向为 左，绘制图 17.5.34 所示的截面草图，在操控板中选取深度类型为 ⯐，再单击"去除材料"按钮 ⬡；单击"完成"按钮 ✓，完成拉伸特征 10 的创建。

图 17.5.33　拉伸特征 10

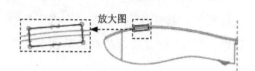

图 17.5.34　截面草图

说明：图 17.5.34 所示的截面草图的轨迹分别与草图 7 中的轨迹线重合。

Step22. 创建图 17.5.35 所示的拉伸特征 11。在操控板中单击"拉伸"按钮 ⬠拉伸。选取图 17.5.36 所示的平面 1 为草绘平面，选取图 17.5.36 所示的平面 2 为参考平面，方向为 上，绘制图 17.5.37 所示的截面草图，在操控板中选取深度类型为 ⯐，输入深度值 15.0，再单击"去除材料"按钮 ⬡；单击"完成"按钮 ✓，完成拉伸特征 11 的创建。

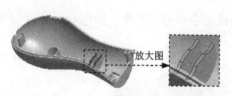

图 17.5.35　拉伸特征 11

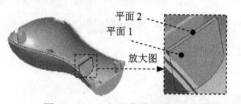

图 17.5.36　定义草绘和参照平面

Step23. 创建图 17.5.38 所示的拉伸特征 12。在操控板中单击"拉伸"按钮 ⬠拉伸。选取图 17.5.39 所示的平面为草绘平面，选取 ASM_FRONT 基准平面为参考平面，方向为 上，绘制图 17.5.40 所示的截面草图，在操控板中选取深度类型为 ⯐，再单击"去除材料"按钮 ⬡；单击"完成"按钮 ✓，完成拉伸特征 12 的创建。

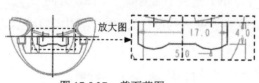

图 17.5.37　截面草图

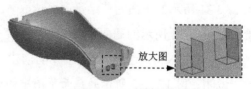

图 17.5.38　拉伸特征 12

图 17.5.39 定义草绘平面

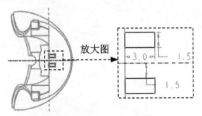

图 17.5.40 截面草图

Step24. 创建图 17.5.41 所示的拉伸特征 13。在操控板中单击"拉伸"按钮 ⬜拉伸。选取图 17.5.42 所示的平面为草绘平面，选取 ASM_FRONT 基准平面为参考平面，方向为 上，绘制图 17.5.43 所示的截面草图，在操控板中选取深度类型为 ⬜，输入深度值 0.5；单击"完成"按钮 ✔，完成拉伸特征 13 的创建。

图 17.5.41 拉伸特征 13

图 17.5.42 定义草绘平面

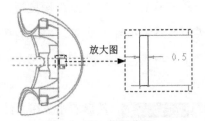

图 17.5.43 截面草图

Step25. 创建图 17.5.44b 所示的圆角特征 2。单击 模型 功能选项卡 工程 ▼ 区域中的 ⬜倒圆角 ▼ 按钮，选取图 17.5.44a 所示的边线为圆角放置参照，在操控板的圆角尺寸文本框中输入圆角半径值 0.2；在操控板中单击"完成"按钮 ✔，完成圆角特征 2 的创建。

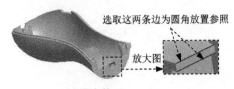

a) 倒圆角前

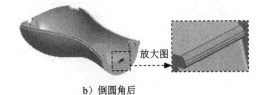

b) 倒圆角后

图 17.5.44 圆角特征 2

Step26. 保存模型文件。

17.6 下　　盖

下面讲解下盖（DOWN_COVER.PRT）的创建过程，零件模型及模型树如图 17.6.1 所示。

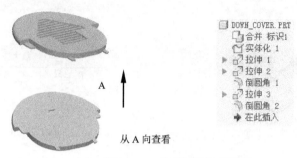

从 A 向查看

图 17.6.1　零件模型及模型树

Step1. 在装配体中创建下盖（DOWN_COVER.PRT）。单击 模型 功能选项卡 元件▾ 区域中的"创建"按钮；此时系统弹出"元件创建"对话框，选中 类型 选项组中的 ◉零件 单选项；选中 子类型 选项组中的 ◉实体 单选项；在 名称 文本框中输入文件名 DOWN_COVER，单击 确定 按钮；在系统弹出的"创建选项"对话框中选中 ◉空 单选项，单击 确定 按钮。

Step2. 激活玩具风扇下盖模型。在模型树中单击 DOWN_COVE.PRT，然后右击，在系统弹出的快捷菜单中选择 激活 命令；单击 模型 功能选项卡中的 获取数据▾ 按钮，在系统弹出的菜单中选择 合并/继承 命令，系统弹出"合并/继承"操控板，在该操控板中进行下列操作。在操控板中先确认"将参考类型设置为组件上下文"按钮 被按下，在操控板中单击 参考 按钮，系统弹出"参考"界面；选中 ☑复制基准 复选框，在模型树中选取 FIRST.PRT；单击"完成"按钮✔。

Step3. 在模型树中选择 DOWN COVE.PRT，然后右击，在系统弹出的快捷菜单中选择 打开 命令。

Step4. 创建图 17.6.2b 所示的曲面实体化 1。选取图 17.6.2a 所示的面，单击 模型 功能选项卡 编辑▾ 区域中的 实体化 按钮，并按下"移除材料"按钮；定义"实体化"方向如图 17.6.2a 所示；单击✔按钮，完成曲面实体化 1 的创建。

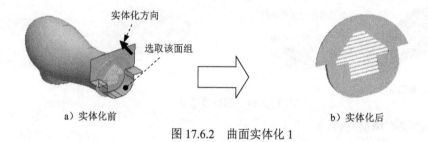

a）实体化前　　　　　　　　　b）实体化后

图 17.6.2　曲面实体化 1

Step5. 创建图 17.6.3 所示的拉伸特征 1。在操控板中单击"拉伸"按钮。选取图 17.6.4 所示的平面为草绘平面，选取 ASM_RIGHT 基准平面为参考平面，方向为 上，绘制图 17.6.5 所示的截面草图，在操控板中选取深度类型为 ，输入深度值 0.5；单击"完成"按钮✔，完成拉伸特征 1 的创建。

图 17.6.3　拉伸特征 1

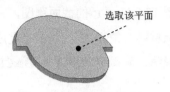

图 17.6.4　定义草绘平面

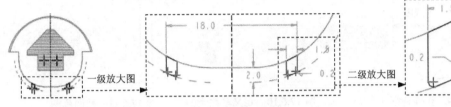

图 17.6.5　截面草图

Step6. 创建图 17.6.6 所示的拉伸特征 2。在操控板中单击"拉伸"按钮 拉伸。选取图 17.6.4 所示的平面为草绘平面，选取 ASM_RIGHT 基准平面为参考平面，方向为 上，绘制图 17.6.7 所示的截面草图，在操控板中选取深度类型为 ，输入深度值 0.5；单击"完成"按钮 ，完成拉伸特征 2 的创建。

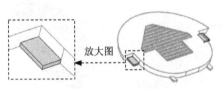

图 17.6.6　拉伸特征 2

图 17.6.7　截面草图

Step7. 创建图 17.6.8b 所示的圆角特征 1。单击 模型 功能选项卡 工程 ▾ 区域中的 倒圆角 ▾ 按钮，选取图 17.6.8a 所示的两条边线为圆角放置参照，在操控板的圆角尺寸文本框中输入圆角半径值 1.0；在操控板中单击"完成"按钮 ，完成圆角特征 1 的创建。

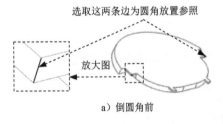

a）倒圆角前

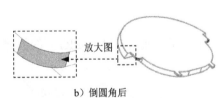

b）倒圆角后

图 17.6.8　圆角特征 1

Step8. 单击关闭按钮 ▾ 右边的小三角箭头，选择 1 TOY_FAN.ASM，系统将在工作区中显示出装配体界面，在模型树中单击 DOWN_COVE.PRT，然后右击，在系统弹出的快捷菜单中选择 激活 命令。

Step9. 创建图 17.6.9 所示的拉伸特征 3。在操控板中单击"拉伸"按钮 拉伸。选取图 17.6.10 所示的平面为草绘平面，选取 ASM_FRONT 基准平面为参考平面，方向为 上，

绘制图 17.6.11 所示的截面草图，在操控板中选取深度类型为 ⊥，输入深度值 0.5，再单击
"去除材料"按钮 ⬡；单击"完成"按钮 ✓，完成拉伸特征 3 的创建。

说明：草图中的参考是 BACK.PRT 中的拉伸特征 9、拉伸特征 12、拉伸特征 13 的
边线。

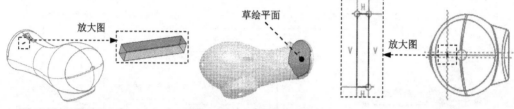

图 17.6.9　拉伸特征 3　　　图 17.6.10　定义草绘平面　　　图 17.6.11　截面草图

Step10. 选择下拉菜单 窗口(W) ➡ DOWN_COVER.PRT 命令，系统将窗口切换到零件界面。

Step11. 创建图 17.6.12b 所示的圆角特征 2。单击 模型 功能选项卡 工程 ▾ 区域中的
🔲 倒圆角 ▾ 按钮。按住 Ctrl 键，选取图 17.6.12a 所示的边线为圆角放置参照，圆角半径值为
1.0，在操控板中单击"完成"按钮 ✓，完成圆角特征 2 的创建。

a）倒圆角前　　　　　　　　　　　　　　　　　　　　　b）倒圆角后

图 17.6.12　圆角特征 2

Step12. 保存模型文件。

17.7　轴

下面讲解轴（SHAFT.PRT）的创建过程，零件模型及模型树如图 17.7.1 所示。

图 17.7.1　零件模型及模型树

Step1. 在装配体中创建轴（SHAFT.PRT）。单击 模型 功能选项卡 元件 ▾ 区域中的
"创建"按钮 🔲；此时系统弹出"元件创建"对话框，选中 类型 选项组中的 ⦿ 零件 单选项；
选中 子类型 选项组中的 ⦿ 实体 单选项；在 名称 文本框中输入文件名 SHAFT，单击 确定 按
钮；在系统弹出的"创建选项"对话框中选中 ⦿ 空 单选项，单击 确定 按钮。

Step2. 在模型树中选择 □ SHAFT.PRT，然后右击，在系统弹出的快捷菜单中选择 激活 命令

Step3. 创建图 17.7.2 所示的拉伸特征 1。在操控板中单击"拉伸"按钮 拉伸。选取 DTM4 基准平面为草绘平面，选取 ASM_FRONT 基准平面为参考平面，方向为 上，绘制图 17.7.3 所示的截面草图，在操控板中选取深度类型为 止，单击 选项 按钮，在"第一侧"对话框中输入深度值 20.0，在"第二侧"对话框中选取 止 盲孔，输入深度值 5.0；单击"完成"按钮 ✔，完成拉伸特征 1 的创建。

图 17.7.2　拉伸特征 1　　　　图 17.7.3　截面草图

Step4. 保存模型文件。

17.8　三级控件

下面讲解三级控件（THIRD.PRT）的创建过程，零件模型及模型树如图 17.8.1 所示。

Step1. 在装配体中创建三级控件（THIRD.PRT）。单击 模型 功能选项卡 元件 ▾ 区域中的"创建"按钮 ；此时系统弹出"元件创建"对话框，选中 类型 选项组中的 ◉ 零件 单选项；选中 子类型 选项组中的 ◉ 实体 单选项；在 名称 文本框中输入文件名 THIRD，单击 确定 按钮；在系统弹出的"创建选项"对话框中选中 ◉ 空 单选项，单击 确定 按钮。

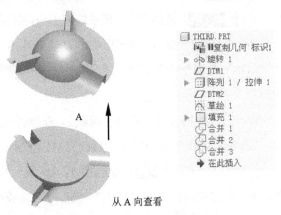

图 17.8.1　零件模型及模型树

Step2. 激活三级控件。在模型树中单击 □ THIRD.PRT，然后右击，在系统弹出的快捷菜单中选择 激活 命令；单击 模型 功能选项卡 获取数据 ▾ 区域中的"复制几何"按钮 。系统弹出"复制几何"操控板，在该操控板中进行下列操作。在"复制几何"操控板中先确认"将参考类型设置为装配上下文"按钮 被按下，然后单击"仅限发布几何"按钮 （使

此按钮为弹起状态），在"复制几何"操控板中单击 参考 按钮，系统弹出"参考模型"界面；单击 参考 区域中的 单击此处添加项 字符。在"智能选取栏"的下拉列表中选择"基准平面"选项，按住 Ctrl 键，在绘图区依次选取装配文件中的三个基准平面，在"复制几何"操控板中单击 选项 按钮，选中 ⊙ 按原样复制所有曲面 单选项，在"复制几何"操控板中单击"完成"按钮✓，完成操作后，所选的基准平面被复制到 THIRD.PRT 中。

Step3. 创建图 17.8.2 所示的旋转特征 1（模型文件 SECOND.PRT、FRONT.PRT、BACK.PRT 和 DOWN_COVER.PRT 被隐藏）。单击 模型 功能选项卡 形状 ▼ 区域中的"旋转"按钮 ◌ 旋转；在图形区右击，从系统弹出的快捷菜单中选择 定义内部草绘... 命令，进入"草绘"对话框，选取 ASM_FRONT 基准平面为草绘平面，选取 ASM_RIGHT 基准平面为草绘参照，方向为 下；单击对话框中的 草绘 按钮；进入截面草绘环境后，选取 DTM4 基准平面为草绘参照，绘制图 17.8.3 所示的旋转轴和截面草图（开放截面），完成截面绘制后，单击"完成"按钮✓；在操控板中选取旋转类型 ⊥（即"定值"），输入旋转角度值 360.0；单击"加厚草绘"按钮 ◻，输入厚度值为 2.0（向内加厚）；单击"完成"按钮✓，完成旋转特征 1 的创建。

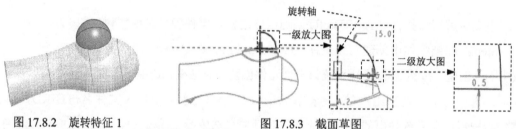

图 17.8.2　旋转特征 1　　　　　图 17.8.3　截面草图

Step4. 在模型树中单击 THIRD.PRT，然后右击，在系统弹出的快捷菜单中选择 打开 命令。

Step5. 创建图 17.8.4 所示的基准平面 1。单击 模型 功能选项卡 基准 ▼ 区域中的"平面"按钮 ◻；选取 ASM_FRONT 基准平面为参照，定义约束类型为 偏移，输入偏移值为 5.0，单击对话框中的 确定 按钮。

Step6. 创建图 17.8.5 所示的拉伸特征 1（曲面已隐藏）。在操控板中单击"拉伸"按钮 ◻ 拉伸，在操控板中确认"曲面"按钮 ◻ 被按下；选取 DTM1 基准平面为草绘平面，选取 ASM_RIGHT 基准平面为参考平面，方向为 右，绘制图 17.8.6 所示的截面草图；选取深度类型为 ⊥，输入深度值 20.0；单击操控板中的"完成"按钮✓，完成拉伸特征 1 的创建。

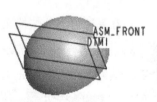　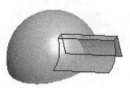　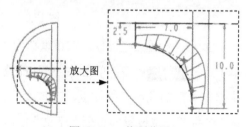

图 17.8.4　基准平面 1　　图 17.8.5　拉伸特征 1　　　　图 17.8.6　截面草图

Step7. 创建图 17.8.7b 所示的阵列特征 1。在模型树中选取拉伸特征并右击，选择 ⊞ 命令；在操控板的 选项 界面中选中 常规 单选项；在操控板中单击 轴 按钮，在绘图区选取图 17.8.7b 所示的轴，输入旋转角度值 120.0，在操控板中输入第一方向的阵列数目 3，在操控板中输入第二方向的阵列数目 1，并按 Enter 键；单击"完成"按钮 ✓，完成阵列特征 1 的创建。

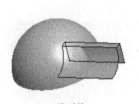
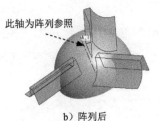

此轴为阵列参照

a）阵列前   b）阵列后

图 17.8.7 阵列特征 1

Step8. 创建图 17.8.8 所示的基准平面 2。单击 模型 功能选项卡 基准 ▾ 区域中的"平面"按钮 ◻；选取图 17.8.8 所示的平面为参照，定义约束类型为 偏移，输入偏移值为 2.0，单击对话框中的 确定 按钮。

Step9. 创建图 17.8.9 所示的草图 1。单击工具栏中的"草绘"按钮 ⌂，选取 DTM2 基准平面为草绘平面，选取 ASM_FRONT 基准平面为参考平面，方向为 上，单击此对话框中的 草绘 按钮；绘制图 17.8.10 所示的截面草图 1；单击工具栏中的 ✓ 按钮，退出草绘环境。

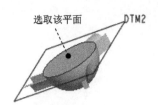
选取该平面   DTM2

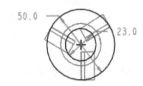
50.0   23.0

图 17.8.8 基准平面 2   图 17.8.9 草图 1（建模环境）   图 17.8.10 草图 1（草绘环境）

Step10. 创建图 17.8.11 所示的填充特征 1。在绘图区选取草图 1，单击 模型 功能选项卡 曲面 ▾ 区域中的 ▨ 填充 按钮，完成填充特征 1 的创建。

图 17.8.11 填充特征 1

Step11. 创建曲面合并 1。按住 Ctrl 键，在绘图区选取图 17.8.12a 所示的曲面 1 和曲面 2，单击 模型 功能选项卡 编辑 ▾ 区域中的 ⬭合并 按钮。单击 ✓ 按钮，完成曲面合并 1 的创建。

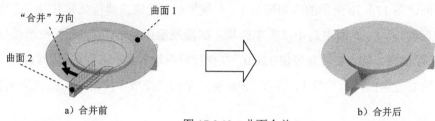

图 17.8.12　曲面合并 1

Step12. 创建曲面合并 2。按住 Ctrl 键，在绘图区选取图 17.8.13a 所示的曲面 3 和曲面 4。单击 模型 功能选项卡 编辑 ▼ 区域中的 ⬚合并 按钮。单击 ✔ 按钮，完成曲面合并 2 的创建。

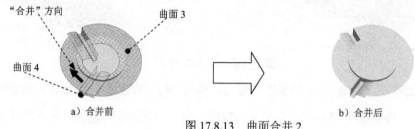

图 17.8.13　曲面合并 2

Step13. 创建曲面合并 3。按住 Ctrl 键，在绘图区选取图 17.8.14a 所示的曲面 5 和曲面 6。单击 模型 功能选项卡 编辑 ▼ 区域中的 ⬚合并 按钮。单击 ✔ 按钮，完成曲面合并 3 的创建。

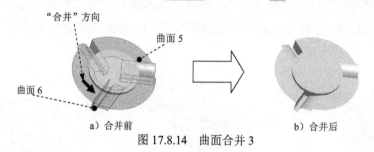

图 17.8.14　曲面合并 3

Step14. 保存模型文件。

17.9　风扇下盖

下面讲解风扇下盖（FAN_DOWN.PRT）的创建过程，零件模型及模型树如图 17.9.1 所示。

Step1. 在装配体中创建风扇下盖（FAN_DOWN.PRT）。单击 模型 功能选项卡 元件 ▼ 区域中的"创建"按钮 🗂；此时系统弹出"元件创建"对话框，选中 类型 选项组中的 ◉ 零件 单选项；选中 子类型 选项组中的 ◉ 实体 单选项；在 名称 文本框中输入文件名 FAN_DOWN，单击 确定 按钮；在系统弹出的"创建选项"对话框中选中 ◉ 空 单选项，单击 确定 按钮。

图 17.9.1 零件模型及模型树

Step2. 激活风扇下盖模型。在模型树中单击 ☐ FAN_DOWN.PRT ，然后右击，在系统弹出的快捷菜单中选择 激活 命令；单击 模型 功能选项卡中的 获取数据 ▾ 按钮，在系统弹出的菜单中选择 合并/继承 命令，系统弹出"合并/继承"操控板，在该操控板中进行下列操作。在操控板中先确认 "将参考类型设置为装配上下文"按钮 ⌷ 被按下，在操控板中单击 参考 选项卡，系统弹出"参考"界面；选中 ☑ 复制基准 复选框，然后在模型树中选取 THIRD.PRT；单击"完成"按钮 ✓ 。

Step3. 在模型树中选择 ☐ FAN_DOWN.PRT ，然后右击，在系统弹出的快捷菜单中选择 打开 命令。

Step4. 创建图 17.9.2b 所示的曲面实体化 1。选取图 17.9.2a 所示的曲面，单击 模型 功能选项卡 编辑 ▾ 区域中的 ⌷ 实体化 按钮，并按下"移除材料"按钮 ⌷ ，定义实体化方向如图 17.9.2a 所示；单击 ✓ 按钮，完成曲面实体化 1 的创建。

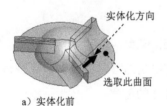

实体化方向

选取此曲面

a）实体化前

b）实体化后

图 17.9.2 曲面实体化 1

Step5. 创建图 17.9.3 所示的拉伸特征 1。在操控板中单击"拉伸"按钮 ⌷ 拉伸 。选取图 17.9.4 所示的平面为草绘平面，选取 ASM_TOP 基准平面为参考平面，方向为 上 ，绘制图 17.9.5 所示的截面草图，在操控板中选取深度类型为 ⌷ ，输入深度值 2.0，单击"完成"按钮 ✓ ，完成拉伸特征 1 的创建。

图 17.9.3 拉伸特征 1

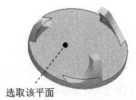

选取该平面

图 17.9.4 定义草绘平面

图 17.9.5 截面草图

Step6. 创建图 17.9.6 所示的拉伸特征 2。在操控板中单击"拉伸"按钮 ⌷ 拉伸 。选取

图 17.9.7 所示的平面为草绘平面，选取 ASM_TOP 基准平面为参考平面，方向为 上，绘制图 17.9.8 所示的截面草图，在操控板中选取深度类型为 非，单击"去除材料"按钮 ◿。单击"完成"按钮 ✓，完成拉伸特征 2 的创建。

图 17.9.6 拉伸特征 2

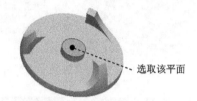
选取该平面
图 17.9.7 定义草绘平面

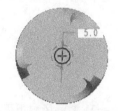
5.0
图 17.9.8 截面草图

Step7. 创建图 17.9.9b 所示的圆角特征 1。单击 模型 功能选项卡 工程 ▾ 区域中的 ⌐倒圆角 ▾ 按钮，选取图 17.9.9a 所示的边线为圆角放置参照，圆角半径值为 0.5。在操控板中单击"完成"按钮 ✓，完成圆角特征 1 的创建。

选取此边线
a）倒圆角前

b）倒圆角后

图 17.9.9 圆角特征 1

Step8. 创建图 17.9.10b 所示的圆角特征 2。单击 模型 功能选项卡 工程 ▾ 区域中的 ⌐倒圆角 ▾ 按钮，按住 Ctrl 键，选取图 17.9.10a 所示的边线为圆角放置参照，圆角半径值为 0.5。在操控板中单击"完成"按钮 ✓，完成圆角特征 2 的创建。

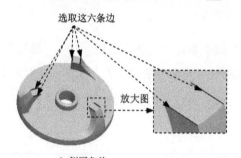
选取这六条边
放大图
a）倒圆角前

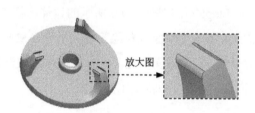
放大图
b）倒圆角后

图 17.9.10 圆角特征 2

Step9. 创建图 17.9.11b 所示的圆角特征 3。单击 模型 功能选项卡 工程 ▾ 区域中的 ⌐倒圆角 ▾ 按钮，按住 Ctrl 键，选取图 17.9.11a 所示的边线为圆角放置参照，圆角半径值为 0.5。在操控板中单击"完成"按钮 ✓，完成圆角特征 3 的创建。

a）倒圆角前 b）倒圆角后

图 17.9.11 圆角特征 3

Step10. 创建图 17.9.12b 所示的圆角特征 4。单击 模型 功能选项卡 工程 ▼ 区域中的 ▼倒圆角 ▼按钮，选取图 17.9.12a 所示的边线为圆角放置参照，圆角半径值为 0.5。在操控板中单击"完成"按钮 ✔，完成圆角特征 4 的创建。

选取这三条边链

a）倒圆角前 b）倒圆角后

图 17.9.12 圆角特征 4

Step11. 保存模型文件。

17.10 风 扇 上 盖

下面讲解风扇上盖（FAN_TOP.PRT）的创建过程，零件模型及模型树如图 17.10.1 所示。

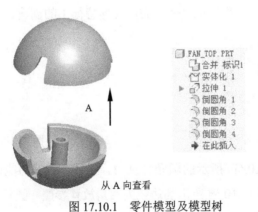

从 A 向查看

图 17.10.1 零件模型及模型树

Step1. 在装配体中创建风扇上盖（FAN_TOP.PRT）。单击 模型 功能选项卡 元件 ▼

区域中的"创建"按钮；此时系统弹出"元件创建"对话框，选中 类型 选项组中的 零件 单选项；选中 子类型 选项组中的 实体 单选项；在 名称 文本框中输入文件名 FAN_TOP，单击 确定 按钮；在系统弹出的"创建选项"对话框中选中 空 单选项，单击 确定 按钮。

Step2. 激活风扇上盖模型。在模型树中单击 FAN_TOP.PRT，然后右击，在系统弹出的快捷菜单中选择 激活 命令；单击 模型 功能选项卡中的 获取数据 按钮，在系统弹出的菜单中选择 合并/继承 命令，系统弹出"合并/继承"操控板，在该操控板中进行下列操作。在操控板中先确认"将参考类型设置为装配上下文"按钮 被按下，在操控板中单击 参考 选项卡，系统弹出"参考"界面；选中 复制基准 复选框，然后在模型树中选取 THIRD.PRT；单击"完成"按钮。

Step3. 在模型树中选择 FAN_TOP.PRT，然后右击，在系统弹出的快捷菜单中选择 打开 命令。

Step4. 创建图 17.10.2b 所示的曲面实体化 1。选取图 17.10.2a 所示的曲面，单击 模型 功能选项卡 编辑 区域中的 实体化 按钮，并按下"移除材料"按钮，定义实体化方向如图 17.10.2a 所示；单击 按钮，完成曲面实体化 1 的创建。

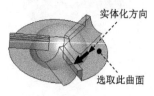
a）实体化前

b）实体化后

图 17.10.2　曲面实体化 1

Step5. 创建图 17.10.3 所示的拉伸特征 1。在操控板中单击"拉伸"按钮 拉伸。选取 DTM2 基准平面为草绘平面，选取 ASM_FRONT 基准平面为参考平面，方向为 上，绘制图 17.10.4 所示的截面草图，在操控板中选取深度类型为，单击 选项 按钮，在"第一侧"对话框中输入深度值 2.0，在"第二侧"对话框中选取，单击"加厚草绘"按钮，输入厚度值为 1.0；单击"完成"按钮，完成拉伸特征 1 的创建。

图 17.10.3　拉伸特征 1

图 17.10.4　截面草图

Step6. 创建图 17.10.5b 所示的圆角特征 1。单击 模型 功能选项卡 工程 区域中的 倒圆角 按钮，选取图 17.10.5a 所示的边线为圆角放置参照，圆角半径值为 0.5。在操控板中单击"完成"按钮，完成圆角特征 1 的创建。

Step7. 创建图 17.10.6b 所示的圆角特征 2。单击 模型 功能选项卡 工程 区域中的按钮，按住 Ctrl 键，选取图 17.10.6a 所示的边线为圆角放置参照，圆角半径值为 0.5。在操控板中单击"完成"按钮 ✔，完成圆角特征 2 的创建。

a) 倒圆角前　　　　　　　　　　　　　　　　b) 倒圆角后

图 17.10.5　圆角特征 1

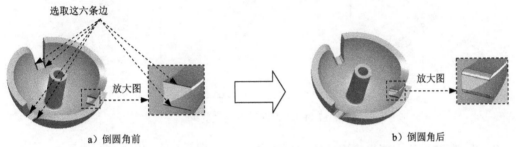

选取这六条边

放大图

a) 倒圆角前　　　　　　　　　　　　　　　　b) 倒圆角后

图 17.10.6　圆角特征 2

Step8. 创建图 17.10.7b 所示的圆角特征 3。单击 模型 功能选项卡 工程 ▾ 区域中的 ↗ 倒圆角 ▾ 按钮，按住 Ctrl 键，选取图 17.10.7a 所示的边线为圆角放置参照，圆角半径值为 0.5。在操控板中单击"完成"按钮 ✔，完成圆角特征 3 的创建。

选取这三条边线

放大图

a) 倒圆角前　　　　　　　　　　　　　　　　b) 倒圆角后

图 17.10.7　圆角特征 3

Step9. 创建图 17.10.8b 所示的圆角特征 4。单击 模型 功能选项卡 工程 ▾ 区域中的 ↗ 倒圆角 ▾ 按钮，选取图 17.10.8a 所示的边线为圆角放置参照，圆角半径值为 0.5。在操控板中单击"完成"按钮 ✔，完成圆角特征 4 的创建。

Step10. 保存模型文件。

选取此边线

a) 倒圆角前　　　　　　　　　　　　　　　　b) 倒圆角后

图 17.10.8　圆角特征 4

17.11 风扇叶轮

下面讲解风扇叶轮（FAN.PRT）的创建过程，零件模型及模型树如图17.11.1所示。

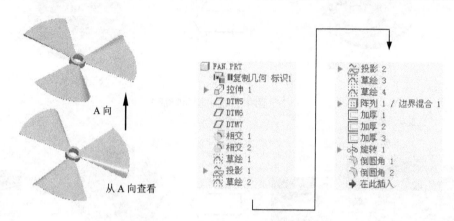

图17.11.1 零件模型及模型树

Step1. 在装配体中创建风扇叶轮（FAN.PRT）。单击 模型 功能选项卡 元件▼ 区域中的"创建"按钮 ；此时系统弹出"元件创建"对话框，选中 类型 选项组中的 ◉ 零件 单选项；选中 子类型 选项组中的 ◉ 实体单选项；在 名称 文本框中输入文件名 FAN，单击 确定 按钮；在系统弹出的"创建选项"对话框中选中 ◉ 空 单选项，单击 确定 按钮。

Step2. 激活风扇叶轮。在模型树中单击 FAN.PRT，然后右击，在系统弹出的快捷菜单中选择 激活 命令；单击 模型 功能选项卡 获取数据▼ 区域中的"复制几何"按钮 。系统弹出"复制几何"操控板，在该操控板中进行下列操作。在"复制几何"操控板中先确认"将参考类型设置为装配上下文"按钮 被按下，然后单击"仅限发布几何"按钮 （使此按钮为弹起状态），在"复制几何"操控板中单击 参考 按钮，系统弹出"参考模型"界面；单击 参考 区域中的 单击此处添加项 字符。在"智能选取栏"的下拉列表中选择"基准平面"选项，按住 Ctrl 键，在绘图区依次选取 first.PRT 文件中的 ASM_FRONT、ASM_TOP、ASM_RIGHT 和 DTM4 四个基准平面，在"复制几何"操控板中单击 选项 按钮，选中 ◉ 按原样复制所有曲面 单选项，在"复制几何"操控板中单击"完成"按钮 ，完成操作后，所选的基准平面被复制到 FAN.PRT 中。

Step3. 创建图 17.11.2 所示的拉伸特征 1。在操控板中单击"拉伸"按钮 拉伸，在操控板中确认"曲面"按钮 被按下。选取 DTM4 基准平面为草绘平面，选取 ASM_FRONT 基准平面为参考平面，方向为 上；绘制图 17.11.3 所示的截面草图；选取深度类型为 ，输入深度值 10.0；单击"完成"按钮 ，完成拉伸特征 1 的创建。

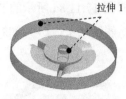

图 17.11.2 拉伸特征 1

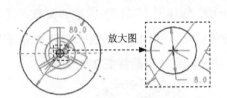

图 17.11.3 截面草图

Step4. 在新窗口中打开模型。在模型树中选择 █ FAN.PRT，然后右击，在系统弹出的快捷菜单中选择 打开 命令。

Step5. 创建图 17.11.4 所示的基准平面 5。单击 模型 功能选项卡 基准 ▾ 区域中的 "平面" 按钮 □。选取 A_1 基准轴为参照，定义约束类型为 穿过，按住 Ctrl 键，选取 ASM_TOP 基准平面为参照，定义约束类型为 偏移，在 "偏距" 对话框中输入旋转角度值 19.0；单击 "基准平面" 对话框中的 确定 按钮。

Step6. 创建图 17.11.5 所示的基准平面 6。单击 模型 功能选项卡 基准 ▾ 区域中的 "平面" 按钮 □。选取 A_1 基准轴为参照，定义约束类型为 穿过，按住 Ctrl 键，选取 DTM5 基准平面为参照，定义约束类型为 偏移，输入旋转角度值 60.0；单击 "基准平面" 对话框中的 确定 按钮。

Step7. 创建图 17.11.6 所示的基准平面 7。单击 模型 功能选项卡 基准 ▾ 区域中的 "平面" 按钮 □，选取 A_1 基准轴为参照，定义约束类型为 穿过，按住 Ctrl 键，选取 ASM_FRONT 基准平面为参照，定义约束类型为 偏移，输入旋转角度值 30.0；单击 "基准平面" 对话框中的 确定 按钮。

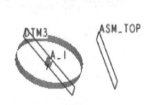

图 17.11.4 基准平面 5

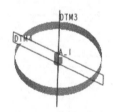

图 17.11.5 基准平面 6

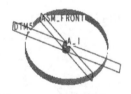

图 17.11.6 基准平面 7

Step8. 创建图 17.11.7b 所示的交截特征 1。在模型树中选取图 17.11.7a 所示的 Step3 创建的拉伸特征 1 和 Step5 创建的 DTM5 基准平面，单击 模型 功能选项卡 编辑 ▾ 区域中的 ⬧相交 按钮，完成交截特征 1 的创建。

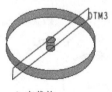

a）交截前

b）交截后

图 17.11.7 交截特征 1

Step9. 创建图 17.11.8b 所示的交截特征 2。在模型树中选取图 17.11.8a 所示的 Step3 创建的拉伸特征 1 和 Step6 创建的 DTM6 基准平面，单击 模型 功能选项卡 编辑 ▾ 区域中的 相交 按钮，完成交截特征 2 的创建。

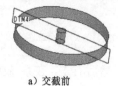
a）交截前

b）交截后

图 17.11.8　交截特征 2

Step10. 创建图 17.11.9 所示的草图 1。在操控板中单击"草绘"按钮，选取 DTM7 基准平面为草绘平面，选取 ASM_RIGHT 基准平面为参考平面，方向为 上，单击对话框中的 草绘 按钮；绘制图 17.11.10 所示的草图，并调整样条曲线的曲率如图 17.11.11 所示。

说明：

● 在调整草图 1 中的样条曲线的曲率时，先双击样条曲线，单击操控板中的"切换到控制多边形模式"按钮，定义系统所生成的多边形的边线与样条曲线相切，如图 17.11.10 所示。

● 在调整草图 1 中的样条曲线的曲率时，可以通过选取图 17.11.10 所示的多边形的控制点来调整样条曲线的曲率，结果如图 17.11.11 所示。

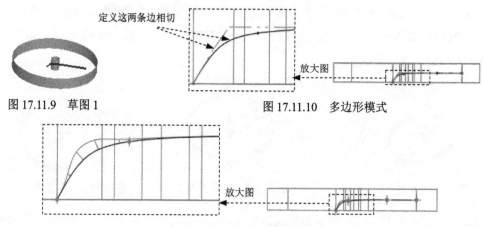

图 17.11.9　草图 1　　　　　　图 17.11.10　多边形模式

图 17.11.11　样条曲线及曲率

Step11. 创建图 17.11.12 所示的投影曲线 1。在模型树中选取图 17.11.13 所示的 Step10 所创建的草图 1，单击 模型 功能选项卡 编辑 ▾ 区域中的 投影 按钮；选取图 17.11.13 所示的面为投影面，接受系统默认的投影方向；单击"完成"按钮，完成投影曲线 1 的创建。

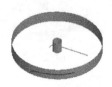

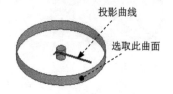

图 17.11.12　投影曲线 1　　　图 17.11.13　定义投影面及投影曲线

Step12. 创建图 17.11.14 所示的草图 2（草图 1 被隐藏）。在操控板中单击"草绘"按钮 ，选取 DTM7 基准平面为草绘平面，选取 ASM_RIGHT 基准平面为参考平面，方向为 上 ，单击对话框中的 草绘 按钮；绘制图 17.11.15 所示的截面草图（用"投影" 命令）。

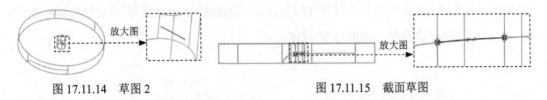

图 17.11.14　草图 2　　　　　　　　　　　图 17.11.15　截面草图

Step13. 创建图 17.11.16 所示的投影曲线 2。在模型树中选取图 17.11.17 所示的 Step12 所创建的草图 2，单击 模型 功能选项卡 编辑 ▾ 区域中的 投影 按钮；选取图 17.11.17 所示的面为投影面，接受系统默认的投影方向；单击"完成"按钮，完成投影曲线 2 的创建。

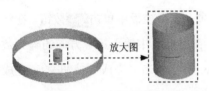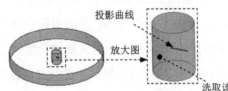

图 17.11.16　投影曲线 2　　　　　　　图 17.11.17　定义投影面及投影曲线

Step14. 创建图 17.11.18 所示的草图 3（草图 2 被隐藏）。在操控板中单击"草绘"按钮 ，选取 DTM5 基准平面为草绘平面，选取 ASM_RIGHT 基准平面为参考平面，方向为 上 ，单击对话框中的 草绘 按钮；绘制图 17.11.19 所示的截面草图（直线的两端点分别与投影曲线的端点重合）。

图 17.11.18　草图 3　　　　　　　　　图 17.11.19　截面草图

Step15. 创建图 17.11.20 所示的草图 4。在操控板中单击"草绘"按钮 ，选取 DTM6 基准平面为草绘平面，选取 ASM_RIGHT 基准平面为参考平面，方向为 上 ，单击对话框中的 草绘 按钮；绘制图 17.11.21 所示的截面草图（直线的两端点分别与投影曲线的端点重合）。

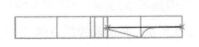

图 17.11.20　草图 4　　　　　　　　　图 17.11.21　截面草图

Step16. 创建图 17.11.22 所示的边界混合曲面 1。单击 模型 功能选项卡 曲面 ▼ 区域中的"边界混合"按钮 ；单击"边界混合"操控板中的 曲线 按钮，在系统弹出的"第一方向"区域中单击，按住 Ctrl 键，在绘图区依次选取图 17.11.23 所示的曲线 1 和曲线 2；在"第二方向"区域中单击，在绘图区选取图 17.11.23 所示的曲线 3 和曲线 4；单击操控板中的"完成"按钮 ，完成边界混合曲面 1 的创建。

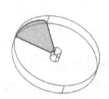

图 17.11.22　边界混合曲面 1

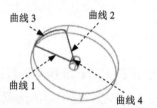

图 17.11.23　定义边界曲线

Step17. 创建图 17.11.24b 所示的阵列特征 1。在模型树中选取边界混合曲面 1 并右击，选择 ⊞ 命令；在操控板的 选项 界面中选中 常规 单选项；在操控板中单击 轴 按钮，在绘图区选取图 17.11.24a 所示的轴，输入旋转角度值 120.0，在操控板中输入第一方向的阵列数目 3，在操控板中输入第二方向的阵列数目 1，并按 Enter 键；单击"完成"按钮 ，完成阵列特征 1 的创建。

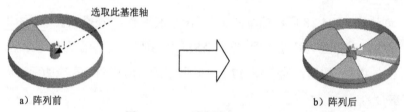

图 17.11.24　阵列特征 1

Step18. 创建图 17.11.25b 所示的加厚特征 1。在绘图区选取图 17.11.25a 所示的曲面，单击 模型 功能选项卡 编辑 ▼ 区域中的 ⊏ 加厚 按钮；输入厚度值为 0.5，使其加厚方向如图 17.11.25a 所示；单击操控板中的"完成"按钮 ，完成加厚特征 1 的创建。

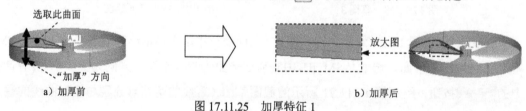

图 17.11.25　加厚特征 1

Step19. 创建图 17.11.26b 所示的加厚特征 2。在绘图区选取图 17.11.26a 所示的曲面，单击 模型 功能选项卡 编辑 ▼ 区域中的 ⊏ 加厚 按钮；输入厚度值为 0.5，使其加厚方向如图 17.11.26a 所示；单击操控板中的"完成"按钮 ，完成加厚特征 2 的创建。

说明：图 17.11.26a 所示的箭头方向表示两侧加厚。

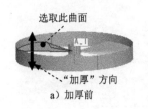

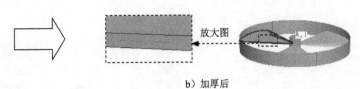

图 17.11.26　加厚特征 2

Step20. 创建图 17.11.27b 所示的加厚特征 3。在绘图区选取图 17.11.27a 所示的曲面，单击 模型 功能选项卡 编辑 ▾ 区域中的 加厚 按钮；输入厚度值为 0.5，使其加厚方向如图 17.11.27a 所示；单击操控板中的"完成"按钮 ✔，完成加厚特征 3 的创建。

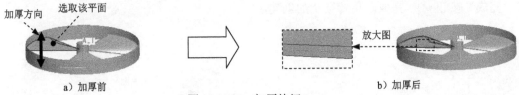

图 17.11.27　加厚特征 3

Step21. 创建图 17.11.28 所示的旋转特征 1。单击 模型 功能选项卡 形状 ▾ 区域中的"旋转"按钮 旋转 ；在绘图区中右击，从系统弹出的快捷菜单中选择 定义内部草绘... 命令，进入"草绘"对话框，选取 ASM_FRONT 基准平面为草绘平面，选取 ASM_RIGHT 基准平面为草绘参照，方向为 上 ；单击对话框中的 草绘 按钮；绘制图 17.11.29 所示的旋转轴和截面草图，完成截面绘制后，单击"完成"按钮 ✔ ；在操控板中选取旋转类型 ⊥ (即"定值")，输入旋转角度值 360.0；单击"完成"按钮 ✔，完成旋转特征 1 的创建。

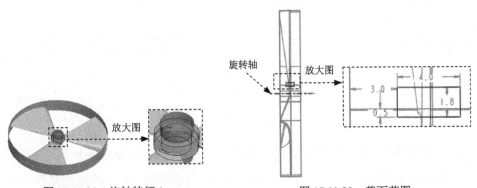

图 17.11.28　旋转特征 1　　　　　　　图 17.11.29　截面草图

Step22. 创建图 17.11.30b 所示的圆角特征 1（拉伸 1、交截 1、交截 2、投影 1、投影 2、草绘 3 和草绘 4 被隐藏）。单击 模型 功能选项卡 工程 ▾ 区域中的 倒圆角 ▾ 按钮，选取图 17.11.30a 所示的边线为圆角放置参照，输入圆角半径值为 2.0。单击"完成"按钮 ✔，完成圆角特征 1 的创建。

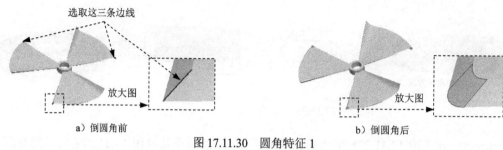

图 17.11.30 圆角特征 1

Step23. 创建图 17.11.31b 所示的圆角特征 2。单击 模型 功能选项卡 工程 ▾ 区域中的 倒圆角 ▾ 按钮,选取图 17.11.31a 所示的边线为圆角放置参照,输入圆角半径值为 2.0。单击"完成"按钮 ✔,完成圆角特征 2 的创建。

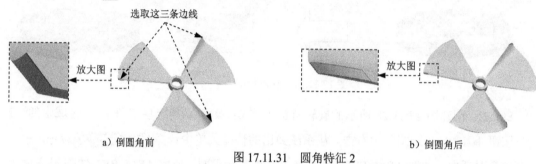

图 17.11.31 圆角特征 2

Step24. 创建图 17.11.32b 所示的圆角特征 3。单击 模型 功能选项卡 工程 ▾ 区域中的 倒圆角 ▾ 按钮,选取图 17.11.32a 所示的边线为圆角放置参照,输入圆角半径值为 0.2。单击"完成"按钮 ✔,完成圆角特征 3 的创建。

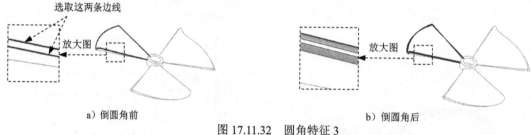

图 17.11.32 圆角特征 3

Step25. 创建图 17.11.33b 所示的圆角特征 4。单击 模型 功能选项卡 工程 ▾ 区域中的 倒圆角 ▾ 按钮,选取图 17.11.33a 所示的边线为圆角放置参照,输入圆角半径值为 0.2。单击"完成"按钮 ✔,完成圆角特征 4 的创建。

图 17.11.33 圆角特征 4

Step26. 创建图 17.11.34b 所示的圆角特征 5。单击 模型 功能选项卡 工程 ▾ 区域中的 ⌂ 倒圆角 ▾ 按钮，选取图 17.11.34a 所示的边线为圆角放置参照，圆角半径值为 0.2。单击"完成"按钮 ✔，完成圆角特征 5 的创建。

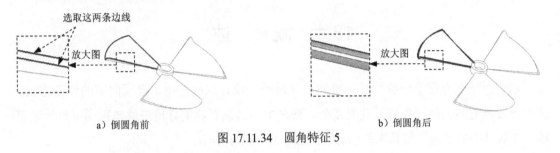

a）倒圆角前　　　　　　　　　　　　b）倒圆角后

图 17.11.34　圆角特征 5

Step27. 保存模型文件。

17.12　编辑总装配模型的显示

Step1. 隐藏控件。按住 Ctrl 键，在模型树中依次选取 FIRST.PRT 、 SECOND.PRT 和 THIRD.PRT 然后右击，在系统弹出的下拉列表中单击 隐藏 命令。

Step2. 隐藏草图、基准、曲线和曲面。单击 ▤ ▾ ➞ 层树(L)，然后在"层树"列表中按住 Ctrl 键，依次选取 AXIS 、 CURVE 、 POINT 和 QUILT 然后右击，在系统弹出的下拉列表中单击 隐藏；在"层树"列表中选取 DATUM 并右击，在系统弹出的下拉列表中单击 保存状况 命令，然后单击 ▤ ▾ ➞ 模型树(M) 命令。

Step3. 保存装配体模型文件。

学习拓展：扫一扫右侧二维码，可以免费学习更多视频讲解。
讲解内容：钣金产品的设计，常用钣金特征等。

实例 **18** 玩具飞机自顶向下设计

18.1 概 述

本实例详细介绍了一款玩具飞机的设计过程，设计过程使用了自顶向下的设计方法，其中骨架模型的创建过程相对较为复杂。通过本实例读者能更好地理解自顶向下设计的思路，掌握其中的要领。玩具飞机的总装配图如图 18.1.1 所示。

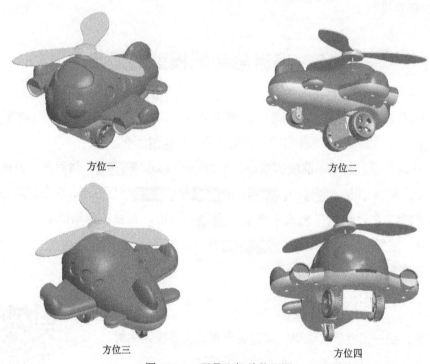

方位一　　　　　　　　　　　　方位二

方位三　　　　　　　　　　　　方位四

图 18.1.1　玩具飞机总装配图

本例中玩具飞机的设计流程图如图 18.1.2 所示。

18.2 骨 架 模 型

Task1. 设置工作目录

将工作目录设置到 D:\creo6.9\work\ch18。

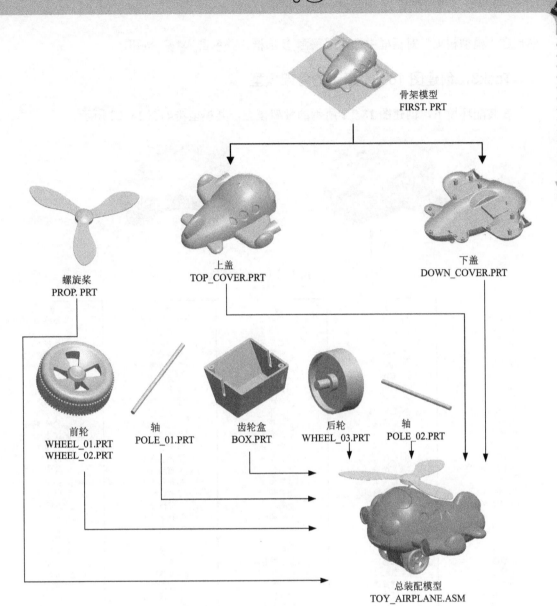

骨架模型
FIRST. PRT

螺旋桨
PROP. PRT

上盖
TOP_COVER.PRT

下盖
DOWN_COVER.PRT

前轮
WHEEL_01.PRT
WHEEL_02.PRT

轴
POLE_01.PRT

齿轮盒
BOX.PRT

后轮
WHEEL_03.PRT

轴
POLE_02.PRT

总装配模型
TOY_AIRPLANE.ASM

图 18.1.2　设计流程图

Task2. 新建一个装配体文件

Step1. 单击"新建"按钮 ，在系统弹出的"新建"对话框中进行下列操作。选中 类型
选项组下的 ● ⬚ 装配 单选项；选中 子类型 选项组下的 ● 设计 单选项；在 名称 文本框中
输入文件名 TOY_AIRPLANE；取消选中 ☐ 使用默认模板 复选框；单击该对话框中的 确定
按钮。

Step2. 选取适当的装配模板。在系统弹出的"新文件选项"对话框中进行下列操作。
在模板选项组中选取 mmns_asm_design 模板命令，单击该对话框中的 确定 按钮。

Step3. 设置模型树的显示。在模型树操作界面中选择 ⬚ ▼ ➡ ⬚ 树过滤器(F)... 命令，然后在"模型树项"对话框中选中 ☑特征 复选框,并单击 确定 按钮。

Task3. 创建图 18.2.1 所示的骨架模型

在装配环境下,创建图 18.2.1 所示的骨架模型,其模型树如图 18.2.2 所示。

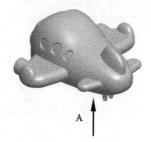

A

从 A 向查看

图 18.2.1 骨架模型

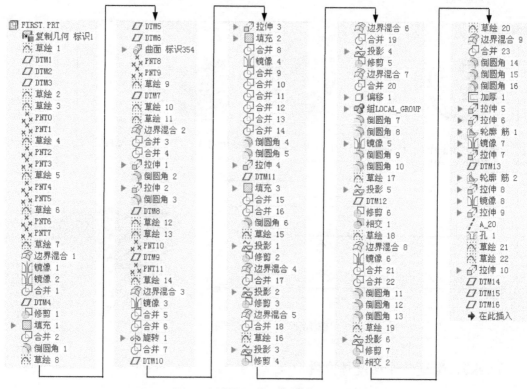

图 18.2.2 模型树

Step1. 在装配体中建立骨架模型(**FIRST.PRT**)。单击 模型 功能选项卡 元件 ▾ 区域中的"创建"按钮 ;此时系统弹出"元件创建"对话框,选中 类型 选项组中的 ◉骨架模型 单选项,在名称 文本框中输入文件名 FIRST,然后单击 确定 按钮;在系统弹出的"创建选项"对话框中选中 ◉空 单选项,单击 确定 按钮。

Step2. 激活骨架模型。在模型树中选取 FIRST.PRT 然后右击,在系统弹出的快捷菜单中选择 激活 命令;单击 模型 功能选项卡 获取数据 ▾ 区域中的"复制几何"按钮 。系统弹出

"复制几何"操控板，在该操控板中进行下列操作。在"复制几何"操控板中先确认"将参考类型设置为装配上下文"按钮 ⊠ 被按下，然后单击"仅限发布几何"按钮 ⊞（使此按钮为弹起状态），在"复制几何"操控板中单击 参考 单选项，系统弹出"参考"界面；单击 参考 区域中的 单击此处添加项 字符，然后选取装配文件中的三个基准平面，在"复制几何"操控板中单击 选项 选项，选中 ◉ 按原样复制所有曲面 单选项，在"复制几何"操控板中单击"完成"按钮 ✔，完成操作后，所选的基准平面被复制到 FIRST.PRT 中。

Step3. 在装配体中打开骨架模型 FIRST.PRT。在模型树中单击 🔲 FIRST.PRT 后右击，在系统弹出的快捷菜单中选择 打开 命令。

Step4. 创建图 18.2.3 所示的草图 1。在操控板中单击"草绘"按钮 ◥；选取 ASM_FRONT 基准平面为草绘平面，选取 ASM_RIGHT 基准平面为参考平面，方向为 右，单击 草绘 按钮，绘制图 18.2.3 所示的草图。

Step5. 创建图 18.2.4 所示的基准平面 1。单击 模型 功能选项卡 基准 ▾ 区域中的"平面"按钮 ▱；选取 ASM_RIGHT 基准平面为偏距参考面，在对话框中输入偏移距离值 60.0；单击对话框中的 确定 按钮。

Step6. 创建图 18.2.5 所示的基准平面 2。单击 模型 功能选项卡 基准 ▾ 区域中的"平面"按钮 ▱；选取 ASM_RIGHT 基准平面为偏距参考面，在对话框中输入偏移距离值 -38.0，单击对话框中的 确定 按钮。

Step7. 创建图 18.2.6 所示的基准平面 3。单击 模型 功能选项卡 基准 ▾ 区域中的"平面"按钮 ▱；选取 ASM_RIGHT 基准平面为偏距参考面，在对话框中输入偏移距离值 -138.0，单击对话框中的 确定 按钮。

Step8. 创建图 18.2.7 所示的草图 2。在操控板中单击"草绘"按钮 ◥；选取 ASM_FRONT 基准平面为草绘平面，选取 ASM_RIGHT 基准平面为参考平面，方向为 右，单击 草绘 按钮，绘制图 18.2.7 所示的草图。

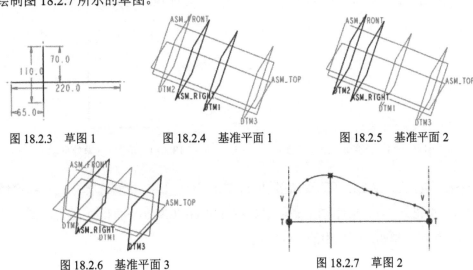

图 18.2.3　草图 1　　　　图 18.2.4　基准平面 1　　　　图 18.2.5　基准平面 2

图 18.2.6　基准平面 3　　　　　　图 18.2.7　草图 2

Step9. 创建图 18.2.8 所示的草图 3。在操控板中单击"草绘"按钮 ；选取 ASM_TOP 基准平面为草绘平面，选取 ASM_RIGHT 基准平面为参考平面，方向为 右 ，单击 草绘 按钮，绘制图 18.2.8 所示的草图。

说明：图 18.2.8 所示的草图曲线的两个端点分别与草图 2 中的样条曲线的端点重合。

Step10. 创建图 18.2.9 所示的基准点 PNT0。单击 模型 功能选项卡 基准 ▼ 区域中的"基准点"按钮 ×× 点 ▼ ；按住 Ctrl 键，选取 DTM2 基准平面和图 18.2.10 所示的草图 2 为基准点参考；单击对话框中的 确定 按钮。

Step11. 创建图 18.2.11 所示的基准点 PNT1。单击 模型 功能选项卡 基准 ▼ 区域中的"基准点"按钮 ×× 点 ▼ 。按住 Ctrl 键，选取 DTM2 基准平面和图 18.2.12 所示的草图 3 为基准点参考；单击对话框中的 确定 按钮。

Step12. 创建图 18.2.13 所示的草图 4（草图 1 已隐藏）。在操控板中单击"草绘"按钮 ；选取 DTM2 基准平面为草绘平面，选取 ASM_TOP 基准平面为参考平面，方向为 上 ，单击 草绘 按钮，绘制图 18.2.14 所示的草图。

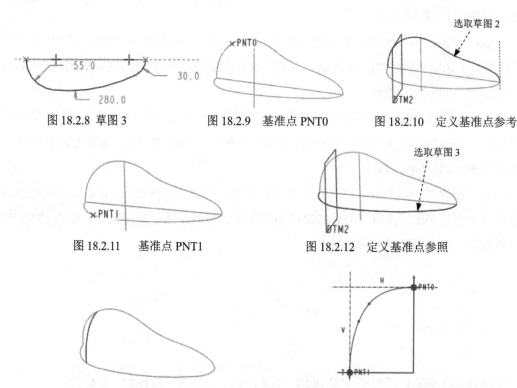

图 18.2.8 草图 3   图 18.2.9 基准点 PNT0   图 18.2.10 定义基准点参考

图 18.2.11 基准点 PNT1   图 18.2.12 定义基准点参照

图 18.2.13 草图 4（建模环境）   图 18.2.14 草图 4（草绘环境）

Step13. 创建图 18.2.15 所示的基准点 PNT2。单击 模型 功能选项卡 基准 ▼ 区域中的"基准点"按钮 ×× 点 ▼ 。按住 Ctrl 键，选取 ASM_RIGHT 基准平面和图 18.2.16 所示的草图 2 为基准点参考；单击对话框中的 确定 按钮。

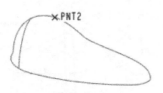

图 18.2.15 基准点 PNT2

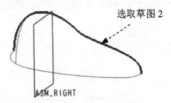

选取草图 2

ASM_RIGHT

图 18.2.16 定义基准点参考

Step14. 创建图 18.2.17 所示的基准点 PNT3。单击 模型 功能选项卡 基准 ▾ 区域中的"基准点"按钮 ×× 点 ▾。按住 Ctrl 键，选取 ASM_RIGHT 基准平面和图 18.2.18 所示的草图 3 为基准点参考；单击对话框中的 确定 按钮。

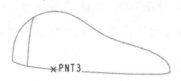

PNT3

图 18.2.17 基准点 PNT3

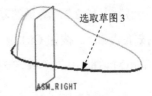

选取草图 3

ASM_RIGHT

图 18.2.18 定义基准点参考

Step15. 创建图 18.2.19 所示的草图 5。在操控板中单击"草绘"按钮 ；选取 ASM_RIGHT 基准平面为草绘平面，选取 ASM_TOP 基准平面为参考平面，方向为 上，单击 草绘 按钮，绘制图 18.2.20 所示的草图。

图 18.2.19 草图 5（建模环境）

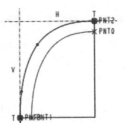

图 18.2.20 草图 5（草绘环境）

Step16. 创建图 18.2.21 所示的基准点 PNT4。单击 模型 功能选项卡 基准 ▾ 区域中的"基准点"按钮 ×× 点 ▾。按住 Ctrl 键，选取 DTM1 基准平面和图 18.2.22 所示的草图 2 为基准点参考；单击对话框中的 确定 按钮。

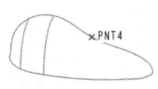

PNT4

图 18.2.21 基准点 PNT4

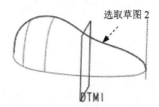

选取草图 2

DTM1

图 18.2.22 定义基准点参考

Step17. 创建图 18.2.23 所示的基准点 PNT5。单击 模型 功能选项卡 基准 ▾ 区域中的"基准点"按钮 ×× 点 ▾。按住 Ctrl 键，选取 DTM1 基准平面和图 18.2.24 所示的草图 3 为基准点参考；单击对话框中的 确定 按钮。

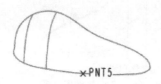

图 18.2.23 基准点 PNT5

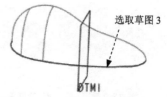

图 18.2.24 定义基准点参考

Step18. 创建图 18.2.25 所示的草图 6。在操控板中单击"草绘"按钮 ；选取 DTM1 基准平面为草绘平面，选取 ASM_TOP 基准平面为参考平面，方向为 上，单击 草绘 按钮，绘制图 18.2.26 所示的草图。

Step19. 创建图 18.2.27 所示的基准点 PNT6。单击 模型 功能选项卡 基准 ▼ 区域中的"基准点"按钮 点 ▼。按住 Ctrl 键，选取 DTM3 基准平面和图 18.2.28 所示的草图 2 为基准点参考；单击对话框中的 确定 按钮。

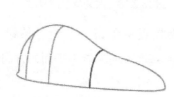

图 18.2.25 草图 6（建模环境）

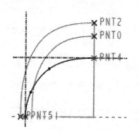

图 18.2.26 草图 6（草绘环境）

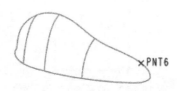

图 18.2.27 基准点 PNT6

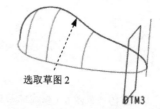

图 18.2.28 定义基准点参考

Step20. 创建图 18.2.29 所示的基准点 PNT7。单击 模型 功能选项卡 基准 ▼ 区域中的"基准点"按钮 点 ▼。按住 Ctrl 键，选取 DTM3 基准平面和图 18.2.30 所示的草图 3 为基准点参考；单击对话框中的 确定 按钮。

图 18.2.29 基准点 PNT7

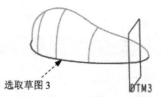

图 18.2.30 定义基准点参考

Step21. 创建图 18.2.31 所示的草图 7。在操控板中单击"草绘"按钮 ；选取 DTM3 基准平面为草绘平面，选取 ASM_TOP 基准平面为参考平面，方向为 上，单击 草绘 按钮，绘制图 18.2.32 所示的草图。

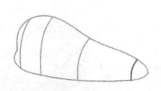

图 18.2.31 草图 7（建模环境）

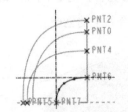

图 18.2.32 草图 7（草绘环境）

Step22. 创建图 18.2.33 所示的边界混合曲面 1（基准点已隐藏）。单击 模型 功能选项卡 曲面 ▾ 区域中的"边界混合"按钮 ；按住 Ctrl 键，依次选取图 18.2.34 所示的曲线 1、曲线 2 为第一方向曲线；然后按住 Ctrl 键，依次选取图 18.2.34 所示的曲线 3、曲线 4、曲线 5、曲线 6 为第二方向曲线；在操控板中单击 约束 单选项，在"约束"界面中将"方向 1"的"第一条链"和"最后一条链"的"条件"均设置为 垂直；将"方向 2"的"第一条链"和"最后一条链"的"条件"均设置为 自由；单击 ✔ 按钮，完成边界混合曲面 1 的创建。

图 18.2.33 边界混合曲面 1

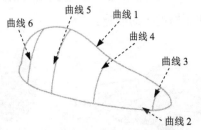

图 18.2.34 选取第一和第二方向曲线

Step23. 创建图 18.2.35b 所示的镜像特征 1。在模型树中选取 Step22 所创建的边界混合曲面 1 作为镜像特征；单击 模型 功能选项卡 编辑 ▾ 区域中的"镜像"按钮 ；选取 ASM_FRONT 基准平面为镜像平面；在操控板中单击 ✔ 按钮，完成镜像特征 1 的创建。

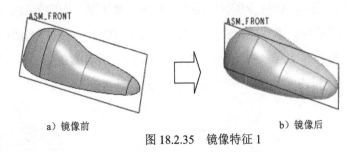

a）镜像前　　　　　　　　　　　　　　b）镜像后

图 18.2.35 镜像特征 1

Step24. 创建图 18.2.36b 所示的镜像特征 2（草图 2、草图 3、草图 4、草图 5、草图 6、草图 7 已隐藏）。选取图 18.2.36a 所示的边界混合曲面 1 和镜像特征 1 为镜像特征；选取 ASM_TOP 基准平面为镜像平面，单击 ✔ 按钮，完成镜像特征 2 的创建。

Step25. 创建曲面合并 1。按住 Ctrl 键，在模型树中依次选取边界混合曲面 1、镜像特征1和镜像特征2为合并对象；单击 模型 功能选项卡 编辑▼ 区域中的 🖉合并 按钮；单击 ✔ 按钮，完成曲面合并1的创建。

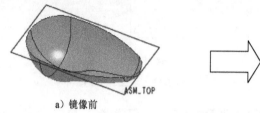

a）镜像前

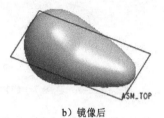

b）镜像后

图 18.2.36　镜像特征 2

Step26. 创建图 18.2.37 所示的基准平面4。单击 模型 功能选项卡 基准▼ 区域中的"平面"按钮 ⬦；选取 ASM_TOP 基准平面为偏距参考面，在对话框中输入偏移距离值 25.0，单击对话框中的 确定 按钮。

Step27. 创建图 18.2.38b 所示的曲面修剪1。选取图 18.2.38a 所示的曲面1为要修剪的曲面；单击 模型 功能选项卡 编辑▼ 区域中的 🖉修剪 按钮；选取 DTM4 基准平面作为修剪对象；单击调整图形区中的箭头使其指向要保留的部分，如图 18.2.38a 所示；单击 ✔ 按钮，完成曲面修剪1的创建。

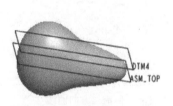

图 18.2.37　基准平面 4

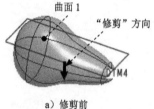

a）修剪前

b）修剪后

图 18.2.38　曲面修剪 1

Step28. 创建图 18.2.39 所示的填充曲面1。单击 模型 功能选项卡 曲面▼ 区域中的 ▣填充 按钮；在图形区右击，从系统弹出的快捷菜单中选择 定义内部草绘... 命令；选取 DTM4 基准平面为草绘平面，选取 ASM_RIGHT 基准平面为参考平面，方向为 右；单击 草绘 按钮，绘制图 18.2.40 所示的截面草图；在操控板中单击 ✔ 按钮，完成填充曲面1的创建。

Step29. 创建曲面合并2。按住 Ctrl 键，选取图 18.2.41 所示的曲面1和曲面2为合并对象；单击 🖉合并 按钮，单击 ✔ 按钮，完成曲面合并2的创建。

图 18.2.39　填充曲面 1

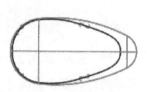

图 18.2.40　截面草图

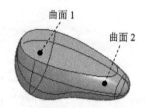

图 18.2.41　定义合并对象

Step30. 创建图 18.2.42b 所示的圆角特征1。单击 模型 功能选项卡 工程▼ 区域中的

倒圆角 ▾ 按钮，选取图 18.2.42a 所示的边线为圆角放置参照，在圆角半径文本框中输入值 20.0。

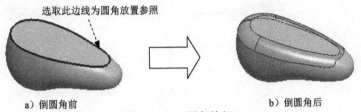

选取此边线为圆角放置参照

a）倒圆角前　　　　　　　　　　　b）倒圆角后

图 18.2.42　圆角特征 1

Step31. 创建图 18.2.43 所示的草图 8。在操控板中单击"草绘"按钮 ⚒；选取 ASM_RIGHT 基准平面为草绘平面，选取 ASM_TOP 基准平面为参考平面，方向为 上，单击 草绘 按钮，绘制图 18.2.43 所示的草图。

Step32. 创建图 18.2.44 所示的基准平面 5。单击 模型 功能选项卡 基准 ▾ 区域中的"平面"按钮 ▱；按住 Ctrl 键，选取 ASM_TOP 基准平面和草图 8 为平面参考，输入旋转角度值 20.0；单击对话框中的 确定 按钮。

Step33. 创建图 18.2.45 所示的基准平面 6。单击 模型 功能选项卡 基准 ▾ 区域中的"平面"按钮 ▱；选取 DTM5 基准平面为偏距参考面，在对话框中输入偏移距离值 60.0；单击对话框中的 确定 按钮。

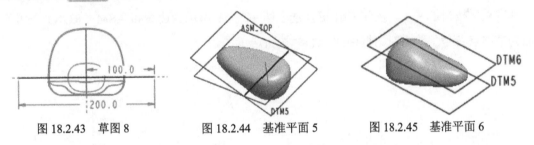

图 18.2.43　草图 8　　　　图 18.2.44　基准平面 5　　　　图 18.2.45　基准平面 6

Step34. 创建图 18.2.46 所示的混合曲面 1。在 模型 功能选项卡的 形状 ▾ 下拉菜单中选择 ⟁混合 命令；在操控板中确认"混合为曲面"按钮 ▱ 和"与草绘截面混合"按钮 ☑ 被按下；单击"混合"选项卡中的 截面 按钮，在系统弹出的界面中选中 ⦿ 草绘截面 单选项，单击 定义... 按钮；然后在绘图区选取 DTM6 基准平面为草绘平面，选取 ASM_FRONT 基准平面为参考平面，方向为 下，单击 反向 按钮调整草绘视图方向；单击 草绘 按钮，绘制图 18.2.47 所示的截面草图 1；单击"混合"选项卡中的 截面 按钮，选中 ⦿ 截面 2 选项，定义"草绘平面位置定义方式"类型为 ⦿ 偏移尺寸，偏移自"截面 1"的偏移距离值为-17，单击 草绘... 按钮；绘制图 18.2.47 所示的截面草图 2，单击工具栏中的 ✔ 按钮，退出草绘环境；单击 ✔ 按钮，完成混合曲面 1 的创建。

说明：进入草绘环境后，选取草图 8 所创建的曲线为参考。

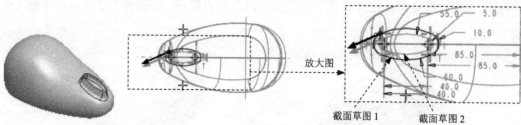

图 18.2.46　混合曲面 1　　　　　　　　　　图 18.2.47　截面草图

Step35. 创建图 18.2.48 所示的基准点 PNT8。单击 模型 功能选项卡 基准 ▼ 区域中的 "基准点" 按钮 ×× 点 ▼。按住 Ctrl 键，选取图 18.2.49 所示的边线和 ASM_FRONT 基准平面为基准点参考；单击对话框中的 确定 按钮。

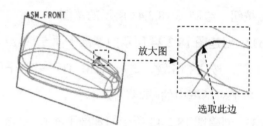

图 18.2.48　基准点 PNT8　　　　　　　　图 18.2.49　定义基准点参考

Step36. 创建图 18.2.50 所示的基准点 PNT9。单击 模型 功能选项卡 基准 ▼ 区域中的 "基准点" 按钮 ×× 点 ▼。按住 Ctrl 键，选取图 18.2.51 所示的边线和 ASM_FRONT 基准平面为基准点参考；单击对话框中的 确定 按钮。

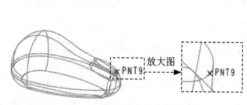

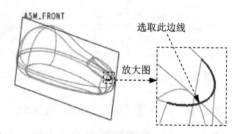

图 18.2.50　基准点 PNT9　　　　　　　　图 18.2.51　定义基准点参考

Step37. 创建图 18.2.52 所示的草图 9。在操控板中单击 "草绘" 按钮 ；选取 ASM_FRONT 基准平面为草绘平面，选取 ASM_RIGHT 基准平面为参考平面，方向为 右，单击 草绘 按钮，绘制图 18.2.52 所示的草图。

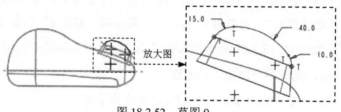

图 18.2.52　草图 9

Step38. 创建图 18.2.53 所示的基准平面 7。单击 模型 功能选项卡 基准 ▾ 区域中的"平面"按钮 ▢；选取 DTM6 基准平面为偏距参考面，在对话框中输入偏移距离值 17.0，单击对话框中的 确定 按钮。

Step39. 创建图 18.2.54 所示的草图 10。在操控板中单击"草绘"按钮 ➘；选取 DTM7 基准平面为草绘平面，选取 ASM_FRONT 基准平面为参考平面，方向为 下 ，单击 草绘 按钮，绘制图 18.2.54 所示的草图。

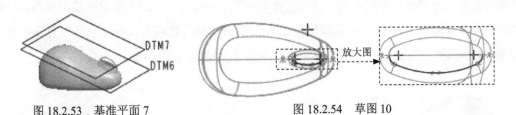

图 18.2.53 基准平面 7   图 18.2.54 草图 10

Step40. 创建图 18.2.55 所示的草图 11。在操控板中单击"草绘"按钮 ➘；选取 DTM7 基准平面为草绘平面，选取 ASM_FRONT 基准平面为参考平面，方向为 下 ，单击 草绘 按钮，绘制图 18.2.55 所示的草图。

Step41. 创建图 18.2.56 所示的边界混合曲面 2。单击"边界混合"按钮 ⬡；按住 Ctrl 键，依次选取图 18.2.57 所示的曲线 1、曲线 2、曲线 3 为第一方向曲线；单击 约束 单选项，将"方向 1"中的"第一条链"和"最后一条链"的"条件"均设置为 相切 ，并选取相对应的约束对象。单击 ✔ 按钮，完成边界混合曲面 2 的创建。

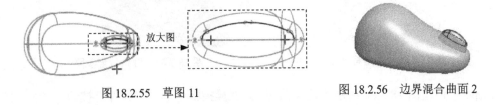

图 18.2.55 草图 11   图 18.2.56 边界混合曲面 2

Step42. 创建曲面合并 3。按住 Ctrl 键，选取图 18.2.58 所示的曲面 1 和曲面 2 为合并对象；单击 ⬡合并 按钮，单击 ✔ 按钮，完成曲面合并 3 的创建。

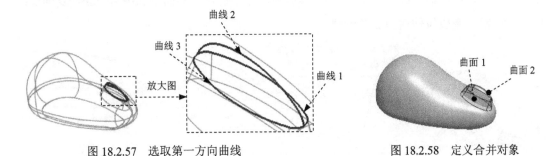

图 18.2.57 选取第一方向曲线   图 18.2.58 定义合并对象

Step43. 创建曲面合并 4。按住 Ctrl 键，选取图 18.2.59 所示的曲面 1 和曲面 2 为合并对象；单击 □合并 按钮，调整箭头方向如图 18.2.59 所示；单击 ✓ 按钮，完成曲面合并 4 的创建。

Step44. 创建图 18.2.60 所示的拉伸曲面 1。单击 模型 功能选项卡 形状 ▾ 区域中的"拉伸"按钮 □拉伸，按下操控板中的"曲面类型"按钮 □；在图形区右击，从系统弹出的快捷菜单中选择 定义内部草绘... 命令；选取 ASM_TOP 基准平面为草绘平面，选取 ASM_RIGHT 基准平面为参考平面，方向为 左；单击 草绘 按钮，绘制图 18.2.61 所示的截面草图；在操控板中选择拉伸类型为 ⊟，输入深度值 20.0，单击 选项 选项卡，在"选项"界面中选中 ☑ 封闭端 复选框；在操控板中单击 ✓ 按钮，完成拉伸曲面 1 的创建。

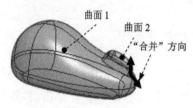
图 18.2.59　定义合并对象

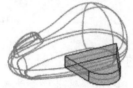
图 18.2.60　拉伸曲面 1

图 18.2.61　截面草图

Step45. 创建图 18.2.62 所示的圆角特征 2。选取图 18.2.63 所示的两条边线为圆角放置参照，在操控板的 集 选项卡中单击 完全倒圆角 按钮。

图 18.2.62　圆角特征 2

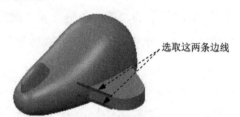
图 18.2.63　圆角放置参照

Step46. 创建图 18.2.64 所示的拉伸曲面 2。在操控板中单击"拉伸"按钮 □拉伸，按下操控板中的"曲面类型"按钮 □。选取 ASM_TOP 基准平面为草绘平面，选取 ASM_RIGHT 基准平面为参考平面，方向为 左；绘制图 18.2.65 所示的截面草图，在操控板中定义拉伸类型为 ⊟，输入深度值 10.0，单击 选项 单选项，在"选项"界面中选中 ☑ 封闭端 复选框；单击 ✓ 按钮，完成拉伸曲面 2 的创建。

图 18.2.64　拉伸曲面 2

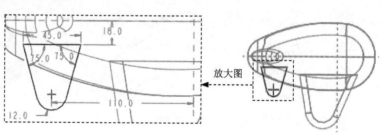
图 18.2.65　截面草图

Step47. 创建图 18.2.66 所示的圆角特征 3。选取图 18.2.67 所示的两条边线为圆角放置参照，在操控板的 集 选项卡中单击 完全倒圆角 按钮。

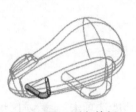

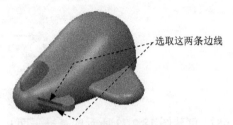

图 18.2.66　圆角特征 3　　　　图 18.2.67　圆角放置参照

Step48. 创建图 18.2.68 所示的基准平面 8。单击 模型 功能选项卡 基准▼ 区域中的"平面"按钮 ⬜，选取 ASM_RIGHT 基准平面为偏距参考面，在对话框中输入偏移距离值 25.0，单击对话框中的 确定 按钮。

Step49. 创建图 18.2.69 所示的草图 12。在操控板中单击"草绘"按钮 ；选取 ASM_TOP 基准平面为草绘平面，选取 ASM_RIGHT 基准平面为参考平面，方向为 右，单击 草绘 按钮，绘制图 18.2.69 所示的草图。

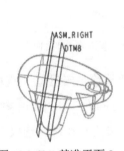

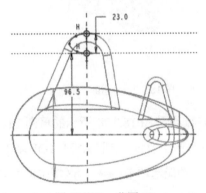

图 18.2.68　基准平面 8　　　　图 18.2.69　草图 12

Step50. 创建图 18.2.70 所示的草图 13。在操控板中单击"草绘"按钮 ；选取 DTM8 基准平面为草绘平面，选取 ASM_TOP 基准平面为参考平面，方向为 上，单击 草绘 按钮，绘制图 18.2.70 所示的草图。

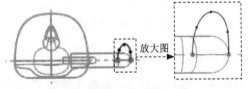

图 18.2.70　草图 13

Step51. 创建图 18.2.71 所示的基准点 PNT10。单击 模型 功能选项卡 基准▼ 区域中的"基准点"按钮 ，选取图 18.2.71 所示的曲线为基准点参考；定义"偏移"类型为 比率，输入数值 0.5；单击对话框中的 确定 按钮。

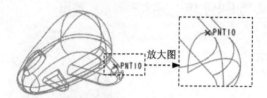

图 18.2.71　基准点 PNT10

Step52. 创建图 18.2.72 所示的基准平面 9。单击 模型 功能选项卡 基准 ▾ 区域中的"平面"按钮 ▱；选取 ASM_FRONT 基准平面和基准点 PNT10 为平面参考，单击对话框中的 确定 按钮。

Step53. 创建图 18.2.73 所示的基准点 PNT11。单击 模型 功能选项卡 基准 ▾ 区域中的"基准点"按钮 ×× 点 ▾，选取草图 12 和基准平面 9 为基准点参考；单击对话框中的 确定 按钮。

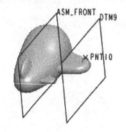

图 18.2.72　基准平面 9　　　　　　　图 18.2.73　基准点 PNT11

Step54. 创建图 18.2.74 所示的草图 14。在操控板中单击"草绘"按钮 ⬠；选取 DTM9 基准平面为草绘平面，选取 ASM_TOP 基准平面为参考平面，方向为 上，单击 草绘 按钮；单击 模型 功能选项卡 基准 ▾ 区域中的"基准点"按钮 ×× 点 ▾，按住 Ctrl 键，选取 DTM9 基准平面和图 18.2.69 所示的草图 12 为基准点参考，绘制图 18.2.74 所示的草图。

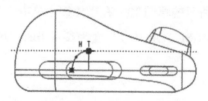

图 18.2.74　草图 14

Step55. 创建图 18.2.75 所示的边界混合曲面 3。单击"边界混合"按钮 ⬗；选取图 18.2.76 所示的曲线 1 为第一方向曲线；选取曲线 2、曲线 3 为第二方向曲线。单击 约束 单选项，将"方向 1"中的"第一条链"的"条件"设置为 自由；将"方向 2"中的"第一条链"的"条件"设置为 垂直，"最后一条链"的"条件"设置为 自由；单击 ✔ 按钮，完成边界混合曲面 3 的创建。

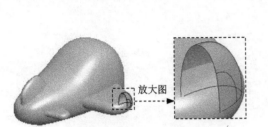
图 18.2.75　边界混合曲面 3

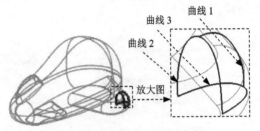
图 18.2.76　定义边界曲线

Step56. 创建图 18.2.77b 所示的镜像特征 3。在模型树中选取边界混合曲面 3 为镜像特征；选取 DTM8 基准平面为镜像平面；单击 ✓ 按钮，完成镜像特征 3 的创建。

a）镜像前

b）镜像后

图 18.2.77　镜像特征 3

Step57. 创建曲面合并 5。按住 Ctrl 键，选取图 18.2.78 所示的曲面 1 和曲面 2 为合并对象；单击 □合并 按钮，单击 ✓ 按钮，完成曲面合并 5 的创建。

Step58. 创建曲面合并 6。按住 Ctrl 键，选取图 18.2.79 所示的面组 1 和面组 2 为合并对象；单击 □合并 按钮，调整箭头方向如图 18.2.79 所示；单击 ✓ 按钮，完成曲面合并 6 的创建。

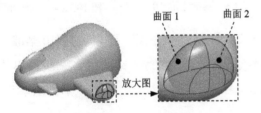
图 18.2.78　定义合并对象

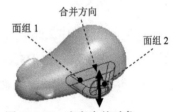
图 18.2.79　定义合并对象

Step59. 创建图 18.2.80 所示的旋转曲面 1。单击 模型 功能选项卡 形状 ▾ 区域中的"旋转"按钮 ⊕ 旋转，按下操控板中的"曲面类型"按钮 ◻；在图形区右击，从系统弹出的快捷菜单中选择 定义内部草绘 命令；选取 ASM_TOP 基准平面为草绘平面，选取 ASM_RIGHT 基准平面为参考平面，方向为 左；单击 草绘 按钮，绘制图 18.2.81 所示的截面草图（包括几何中心线）；在操控板中选择旋转类型为 ⊥，在角度文本框中输入角度值 360.0，并按 Enter 键；在操控板中单击"完成" ✓ 按钮，完成旋转曲面 1 的创建。

Step60. 创建曲面合并 7。按住 Ctrl 键，选取图 18.2.82 所示的面组 1 和曲面 2 为合并对象；单击 □合并 按钮，调整箭头方向如图 18.2.82 所示；单击 ✓ 按钮，完成曲面合并 7

的创建。

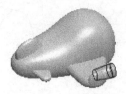

图 18.2.80　旋转曲面 1

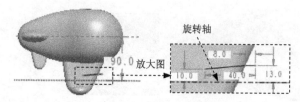

图 18.2.81　截面草图

Step61. 创建图 18.2.83 所示的基准平面 10。单击 模型 功能选项卡 基准 ▼ 区域中的"平面"按钮 ▱，选取 ASM_FRONT 基准平面为偏距参考面，在对话框中输入偏移距离值-30.0，单击对话框中的 确定 按钮。

Step62. 创建图 18.2.84 所示的拉伸曲面 3。在操控板中单击"拉伸"按钮 🔲拉伸，按下操控板中的"曲面类型"按钮 ▱。选取 DTM10 基准平面为草绘平面，选取 ASM_RIGHT 基准平面为参考平面，方向为 右；绘制图 18.2.85 所示的截面草图；在操控板中定义拉伸类型为 ⊥，输入深度值 30.0，单击 ✗ 按钮调整拉伸方向；单击 ✔ 按钮，完成拉伸曲面 3 的创建。

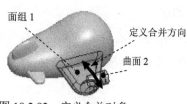

图 18.2.82　定义合并对象

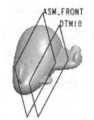

图 18.2.83　基准平面 10

图 18.2.84　拉伸曲面 3

Step63. 创建图 18.2.86 所示的填充曲面 2。单击 ▢填充 按钮；选取 DTM10 基准平面为草绘平面，选取 ASM_RIGHT 基准平面为参考平面，方向为 左；绘制图 18.2.87 所示的截面草图；单击 ✔ 按钮，完成填充曲面 2 的创建。

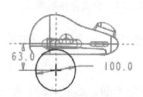

图 18.2.85　截面草图

图 18.2.86　填充曲面 2

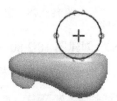

图 18.2.87　截面草图

Step64. 创建曲面合并 8。按住 Ctrl 键，选取图 18.2.88 所示的曲面 1 和曲面 2 为合并对象；单击 ⬭合并 按钮，单击 ✔ 按钮，完成曲面合并 8 的创建。

Step65. 创建图 18.2.89b 所示的镜像特征 4。选取图 18.2.89a 所示的面组为镜像特征；选取 ASM_FRONT 基准平面为镜像平面；单击 ✔ 按钮，完成镜像特征 4 的创建。

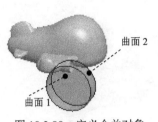

图 18.2.88 定义合并对象

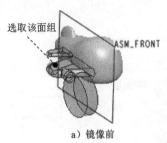

a）镜像前 b）镜像后

图 18.2.89 镜像特征 4

Step66. 创建曲面合并 9。按住 Ctrl 键，选取图 18.2.90 所示的面组 1 和面组 2 为合并对象；单击 ⏛合并 按钮，调整箭头方向如图 18.2.90 所示；单击 ✔ 按钮，完成曲面合并 9 的创建。

Step67. 创建曲面合并 10。按住 Ctrl 键，选取图 18.2.91 所示的面组 1 和面组 2 为合并对象；单击 ⏛合并 按钮，调整箭头方向如图 18.2.91 所示；单击 ✔ 按钮，完成曲面合并 10 的创建。

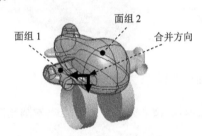

图 18.2.90 定义合并对象

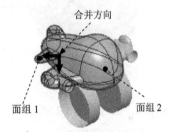

图 18.2.91 定义合并对象

Step68. 创建曲面合并 11。按住 Ctrl 键，选取图 18.2.92 所示的面组 1 和面组 2 为合并对象；单击 ⏛合并 按钮，调整箭头方向如图 18.2.92 所示；单击 ✔ 按钮，完成曲面合并 11 的创建。

Step69. 创建曲面合并 12。按住 Ctrl 键，选取图 18.2.93 所示的面组 1 和面组 2 为合并对象；单击 ⏛合并 按钮，调整箭头方向如图 18.2.93 所示；单击 ✔ 按钮，完成曲面合并 12 的创建。

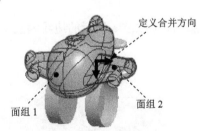

图 18.2.92 定义合并对象

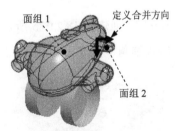

图 18.2.93 定义合并对象

Step70. 创建图 18.2.94b 所示的曲面合并 13。按住 Ctrl 键，选取图 18.2.94a 所示的面组 1 和面组 2 为合并对象；单击 ⏛合并 按钮，调整箭头方向如图 18.2.94a 所示；单击 ✔ 按钮，完成曲面合并 13 的创建。

图 18.2.94　曲面合并 13

Step71. 创建图 18.2.95b 所示的曲面合并 14。按住 Ctrl 键，选取图 18.2.95a 所示的面组 1 和面组 2 为合并对象；单击 合并 按钮，调整箭头方向如图 18.2.95a 所示；单击 按钮，完成曲面合并 14 的创建。

图 18.2.95　曲面合并 14

Step72. 创建图 18.2.96b 所示的圆角特征 4。选取图 18.2.96a 所示的边线为圆角放置参照，输入圆角半径值 2.0。

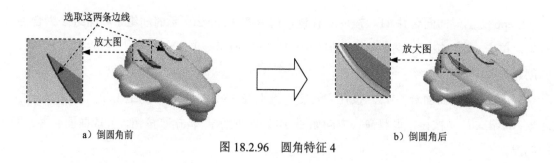

图 18.2.96　圆角特征 4

Step73. 创建图 18.2.97b 所示的圆角特征 5。选取图 18.2.97a 所示的边线为圆角放置参照，输入圆角半径值 3.0。

图 18.2.97　圆角特征 5

Step74. 创建图 18.2.98 所示的拉伸曲面 4。在操控板中单击"拉伸"按钮 ▢ 拉伸，按下操控板中的"曲面类型"按钮 ▢。选取图 18.2.99 所示的平面为草绘平面，选取 ASM_RIGHT 基准平面为参考平面，方向为 右；绘制图 18.2.100 所示的截面草图；在操控板中定义拉伸类型为 ⊥，输入深度值 5.0；单击 ✓ 按钮，完成拉伸曲面 4 的创建。

图 18.2.98　拉伸曲面 4

图 18.2.99　定义草绘平面

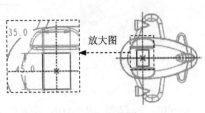

图 18.2.100　截面草图

Step75. 创建图 18.2.101 所示的基准平面 11。单击 模型 功能选项卡 基准 ▾ 区域中的"平面"按钮 ▱，选取图 18.2.101 所示的平面为偏距参考面，在对话框中输入偏移距离值 -5.0，单击对话框中的 确定 按钮。

Step76. 创建图 18.2.102 所示的填充曲面 3。单击 ▨ 填充 按钮；选取 DTM11 基准平面为草绘平面，选取 ASM_RIGHT 基准平面为参考平面，方向为 下；绘制图 18.2.103 所示的截面草图；单击 ✓ 按钮，完成填充曲面 3 的创建。

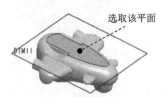

图 18.2.101　基准平面 11

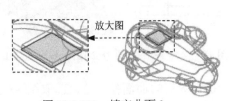

图 18.2.102　填充曲面 3

图 18.2.103　截面草图

Step77. 创建曲面合并 15。按住 Ctrl 键，在模型树中选取 Step74 所创建的拉伸曲面 4 和 Step76 所创建的填充曲面 3 为合并对象；单击 ▱ 合并 按钮，单击 ✓ 按钮，完成曲面合并 15 的创建。

Step78. 创建图 18.2.104b 所示的曲面合并 16。按住 Ctrl 键，选取图 18.2.104a 所示的面组 1 和面组 2 为合并对象；单击 ▱ 合并 按钮，调整箭头方向如图 18.2.104a 所示；单击 ✓ 按钮，完成曲面合并 16 的创建。

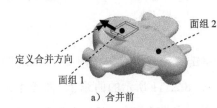

a）合并前　　　　　　　　　　　　　　　　b）合并后

图 18.2.104　曲面合并 16

Step79. 创建图 18.2.105b 所示的圆角特征 6。选取图 18.2.105a 所示的边线为圆角放置参照，输入圆角半径值 2.0。

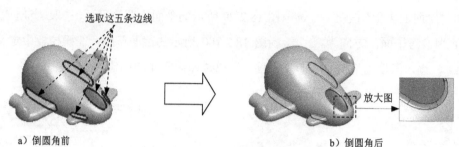

选取这五条边线

放大图

a）倒圆角前   b）倒圆角后

图 18.2.105   圆角特征 6

Step80. 创建图 18.2.106 所示的草图 15。在操控板中单击"草绘"按钮 ；选取 ASM_RIGHT 基准平面为草绘平面，选取 ASM_TOP 基准平面为参照平面，方向为 上 ，单击 草绘 按钮，绘制图 18.2.106 所示的草图。

Step81. 创建图 18.2.107 所示的投影曲线 1。在模型树中选取 Step80 所创建的草图 15；单击 模型 功能选项卡 编辑▼ 区域中的 投影 按钮；选取图 18.2.108 所示的曲面为投影面，接受系统默认的投影方向；单击 按钮，完成投影曲线 1 的创建。

放大图

投影曲线

投影曲面

图 18.2.106   草图 15   图 18.2.107   投影曲线 1   图 18.2.108   定义投影面

Step82. 创建图 18.2.109b 所示的曲面修剪 2。选取图 18.2.109a 所示的面组为要修剪的曲面，单击 修剪 按钮；选取图 18.2.109a 所示的投影曲线 1 作为修剪对象，调整图形区中的箭头使其指向要保留的部分，如图 18.2.109a 所示；单击 按钮，完成曲面修剪 2 的创建。

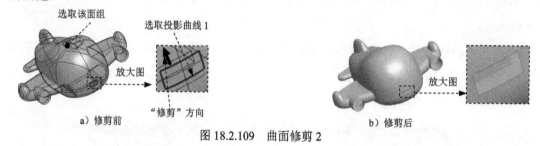

选取该面组

选取投影曲线 1

放大图

放大图

a）修剪前   "修剪"方向   b）修剪后

图 18.2.109   曲面修剪 2

Step83. 创建图 18.2.110 所示的边界混合曲面 4。单击"边界混合"按钮 ；选取图 18.2.111 所示的曲线 1 和曲线 2 为第一方向曲线，选取图 18.2.111 所示的曲线 3、曲线 4 为第二方向曲线；单击 约束 选项卡，将"方向 1"中的"第一条链"和"最后一条链"的"条件"均设置为 自由 ，将"方向 2"中的"第一条链"和"最后一条链"的"条件"均设置为 自由；

单击 ✓ 按钮，完成边界混合曲面 4 的创建。

注意：在选择曲线时，最好将投影曲线隐藏，以免选错。后面与此类似情况不再说明。

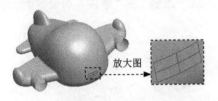

图 18.2.110 边界混合曲面 4

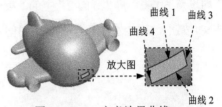

图 18.2.111 定义边界曲线

Step84. 创建曲面合并 17。按住 Ctrl 键，选取图 18.2.112 所示的面组 1 和面组 2 为合并对象；单击 🔲合并 按钮；单击 ✓ 按钮，完成曲面合并 17 的创建。

Step85. 创建图 18.2.113 所示的投影曲线 2。在模型树中选取 Step80 所创建的草图 15，单击 🔅投影 按钮；选取图 18.2.114 所示的曲面为投影面，接受系统默认的投影方向；单击 ✓ 按钮，完成投影曲线 2 的创建。

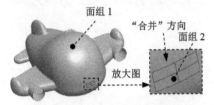

图 18.2.112 定义合并对象

图 18.2.113 投影曲线 2

图 18.2.114 定义投影面

Step86. 创建图 18.2.115b 所示的曲面修剪 3。选取图 18.2.115a 所示的面组为要修剪的曲面，单击 🔲修剪 按钮；选取图 18.2.116 所示的投影曲线 2 作为修剪对象，调整图形区中的箭头使其指向要保留的部分；单击 ✓ 按钮，完成曲面修剪 3 的创建。

a）修剪前

b）修剪后

图 18.2.115 曲面修剪 3

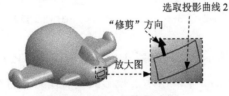

图 18.2.116 定义修剪对象

Step87. 创建图 18.2.117 所示的边界混合曲面 5。单击"边界混合"按钮 🔲；选取图

18.2.118 所示的曲线 1 和曲线 2 为第一方向曲线，选取图 18.2.118 所示的曲线 3、曲线 4 为第二方向曲线；单击 约束 选项卡，将"方向 1"中的"第一条链"和"最后一条链"的"条件"均设置为 自由，将"方向 2"中的"第一条链"和"最后一条链"的"条件"均设置为 自由；单击 ✓ 按钮，完成边界混合曲面 5 的创建。

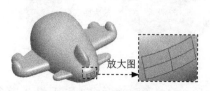
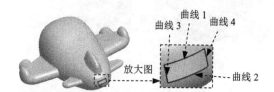

图 18.2.117　边界混合曲面 5　　　　　　　图 18.2.118　定义边界曲线

Step88. 创建曲面合并 18。按住 Ctrl 键，选取图 18.2.119 所示的面组 1 和面组 2 为合并对象；单击 ⊡合并 按钮，单击 ✓ 按钮，完成曲面合并 18 的创建。

Step89. 创建图 18.2.120 所示的草图 16。在操控板中单击"草绘"按钮 ⌒；选取 ASM_FRONT 基准平面为草绘平面，选取 ASM_RIGHT 基准平面为参考平面，方向为 右，单击 草绘 按钮，绘制图 18.2.120 所示的草图。

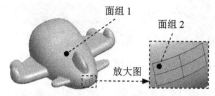
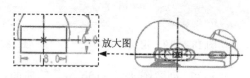

图 18.2.119　定义合并对象　　　　　　　图 18.2.120　草图 16

Step90. 创建图 18.2.121 所示的投影曲线 3。在模型树中选取 Step89 所创建的草图 16，单击 ⌒投影 按钮；选取图 18.2.122 所示的曲面为投影面，接受系统默认的投影方向；单击 ✓ 按钮，完成投影曲线 3 的创建。

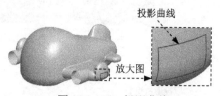

图 18.2.121　投影曲线 3　　　　　　　图 18.2.122　定义投影面

Step91. 创建图 18.2.123b 所示的曲面修剪 4。选取图 18.2.123a 所示的面组为要修剪的曲面，单击 ⌒修剪 按钮；选取图 18.2.124 所示的投影曲线 3 作为修剪对象，调整图形区中的箭头使其指向要保留的部分；单击 ✓ 按钮，完成曲面修剪 4 的创建。

a) 修剪前

图 18.2.123 曲面修剪 4 b) 修剪后

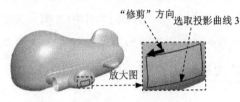

图 18.2.124 定义修剪对象

Step92. 创建图 18.2.125 所示的边界混合曲面 6。单击"边界混合"按钮 ；选取图 18.2.126 所示的曲线 1 和曲线 2 为第一方向曲线，选取图 18.2.126 所示的曲线 3、曲线 4 为第二方向曲线；单击 约束 选项卡，将"方向 1"中的"第一条链"和"最后一条链"的"条件"均设置为 自由，将"方向 2"中的"第一条链"和"最后一条链"的"条件"均设置为 自由；单击 ✔ 按钮，完成边界混合曲面 6 的创建。

Step93. 创建曲面合并 19。按住 Ctrl 键，选取图 18.2.127 所示的面组 1 和面组 2 为合并对象；单击 合并 按钮，单击 ✔ 按钮，完成曲面合并 19 的创建。

图 18.2.125 边界混合曲面 6

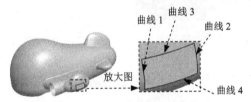

图 18.2.126 定义边界曲线

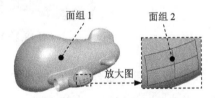

图 18.2.127 定义合并对象

Step94. 创建图 18.2.128 所示的投影曲线 4。在模型树中选取 Step89 创建的草图 16，单击 投影 按钮；选取图 18.2.129 所示的曲面为投影面，接受系统默认的投影方向；单击 ✔ 按钮，完成投影曲线 4 的创建。

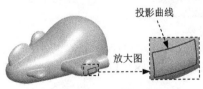

图 18.2.128 投影曲线 4

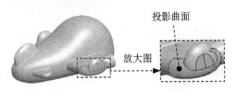

图 18.2.129 定义投影面

Step95. 创建图 18.2.130b 所示的曲面修剪 5。选取图 18.2.130a 所示的面组为要修剪的曲面，单击 修剪 按钮；选取图 18.2.131 所示的投影曲线 4 作为修剪对象，调整图形区中的箭头使其指向要保留的部分；单击 ✔ 按钮，完成曲面修剪 5 的创建。

Step96. 创建图 18.2.132 所示的边界混合曲面 7。单击"边界混合"按钮 ；选取图 18.2.133 所示的曲线 1 和曲线 2 为第一方向曲线，选取图 18.2.133 所示的曲线 3、曲线 4 为第二方向曲线，单击 约束 选项卡，将"方向 1"中的"第一条链"和"最后一条链"的"条件"均设置为 自由，将"方向 2"中的"第一条链"和"最后一条链"的"条件"均设置为 自由；单击 ✔ 按钮，完成边界混合曲面 7 的创建。

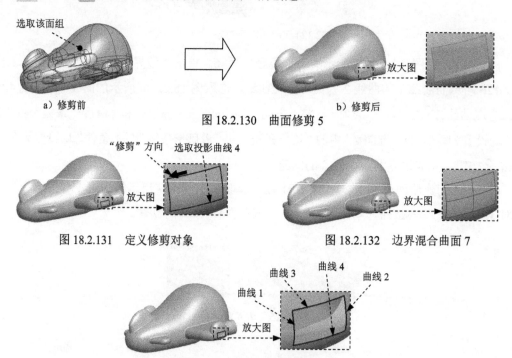

a）修剪前　　　　　　　　　　　　　　b）修剪后

图 18.2.130　曲面修剪 5

图 18.2.131　定义修剪对象　　　　　　图 18.2.132　边界混合曲面 7

图 18.2.133　定义边界曲线

Step97. 创建曲面合并 20。按住 Ctrl 键，选取图 18.2.134 所示的面组 1 和面组 2 为合并对象；单击 合并 按钮，单击 ✔ 按钮，完成曲面合并 20 的创建。

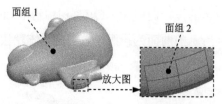

图 18.2.134　定义合并对象

Step98. 创建图 18.2.135 所示的拔模偏移曲面 1。选取图 18.2.136 所示的单个曲面为要拔模偏移的曲面；单击 模型 功能选项卡 编辑 ▾ 区域中的 偏移 按钮；在操控板的偏移类型栏中选择"拔模偏移"选项 ；单击操控板中的 选项 选项卡，选择 垂直于曲面 选项；选中 侧曲面垂直于 区域中的 ◉ 曲面 选项与 侧面轮廓 区域中的 ◉ 直 选项；在绘图区右击，选择 定义内部草绘... 命令；选取 ASM_TOP 基准平面为草绘平面，选取 ASM_RIGHT 基准平面为参考平面，方向为 右，绘制图 18.2.137 所示的截面草图（草图中大圆弧的圆心在竖直线的中点）；在操控板中输入偏移值 3.0，输入侧面的拔模角度值 10.0，如偏移方向与目标方向相反，单击 按钮调整偏移方向；单击 ✔ 按钮，完成拔模偏移曲面 1 的创建。

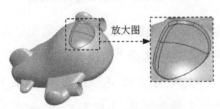
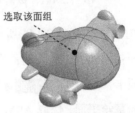

图 18.2.135　拔模偏移曲面 1　　　　图 18.2.136　拔模偏移曲面参考

　　Step99. 创建图 18.2.138 所示的拔模偏移曲面 2。选取图 18.2.139 所示的面组为要拔模偏移的曲面；单击 偏移 按钮；在操控板的偏移类型栏中选择"拔模偏移"选项 ；单击 选项 选项卡，选择 垂直于曲面 选项，并选中 ◉ 曲面 选项与 ◉ 直 选项；在绘图区右击，选择 定义内部草绘... 命令；选取 ASM_FRONT 基准平面为草绘平面，选取 ASM_RIGHT 基准平面为参考平面，方向为 右，绘制图 18.2.140 所示的截面草图；输入偏移值 2.5，输入侧面的拔模角度值 25.0，单击 按钮调整偏移方向；单击 ✔ 按钮，完成拔模偏移曲面 2 的创建。

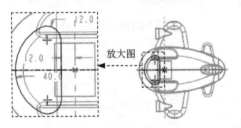
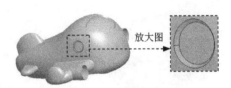

图 18.2.137　截面草图　　　　图 18.2.138　拔模偏移曲面 2

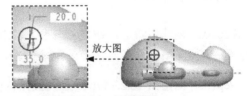

图 18.2.139　拔模偏移曲面参考　　　　图 18.2.140　截面草图

　　Step100. 创建图 18.2.141 所示的拔模偏移曲面 3。选取图 18.2.142 所示的面组为要拔模偏移的曲面；单击 偏移 按钮；在操控板的偏移类型栏中选择"拔模偏移"选项 ；单击 选项 选项卡，选择 垂直于曲面 选项，并选中 ◉ 曲面 选项与 ◉ 直 选项；在绘图区右击，选择定义内部草绘... 命令；选择 ASM_FRONT 基准平面为草绘平面，选取 ASM_RIGHT 基准平面为参考平面，方向为 右，绘制图 18.2.143 所示的截面草图；输入偏移值 2.5，输入侧面的拔模角度值 25.0，单击 ✕ 按钮调整偏移方向；单击 ✔ 按钮，完成拔模偏移曲面 3 的创建。

图 18.2.141　拔模偏移曲面 3

图 18.2.142　拔模偏移曲面

Step101. 创建图 18.2.144 所示的拔模偏移曲面 4。选取图 18.2.145 所示的面组为要拔模偏移的曲面；单击 偏移 按钮；在操控板的偏移类型栏中选择"拔模偏移"选项 ；单击 选项 选项卡，选择 垂直于曲面 选项，并选中 曲面 选项与 直 选项；选择 ASM_FRONT 基准平面为草绘平面，选取 ASM_RIGHT 基准平面为参考平面，方向为 右，绘制图 18.2.146 所示的截面草图；输入偏移值 2.5，输入侧面的拔模角度值 20.0，单击 ✕ 按钮调整偏移方向；单击 ✔ 按钮，完成拔模偏移曲面 4 的创建。

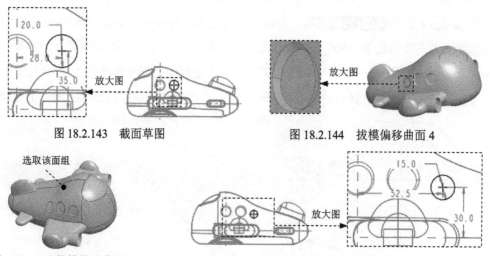

图 18.2.143　截面草图

图 18.2.144　拔模偏移曲面 4

图 18.2.145　拔模偏移曲面

图 18.2.146　截面草图

Step102. 创建组特征。按住 Ctrl 键，在模型树中选择 Step99~Step101 所创建的特征后右击，在系统弹出的快捷菜单中选择 组 命令，完成组特征的创建。

Step103. 创建图 18.2.147b 所示的圆角特征 7。选取图 18.2.147a 所示的边线为圆角放置参照，输入圆角半径值 1.0。

Step104. 创建图 18.2.148b 所示的圆角特征 8。选取图 18.2.148a 所示的边线为圆角放置参照，输入圆角半径值 1.0。

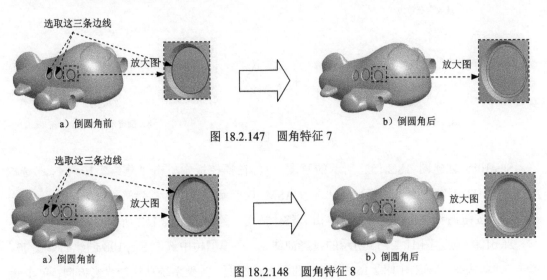

选取这三条边线　放大图

a）倒圆角前

放大图

b）倒圆角后

图 18.2.147　圆角特征 7

选取这三条边线　放大图

a）倒圆角前

放大图

b）倒圆角后

图 18.2.148　圆角特征 8

Step105. 创建图 18.2.149b 所示的镜像特征 5。在模型树中选取 Step102 所创建的组特征为镜像特征；选取 ASM_FRONT 基准平面为镜像平面；单击操控板中的 ✔ 按钮，然后选取图 18.2.145 所示的对应面组为新的参考，单击 ✔ 按钮，直至结果如图 18.2.149b 所示，完成镜像特征 5 的创建。

ASM_FRONT

a）镜像前

b）镜像后

图 18.2.149　镜像特征 5

Step106. 创建图 18.2.150b 所示的圆角特征 9。选取图 18.2.150a 所示的边线为圆角放置参照，输入圆角半径值 1.0。

选取这三条边线

放大图

a）倒圆角前

放大图

b）倒圆角后

图 18.2.150　圆角特征 9

Step107. 创建图 18.2.151b 所示的圆角特征 10。选取图 18.2.151a 所示的边线为圆角放置参照，输入圆角半径值 1.0。

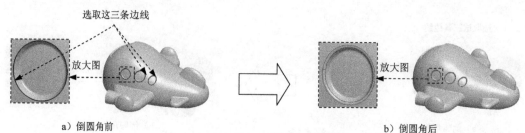

a）倒圆角前

b）倒圆角后

图 18.2.151 圆角特征 10

Step108. 创建图 18.2.152 所示的草图 17。在操控板中单击"草绘"按钮 ；选取 ASM_RIGHT 基准平面为草绘平面，选取 ASM_TOP 基准平面为参考平面，方向为 上 ，单击 反向 按钮调整草绘视图方向，单击 草绘 按钮，绘制图 18.2.152 所示的草图。

Step109. 创建图 18.2.153 所示的投影曲线 5。在模型树中选取 Step108 创建的草图 17，单击 投影 按钮；选取图 18.2.154 所示的曲面为投影面，接受系统默认的投影方向；单击 按钮，完成投影曲线 5 的创建。

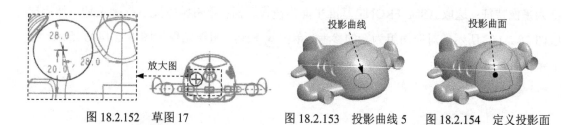

图 18.2.152 草图 17

图 18.2.153 投影曲线 5

图 18.2.154 定义投影面

Step110. 创建图 18.2.155 所示的基准平面 12。单击 模型 功能选项卡 基准 ▼ 区域中的 "平面"按钮 ，选取 ASM_TOP 基准平面为偏距参考面，在对话框中输入偏移距离值 20.0，单击对话框中的 确定 按钮。

Step111. 创建图 18.2.156b 所示的曲面修剪 6。选取图 18.2.156a 所示的面组为要修剪的曲面；单击 修剪 按钮；选取图 18.2.157 所示的投影曲线 5 作为修剪对象，调整图形区中的箭头使其指向要保留的部分，如图 18.2.157 所示；单击 按钮，完成曲面修剪 6 的创建。

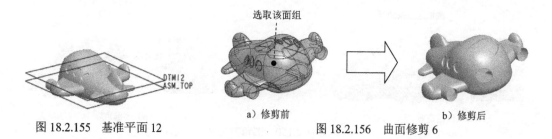

a）修剪前

b）修剪后

图 18.2.155 基准平面 12

图 18.2.156 曲面修剪 6

Step112. 创建图 18.2.158 所示的交截曲线 1。按住 Ctrl 键，选取 DTM12 基准平面与图 18.2.159 所示的面组为交截对象；单击 模型 功能选项卡 编辑 ▼ 区域中的 相交 按钮，完成交截曲线的创建。

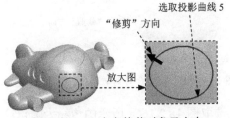

图 18.2.157 定义修剪对象及方向

图 18.2.158 交截曲线 1

图 18.2.159 选取交截对象

Step113. 创建图 18.2.160 所示的草图 18。在操控板中单击"草绘"按钮 ；选取 DTM12 基准平面为草绘平面，选取 ASM_RIGHT 基准平面为参考平面，方向为 上，单击 草绘 按钮，绘制图 18.2.160 所示的草图。

Step114. 创建图 18.2.161 所示的边界混合曲面 8。单击"边界混合"按钮 ；按住 Ctrl 键，依次选取图 18.2.162 所示的曲线 1、曲线 2 和曲线 3 为第一方向曲线，单击 约束 单选项，将"方向 1"中的"第一条链"和"最后一条链"的"条件"均设置为 自由；单击 按钮，完成边界混合曲面 8 的创建。

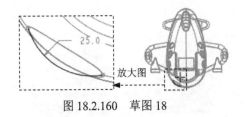

图 18.2.160 草图 18

图 18.2.161 边界混合曲面 8

Step115. 创建图 18.2.163b 所示的镜像特征 6。在模型树中选取 Step114 创建的边界混合曲面 8 为镜像特征；选取 ASM_FRONT 基准平面为镜像平面；单击 按钮，完成镜像特征 6 的创建。

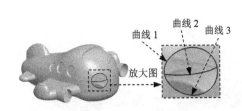

图 18.2.162 定义边界曲线

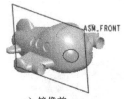

a）镜像前

b）镜像后

图 18.2.163 镜像特征 6

Step116. 创建曲面合并 21。按住 Ctrl 键，在绘图区选取图 18.2.164 所示的面组 1 和曲面 2 为合并对象；单击 合并 按钮，单击 按钮，完成曲面合并 21 的创建。

Step117. 创建曲面合并 22。按住 Ctrl 键，在绘图区选取图 18.2.165 所示的面组 1 和曲面 2 为合并对象；单击 合并 按钮，调整箭头方向如图 18.2.165 所示；单击 按钮，完成曲面合并 22 的创建。

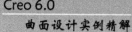

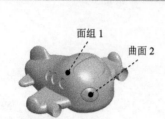

图 18.2.164　定义合并对象

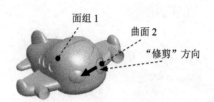

图 18.2.165　定义合并对象

Step118. 创建图 18.2.166b 所示的圆角特征 11。选取图 18.2.166a 所示的边线为圆角放置参照，输入圆角半径值 8.0。

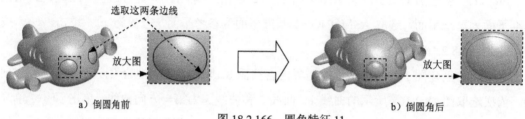

图 18.2.166　圆角特征 11

Step119. 创建图 18.2.167b 所示的圆角特征 12。选取图 18.2.167a 所示的边线为圆角放置参照，输入圆角半径值 2.0。

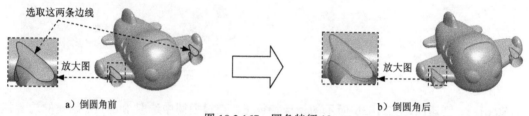

图 18.2.167　圆角特征 12

Step120. 创建图 18.2.168b 所示的圆角特征 13。选取图 18.2.168a 所示的边线为圆角放置参照，输入圆角半径值 3.0。

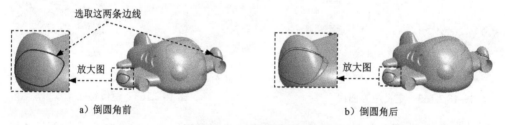

图 18.2.168　圆角特征 13

Step121. 创建图 18.2.169 所示的草图 19。在操控板中单击"草绘"按钮；选取 ASM_RIGHT 基准平面为草绘平面，选取 ASM_TOP 基准平面为参考平面，方向为 上，单击 反向 按钮调整草绘视图方向，单击 草绘 按钮，绘制图 18.2.169 所示的草图。

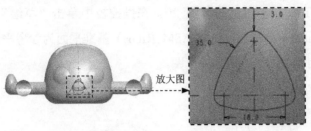

图 18.2.169　草图 19

Step122. 创建图 18.2.170 所示的投影曲线 6。在模型树中选取 Step121 创建的草图 19，单击 ∞投影 按钮；选取图 18.2.171 所示的曲面为投影面，接受系统默认的投影方向；单击 ✔ 按钮，完成投影曲线 6 的创建。

图 18.2.170　投影曲线 6

图 18.2.171　定义投影面

Step123. 创建图 18.2.172b 所示的曲面修剪 7。选取图 18.2.172a 所示的面组为要修剪的曲面；单击 修剪 按钮；选取图 18.2.173 所示的投影曲线 6 作为修剪对象，调整图形区中的箭头使其指向要保留的部分；单击 ✔ 按钮，完成曲面修剪 7 的创建。

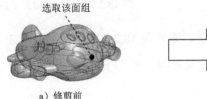

图 18.2.172　曲面修剪 7

图 18.2.173　定义修剪对象

Step124. 创建图 18.2.174 所示的交截曲线 2。按住 Ctrl 键，选取图 18.2.175 所示的面组和 ASM_FRONT 基准平面为交截对象，单击 相交 按钮，完成交截曲线 2 的创建。

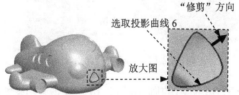

图 18.2.174　交截曲线 2

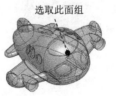

图 18.2.175　选取交截对象

Step125. 创建图 18.2.176 所示的草图 20。在操控板中单击"草绘"按钮 ；选取 ASM_FRONT 基准平面为草绘平面，选取 ASM_RIGHT 基准平面为参考平面，方向为 右，单击 草绘 按钮，绘制图 18.2.176 所示的草图。

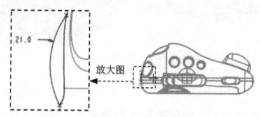

图 18.2.176　草图 20

Step126. 创建图 18.2.177 所示的边界混合曲面 9。单击"边界混合"按钮 ；按住 Ctrl 键，选取图 18.2.178 所示的曲线 1、曲线 2 和曲线 3 为第一方向曲线（选取曲线方法参照随书附赠资源视频）；单击 按钮，完成边界混合曲面 9 的创建。

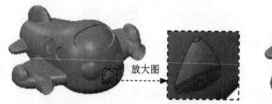

图 18.2.177　边界混合曲面 9

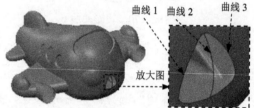

图 18.2.178　定义边界曲线

Step127. 创建曲面合并 23。按住 Ctrl 键，选取图 18.2.179 所示的面组 1 和曲面 2 为合并对象；单击 合并 按钮，单击 按钮，完成曲面合并 23 的创建。

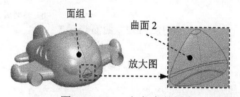

图 18.2.179　定义合并对象

Step128. 创建图 18.2.180b 所示的圆角特征 14。选取图 18.2.180a 所示的边线为圆角放置参照，输入圆角半径值 2.0。

a）倒圆角前　　　　　　　　　　　　　　　　　b）倒圆角后

图 18.2.180　圆角特征 14

Step129. 创建图 18.2.181b 所示的圆角特征 15。选取图 18.2.181a 所示的边线为圆角放置参照，输入圆角半径值 2.5。

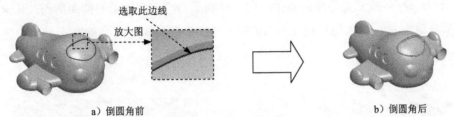

a）倒圆角前

b）倒圆角后

图 18.2.181 圆角特征 15

Step130. 创建图 18.2.182b 所示的圆角特征 16。选取图 18.2.182a 所示的边线为圆角放置参照，输入圆角半径值 1.5。

a）倒圆角前

b）倒圆角后

图 18.2.182 圆角特征 16

Step131. 创建图 18.2.183b 所示的曲面加厚 1。选取图 18.2.183a 所示的曲面为要加厚的对象；单击 模型 功能选项卡 编辑 ▾ 区域中的 加厚 按钮；在操控板中输入厚度值 1.0，调整加厚方向如图 18.2.183a 所示；单击 ✔ 按钮，完成曲面加厚 1 的操作。

Step132. 创建图 18.2.184 所示的拉伸特征 5。在操控板中单击"拉伸"按钮 拉伸，按下操控板中的"移除材料"按钮 。选取 ASM_RIGHT 基准平面为草绘平面，选取 ASM_TOP 基准平面为参考平面，方向为 上；绘制图 18.2.185 所示的截面草图；在操控板中定义拉伸类型为 ；单击 ✔ 按钮，完成拉伸特征 5 的创建。

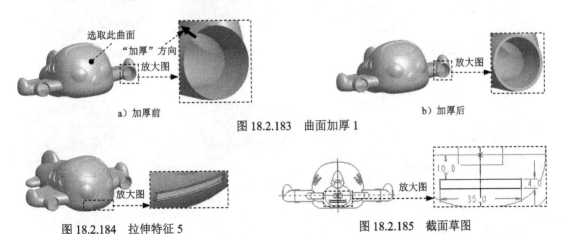

a）加厚前

b）加厚后

图 18.2.183 曲面加厚 1

图 18.2.184 拉伸特征 5

图 18.2.185 截面草图

Step133. 创建图 18.2.186 所示的拉伸特征 6。在操控板中单击“拉伸”按钮 拉伸 。选取图 18.2.187 所示的平面 1 为草绘平面，选取图 18.2.187 所示的平面 2 为参考平面，方向为 下 ，单击 反向 按钮调整草绘视图方向；绘制图 18.2.188 所示的截面草图；在操控板中定义拉伸类型为 ⊔ ，输入深度值 1.5；单击 ⁄ 按钮调整拉伸方向；单击 ✔ 按钮，完成拉伸特征 6 的创建。

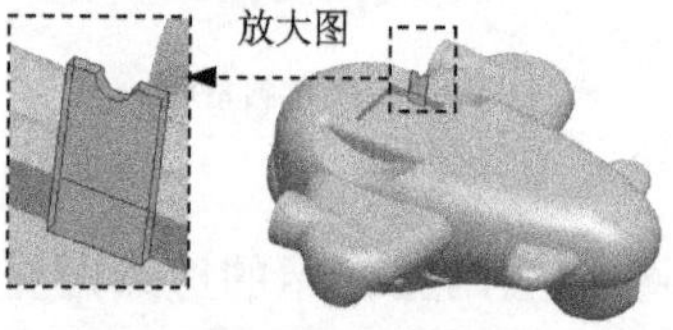

图 18.2.186　拉伸特征 6

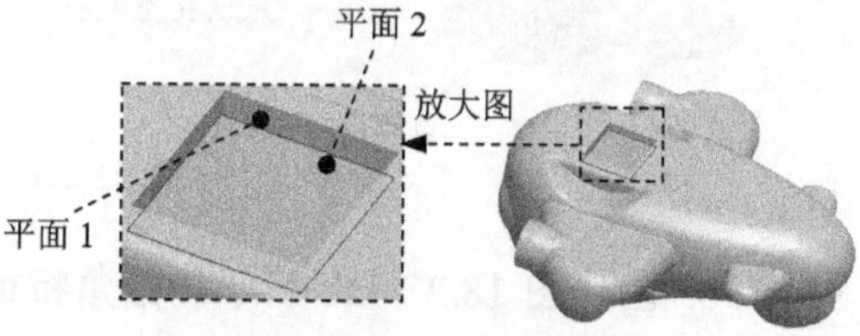

图 18.2.187　定义草绘平面

Step134. 创建图 18.2.189 所示的轮廓筋特征 1。单击 模型 功能选项卡 工程 ▾ 区域 筋 ▾ 下的 轮廓筋 按钮；在图形区右击，从系统弹出的快捷菜单中选择 定义内部草绘... 命令；选取 ASM_RIGHT 基准平面为草绘平面，选取 ASM_TOP 基准平面为参考平面，方向为 上 ；单击 草绘 按钮，绘制图 18.2.190 所示的截面草图；在图形区单击箭头调整筋的生成方向指向实体侧，采用系统默认的加厚方向，在厚度文本框中输入筋的厚度值 1.5；在操控板中单击 ✔ 按钮，完成轮廓筋特征 1 的创建。

Step135. 创建图 18.2.191b 所示的镜像特征 7。在模型树中选取图 18.2.191a 所示的 Step133 所创建的拉伸特征 6 和 Step134 所创建的轮廓筋特征 1 为镜像特征；选取 ASM_FRONT 基准平面为镜像平面；单击 ✔ 按钮，完成镜像特征 7 的创建。

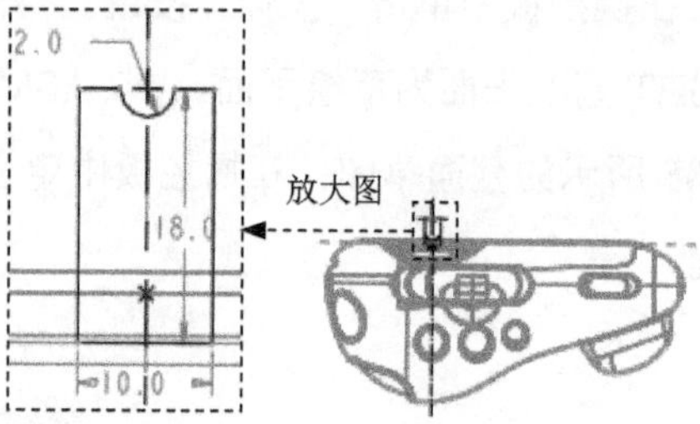

图 18.2.188　截面草图

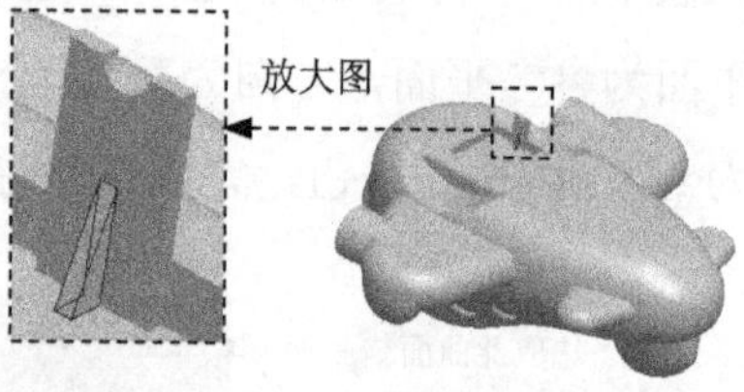

图 18.2.189　轮廓筋特征 1

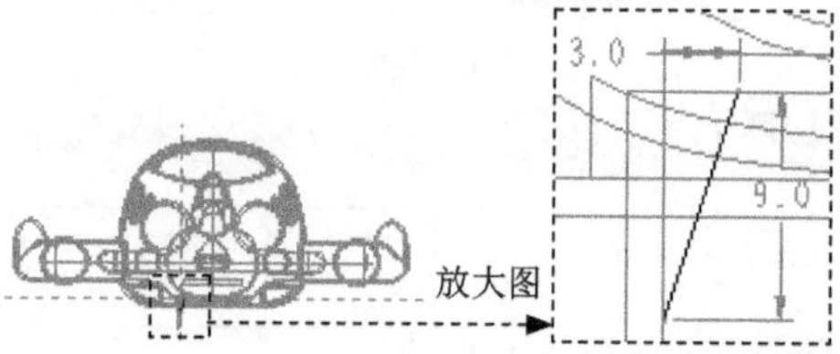

图 18.2.190　截面草图

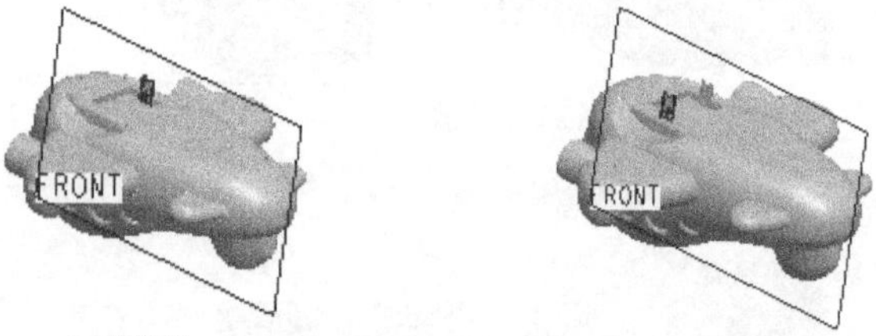

a）镜像前　　b）镜像后

图 18.2.191　镜像特征 7

Step136. 创建图 18.2.192 所示的拉伸特征 7。在操控板中单击“拉伸”按钮 拉伸 。选取图 18.2.193 所示的模型表面为草绘平面，选取 ASM_RIGHT 基准平面为参考平面，方向为 右；绘制图 18.2.194 所示的截面草图；在操控板中定义拉伸类型为 ⊥，输入深度值 20.0；单击 ✓ 按钮，完成拉伸特征 7 的创建。

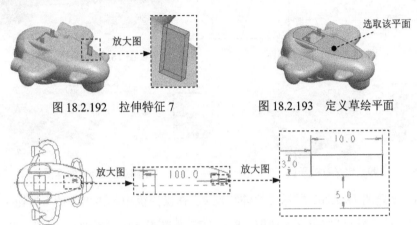

图 18.2.192　拉伸特征 7　　　　　图 18.2.193　定义草绘平面

图 18.2.194　截面草图

Step137. 创建图 18.2.195 所示的基准平面 13。单击 模型 功能选项卡 基准 ▼ 区域中的"平面"按钮 ▱；选取 ASM_RIGHT 基准平面为偏距参考面，在对话框中输入偏移距离值 105.0，单击对话框中的 确定 按钮。

Step138. 创建图 18.2.196 所示的轮廓筋特征 2。单击 模型 功能选项卡 工程 ▼ 区域 👉 筋 ▼ 下的 👉 轮廓筋 按钮。选取 DTM13 基准平面为草绘平面，选取 ASM_TOP 基准平面为参考平面，方向为 上；绘制图 18.2.197 所示的截面草图，在图形区单击箭头调整筋的生成方向指向实体侧，采用系统默认的加厚方向，在厚度文本框中输入筋的厚度值 1.5；单击 ✓ 按钮，完成轮廓筋特征 2 的创建。

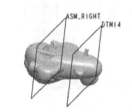

图 18.2.195　基准平面 13

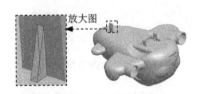

图 18.2.196　轮廓筋特征 2

Step139. 创建图 18.2.198 所示的拉伸特征 8。在操控板中单击"拉伸"按钮 拉伸，按下操控板中的"移除材料"按钮 ⌀。选取图 18.2.199 所示的平面 1 为草绘平面，选取图 18.2.199 所示的平面 2 为参考平面，方向为 上；绘制图 18.2.200 所示的截面草图，在操控板中定义拉伸类型为 ⊟；单击 ✓ 按钮，完成拉伸特征 8 的创建。

Step140. 创建图 18.2.201b 所示的镜像特征 8。在模型树中选取图 18.2.201a 所示的 Step136 创建的拉伸特征 7、Step138 所创建的轮廓筋特征 2 和 Step139 所创建的拉伸特征 8

为镜像特征；选取 ASM_FRONT 基准平面为镜像平面；单击 ✔ 按钮，完成镜像特征 8 的创建。

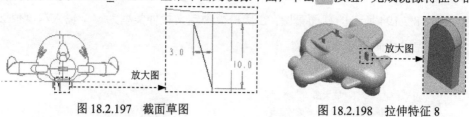

图 18.2.197　截面草图　　　　　　　　　　图 18.2.198　拉伸特征 8

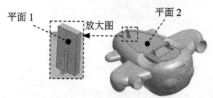

图 18.2.199　定义草绘平面　　　　　　　　图 18.2.200　截面草图

Step141. 创建图 18.2.202 所示的拉伸特征 9。在操控板中单击"拉伸"按钮 拉伸，按下操控板中的"移除材料"按钮 ◿。选取 ASM_TOP 基准平面为草绘平面，选取 ASM_RIGHT 基准平面为参考平面，方向为 右；绘制图 18.2.203 所示的截面草图，在操控板中定义拉伸类型为 ⫠，输入深度值 42.0；单击 ✔ 按钮，完成拉伸特征 9 的创建。

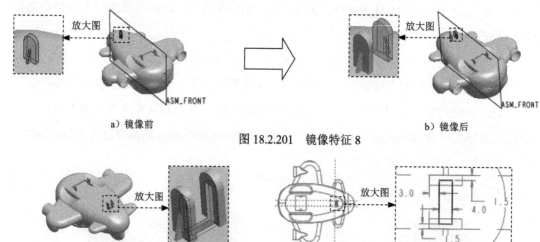

a）镜像前　　　　　　　　　　　　　　　　b）镜像后

图 18.2.201　镜像特征 8

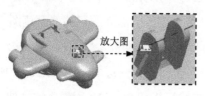

图 18.2.202　拉伸特征 9　　　　　　　　　图 18.2.203　截面草图

Step142. 创建图 18.2.204 所示的基准轴 A_20。单击 模型 功能选项卡 基准 ▾ 区域中的"基准轴"按钮 ⁄ 轴。选取图 18.2.205 所示的曲面，将其约束类型设置为 穿过，单击对话框中的 确定 按钮。

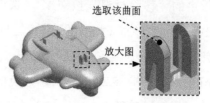

图 18.2.204　基准轴 A_20　　　　　　　　图 18.2.205　定义基准轴参照

Step143. 创建图 18.2.206 所示的孔特征 1。单击 模型 功能选项卡 工程 ▼ 区域中的 孔 按钮；采用系统默认的孔类型 ⬚，按住 Ctrl 键，选取图 18.2.207 所示的面及轴线 A_20 为 孔的放置参考；在操控板中单击 形状 按钮，按照图 18.2.208 所示的"形状"界面中的参数设置来定义孔的形状；在操控板中单击 ✔ 按钮，完成孔特征 1 的创建。

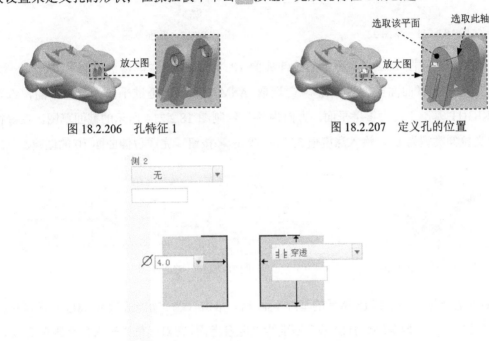

图 18.2.206 孔特征 1   图 18.2.207 定义孔的位置

图 18.2.208 定义孔参数

Step144. 创建图 18.2.209 所示的草图 21。在操控板中单击"草绘"按钮 ；选取 ASM_TOP 基准平面为草绘平面，选取 ASM_RIGHT 基准平面为参考平面，方向为 右，单击 草绘 按钮，绘制图 18.2.210 所示的截面草图。

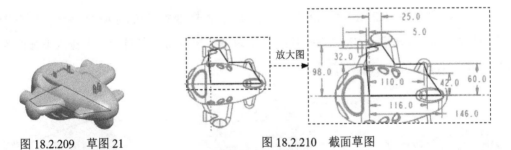

图 18.2.209 草图 21   图 18.2.210 截面草图

Step145. 创建图 18.2.211 所示的草图 22。在操控板中单击"草绘"按钮 ；选取 ASM_TOP 基准平面为草绘平面，选取 ASM_RIGHT 基准平面为参考平面，方向为 右，单击 草绘 按钮，绘制图 18.2.212 所示的截面草图。

图 18.2.211　草图 22

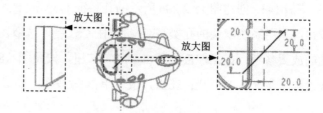

图 18.2.212　截面草图

Step146. 创建图 18.2.213 所示的拉伸曲面 10。在操控板中单击"拉伸"按钮 拉伸，按下操控板中的"曲面类型"按钮。选取 ASM_FRONT 基准平面为草绘平面，选取 ASM_RIGHT 基准平面为参考平面，方向为 右；绘制图 18.2.214 所示的截面草图，在操控板中定义拉伸类型为，输入深度值 255.0；单击 按钮，完成拉伸曲面 10 的创建。

图 18.2.213　拉伸曲面 10

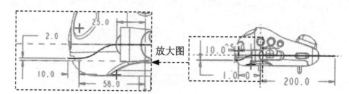

图 18.2.214　截面草图

Step147. 创建图 18.2.215 所示的基准平面 14。单击 模型 功能选项卡 基准 ▾ 区域中的"平面"按钮，选取 ASM_TOP 基准平面为偏距参考面，在对话框中输入偏移距离值-2.0。单击对话框中的 确定 按钮。

Step148. 创建图 18.2.216 所示的基准平面 15。单击 模型 功能选项卡 基准 ▾ 区域中的"平面"按钮，选取 ASM_RIGHT 基准平面为参考，将其约束类型设置为平行，按住 Ctrl 键，选取图 18.2.216 所示的直线为参考，将其约束类型设置为穿过，单击对话框中的 确定 按钮。

Step149. 创建图 18.2.217 所示的基准平面 16。单击 模型 功能选项卡 基准 ▾ 区域中的"平面"按钮，选取 ASM_TOP 基准平面为偏距参考面，在对话框中输入偏移距离值-12.0，单击对话框中的 确定 按钮。

图 18.2.215　基准平面 14

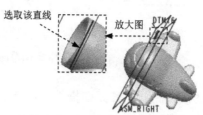

图 18.2.216　基准平面 15

图 18.2.217　基准平面 16

Step150. 保存模型文件。

说明： 因为后面所创建的模型要用到此文件中的曲面和草绘特征，所以在保存此模型文件时，建议将所有曲面特征和草绘显示。

18.3 下 盖

下面讲解下盖（DOWN_COVER.PRT）的创建过程，零件模型及模型树如图 18.3.1 所示。

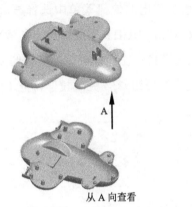

从 A 向查看

图 18.3.1 零件模型及模型树

Step1. 在装配体中创建下盖（DOWN_COVER.PRT）。单击 模型 功能选项卡 元件 ▾ 区域中的"创建"按钮 ；此时系统弹出"元件创建"对话框，选中 类型 选项组中的 ◉ 零件 单选项，选中 子类型 选项组中的 ◉ 实体 单选项，然后在 名称 文本框中输入文件名 DOWN_COVER，单击 确定 按钮；在系统弹出的"创建选项"对话框中选中 ◉ 空 单选项，单击 确定 按钮。

Step2. 激活下盖模型。在模型树中单击 □ DOWN_COVER.PRT，然后右击，在系统弹出的快捷菜单中选择 激活 命令；单击 模型 功能选项卡中的 获取数据 ▾ 按钮，在系统弹出的菜单中选择 合并/继承 命令，系统弹出"合并/继承"操控板，在该操控板中进行下列操作。在操控板中先确认"将参考类型设置为组件上下文"按钮 ☒ 被按下，在操控板中单击 参考 选项卡，系统弹出"参考"界面；选中 ☑复制基准 复选框，然后选取 FIRST.PRT 为参考模型；单击"完成"按钮 ✔。

Step3. 在模型树中选择 □ DOWN_COVER.PRT，然后右击，在系统弹出的快捷菜单中选择 打开 命令。

Step4. 创建图 18.3.2b 所示的曲面实体化 1。选取图 18.3.2a 所示的曲面为要实体化的对象；单击 模型 功能选项卡 编辑 ▾ 区域中的 实体化 按钮，并按下"移除材料"按钮 ；单击调整图形区中的箭头使其指向要去除的实体，如图 18.3.2a 所示；单击 ✔ 按钮，完成曲面实体化 1 的创建。

选取此曲面　实体化方向

a）实体化前　　　　　　　　　　　　b）实体化后

图 18.3.2　曲面实体化 1

Step5. 创建图 18.3.3 所示的拉伸特征 1。单击 模型 功能选项卡 形状 ▼ 区域中的"拉伸"按钮 ⬚拉伸；在图形区右击，从系统弹出的快捷菜单中选择 定义内部草绘... 命令；选取 ASM_TOP 基准平面为草绘平面，选取 ASM_RIGHT 基准平面为参考平面，方向为 右，单击 草绘 按钮，绘制图 18.3.4 所示的截面草图；在操控板中定义拉伸类型为 ⬓，单击 ✕ 按钮调整拉伸方向；在操控板中单击"完成"按钮 ✓，完成拉伸特征 1 的创建。

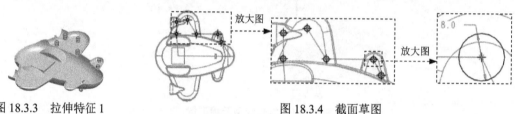

图 18.3.3　拉伸特征 1　　　　　　　　　　图 18.3.4　截面草图

说明： 图 18.3.4 所示的截面草图全部以骨架模型中草图 22 的草图轨迹的拐点为参考。

Step6. 创建图 18.3.5 所示的拉伸特征 2。在操控板中单击"拉伸"按钮 ⬚拉伸，按下操控板中的"移除材料"按钮 ⬕。选取 DTM14 基准平面为草绘平面，选取 ASM_RIGHT 基准平面为参考平面，方向为 右；绘制图 18.3.6 所示的截面草图；在操控板中定义拉伸类型为 ⬓；单击 ✓ 按钮，完成拉伸特征 2 的创建。

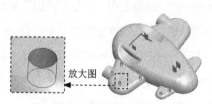

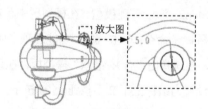

图 18.3.5　拉伸特征 2　　　　　　　　　　图 18.3.6　截面草图

Step7. 创建图 18.3.7 所示的拉伸特征 3。在操控板中单击"拉伸"按钮 ⬚拉伸，按下操控板中的"移除材料"按钮 ⬕。选取 ASM_TOP 基准平面为草绘平面，选取 ASM_RIGHT 基准平面为参照平面，方向为 右；绘制图 18.3.8 所示的截面草图；在操控板中定义拉伸类型为 ⬒；单击 ✓ 按钮，完成拉伸特征 3 的创建。

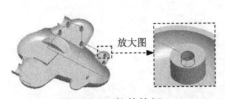

图 18.3.7 拉伸特征 3

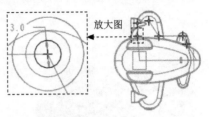

图 18.3.8 截面草图

Step8. 创建图 18.3.9 所示的轮廓筋特征 1。单击 模型 功能选项卡 工程 ▾ 区域 筋 ▾ 下的 轮廓筋 按钮；在图形区右击，从系统弹出的快捷菜单中选择 定义内部草绘... 命令；选取 DTM15 基准平面为草绘平面，选取 ASM_FRONT 基准平面为参考平面，方向为 右；单击 草绘 按钮，绘制图 18.3.10 所示的截面草图；在图形区单击箭头调整筋的生成方向指向实体侧，采用系统默认的加厚方向，在厚度文本框中输入筋的厚度值 1.5；在操控板中单击 ✔ 按钮，完成轮廓筋特征 1 的创建。

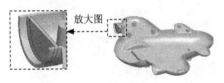

图 18.3.9 轮廓筋特征 1

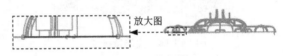

图 18.3.10 截面草图

说明：图 18.3.10 所示的截面草图轨迹以骨架模型中草图 23 的草图轨迹为参考。

Step9. 创建组特征。按住 Shift 键，在模型树中选取拉伸特征 1 至轮廓筋特征 1 所创建的特征后右击，在系统弹出的快捷菜单中选择 组 命令，完成组特征的创建。

Step10. 创建图 18.3.11b 所示的镜像特征 1。在模型树中选取组特征为镜像特征；单击 模型 功能选项卡 编辑 ▾ 区域中的"镜像"按钮 ⋈；在图形区选取 ASM_FRONT 基准平面为镜像平面；在操控板中单击 ✔ 按钮，完成镜像特征 1 的创建。

Step11. 创建图 18.3.12 所示的拉伸特征 4。在操控板中单击"拉伸"按钮 拉伸。选取 DTM16 基准平面为草绘平面，选取 ASM_RIGHT 基准平面为参考平面，方向为 上；绘制图 18.3.13 所示的截面草图，在操控板中定义拉伸类型为 ⌗，单击 ⤢ 按钮调整拉伸方向；单击 ✔ 按钮，完成拉伸特征 4 的创建。

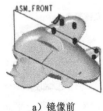

a）镜像前

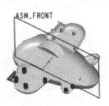

b）镜像后

图 18.3.11 镜像特征 1

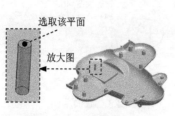

图 18.3.12　拉伸特征 4

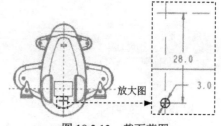

图 18.3.13　截面草图

Step12. 创建图 18.3.14 所示的拉伸特征 5。在操控板中单击"拉伸"按钮 拉伸。选取图 18.3.12 所示的平面为草绘平面，选取 ASM_RIGHT 基准平面为参考平面，方向为 上；绘制图 18.3.15 所示的截面草图，在操控板中定义拉伸类型为 ，输入深度值 1.0；单击 按钮，完成拉伸特征 5 的创建。

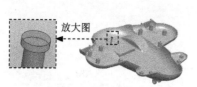

图 18.3.14　拉伸特征 5

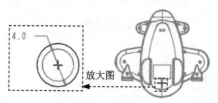

图 18.3.15　截面草图

Step13. 创建图 18.3.16b 所示的圆角特征 1。单击 模型 功能选项卡 工程 ▼ 区域中的 倒圆角 ▼ 按钮，选取图 18.3.16a 所示的边线为圆角放置参照，在圆角半径文本框中输入值 0.7。

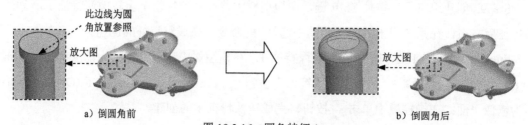

a) 倒圆角前

b) 倒圆角后

图 18.3.16　圆角特征 1

Step14. 创建图 18.3.17 所示的拉伸特征 6。在操控板中单击"拉伸"按钮 拉伸，按下操控板中的"移除材料"按钮 。选取图 18.3.18 所示的平面为草绘平面，选取 ASM_FRONT 基准平面为参考平面，方向为 上；绘制图 18.3.19 所示的截面草图，在操控板中定义拉伸类型为 ；单击 按钮，完成拉伸特征 6 的创建。

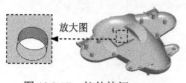

图 18.3.17　拉伸特征 6

图 18.3.18　定义草绘平面

Step15. 创建图 18.3.20 所示的拉伸特征 7。在操控板中单击"拉伸"按钮 拉伸。选取

ASM_TOP 基准平面为草绘平面，选取 ASM_RIGHT 基准平面为参考平面，方向为 上；绘制图 18.3.21 所示的截面草图，在操控板中定义拉伸类型为 ，单击 按钮调整拉伸方向；单击 按钮，完成拉伸特征 7 的创建。

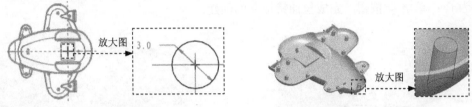

图 18.3.19　截面草图　　　　　　　　　　图 18.3.20　拉伸特征 7

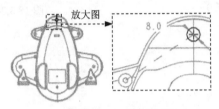

图 18.3.21　截面草图

Step16. 创建图 18.3.22 所示的拉伸特征 8。在操控板中单击 "拉伸" 按钮 拉伸，按下操控板中的 "移除材料" 按钮 。选取 DTM14 基准平面为草绘平面，选取 ASM_RIGHT 基准平面为参考平面，方向为 上；绘制图 18.3.23 所示的截面草图，在操控板中定义拉伸类型为 ；单击 按钮，完成拉伸特征 8 的创建。

Step17. 创建图 18.3.24b 所示的拔模特征 1。单击 模型 功能选项卡 工程 ▾ 区域中的 拔模 ▾ 按钮。选取图 18.3.24a 所示的模型表面为拔模曲面。选取 DTM14 基准平面为拔模枢轴平面。采用系统默认的拔模方向，在拔模角度文本框中输入拔模角度值 3.0，单击 按钮，完成拔模特征 1 的创建。

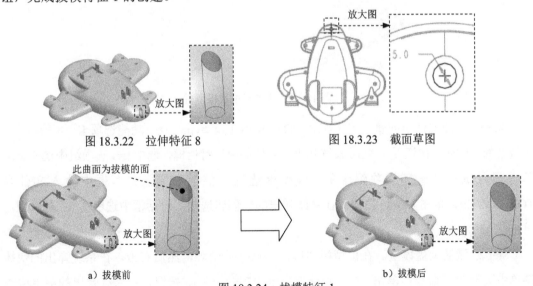

图 18.3.22　拉伸特征 8　　　　　　　　　　图 18.3.23　截面草图

a）拔模前　　　　　　　　　　　　　　　　b）拔模后

图 18.3.24　拔模特征 1

Step18. 创建图 18.3.25 所示的拉伸特征 9。在操控板中单击"拉伸"按钮 📑 拉伸，按下操控板中的"移除材料"按钮 🔼。选取图 18.3.26 所示的平面为草绘平面，选取 ASM_RIGHT 基准平面为参考平面，方向为 下；绘制图 18.3.27 所示的截面草图，在操控板中定义拉伸类型为 ◲⊧；单击 ✔ 按钮，完成拉伸特征 9 的创建。

图 18.3.25　拉伸特征 9

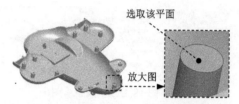

图 18.3.26　定义草绘平面

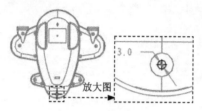

图 18.3.27　截面草图

Step19. 保存模型文件。

18.4　上　　盖

下面讲解上盖（TOP_COVER.PRT）的创建过程，零件模型及模型树如图 18.4.1 所示。

图 18.4.1　零件模型及模型树

Step1. 在装配体中创建上盖（TOP_COVER.PRT）。单击 模型 功能选项卡 元件 ▾ 区域中的"创建"按钮 🔩；此时系统弹出"元件创建"对话框，选中 类型 选项组中的 ◉ 零件 单选项，选中 子类型 选项组中的 ◉ 实体 单选项，然后在 名称 文本框中输入文件名 TOP_COVER，单击 确定 按钮；在系统弹出的"创建选项"对话框中选中 ◉ 空 单选项，单击 确定 按钮。

Step2. 激活上盖模型。在模型树中单击 ◻ TOP_COVER.PRT，然后右击，在系统弹出的快捷菜单中选择 激活 命令；单击 模型 功能选项卡中的 获取数据 ▾ 按钮，在系统弹出的菜单中选

择 合并/继承 命令，系统弹出"合并/继承"操控板，在该操控板中进行下列操作。在操控板中先确认"将参考类型设置为组件上下文"按钮 ⊠ 被按下，在操控板中单击 参考 选项卡，系统弹出"参照"界面；选中 ☑复制基准 复选框，然后在模型树中选择骨架模型；单击"完成"按钮 ✔。

Step3. 在模型树中选择 🗋 TOP_COVER.PRT，然后右击，在系统弹出的快捷菜单中选择 打开 命令。

Step4. 创建图 18.4.2b 所示的曲面实体化 1。选取图 18.4.2a 所示的曲面为要实体化的对象；单击 模型 功能选项卡 编辑 ▾ 区域中的 ◯实体化 按钮，并按下"移除材料"按钮 ◢；单击调整图形区中的箭头使其指向要去除的实体，如图 18.4.2a 所示；单击 ✔ 按钮，完成曲面实体化 1 的创建。

选取此曲面 实体化方向

a）实体化前 b）实体化后

图 18.4.2 曲面实体化 1

Step5. 创建图 18.4.3 所示的拉伸特征 1。单击 模型 功能选项卡 形状 ▾ 区域中的"拉伸"按钮 🗗拉伸；在图形区右击，从系统弹出的快捷菜单中选择 定义内部草绘... 命令；选取 ASM_TOP 基准平面为草绘平面，选取 ASM_RIGHT 基准平面为参考平面，方向为 上，单击 草绘 按钮，绘制图 18.4.4 所示的截面草图；在操控板中定义拉伸类型为 ⊟；在操控板中单击"完成"按钮 ✔，完成拉伸特征 1 的创建。

说明：图 18.4.4 所示的截面草图全部以骨架模型中草图 22 的草图轨迹的拐点为参考。

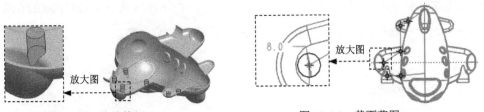

放大图 放大图 8.0

图 18.4.3 拉伸特征 1 图 18.4.4 截面草图

Step6. 创建图 18.4.5 所示的拉伸特征 2。在操控板中单击"拉伸"按钮 🗗拉伸，按下操控板中的"移除材料"按钮 ◢。选取 ASM_TOP 基准平面为草绘平面，选取 ASM_RIGHT 基准平面为参考平面，方向为 上；绘制图 18.4.6 所示的截面草图，在操控板中定义拉伸类型为 ⊥，输入深度值 5.0，单击 ⅔ 按钮调整拉伸方向；单击 ✔ 按钮，完成拉伸特征 2 的创建。

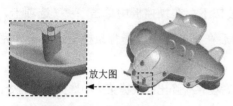

图 18.4.5 拉伸特征 2

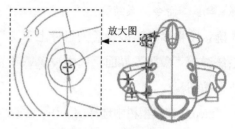

图 18.4.6 截面草图

Step7. 创建图 18.4.7 所示的轮廓筋特征 1。单击 模型 功能选项卡 工程 ▾ 区域 📐 筋 ▾ 下的 📐 轮廓筋 按钮；在图形区右击，从系统弹出的快捷菜单中选择 定义内部草绘... 命令；选取 DTM15 基准平面为草绘平面，选取 ASM_FRONT 基准平面为参照平面，方向为 右；单击 草绘 按钮，绘制图 18.4.8 所示的截面草图；在图形区单击箭头调整筋的生成方向指向实体侧，采用系统默认的加厚方向，在厚度文本框中输入筋的厚度值 1.5；在操控板中单击 ✓ 按钮，完成轮廓筋特征 1 的创建。

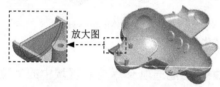

图 18.4.7 轮廓筋特征 1

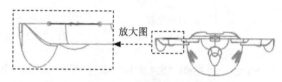

图 18.4.8 截面草图

说明：图 18.4.8 所示的截面草图轨迹以骨架模型中草图 23 的草图轨迹为参考。

Step8. 创建组特征。在模型树中选取拉伸特征 1 至轮廓筋特征 1 所创建的特征后右击，在系统弹出的快捷菜单中选择 组 命令，完成组特征的创建。

Step9. 创建图 18.4.9b 所示的镜像特征 1。在模型树中选取组特征为镜像特征；单击 模型 功能选项卡 编辑 ▾ 区域中的"镜像"按钮 🔅；在图形区选取 ASM_FRONT 基准平面为镜像平面；在操控板中单击 ✓ 按钮，完成镜像特征 1 的创建。

a）镜像前

b）镜像后

图 18.4.9 镜像特征 1

Step10. 创建图 18.4.10 所示的拉伸特征 3。在操控板中单击"拉伸"按钮 ➗ 拉伸。选取 ASM_TOP 基准平面为草绘平面，选取 ASM_RIGHT 基准平面为参考平面，方向为 上；绘制图 18.4.11 所示的截面草图，在操控板中定义拉伸类型为 🖃；单击 ✓ 按钮，完成拉伸特征 3 的创建。

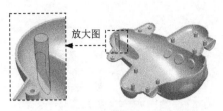

图 18.4.10 拉伸特征 3

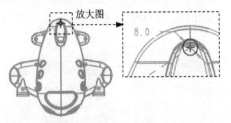

图 18.4.11 截面草图

Step11. 创建图 18.4.12 所示的拉伸特征 4。在操控板中单击"拉伸"按钮 拉伸，按下操控板中的"移除材料"按钮 。选取 ASM_TOP 基准平面为草绘平面，选取 ASM_RIGHT 基准平面为参考平面，方向为 上；绘制图 18.4.13 所示的截面草图，在操控板中定义拉伸类型为 ，输入深度值 5.0，单击 按钮调整拉伸方向；单击 按钮，完成拉伸特征 4 的创建。

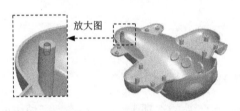

图 18.4.12 拉伸特征 4

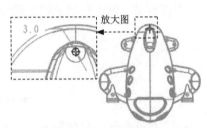

图 18.4.13 截面草图

Step12. 创建图 18.4.14 所示的旋转特征 1。单击 模型 功能选项卡 形状 ▾ 区域中的"旋转"按钮 旋转；在图形区右击，从系统弹出的快捷菜单中选择 定义内部草绘... 命令；选取 ASM_RIGHT 基准平面为草绘平面，选取 ASM_FRONT 基准平面为参考平面，方向为 左；单击 草绘 按钮，绘制图 18.4.15 所示的截面草图（包括中心线）；在操控板中选择旋转类型为 ，在角度文本框中输入角度值 360.0，并按 Enter 键；在操控板中单击"完成"按钮 ，完成旋转特征 1 的创建。

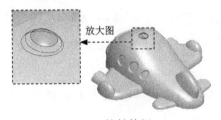

图 18.4.14 旋转特征 1

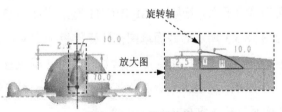

图 18.4.15 截面草图

Step13. 创建图 18.4.16 所示的拉伸特征 5。在操控板中单击"拉伸"按钮 拉伸，按下操控板中的"移除材料"按钮 。选取 ASM_TOP 基准平面为草绘平面，选取 ASM_RIGHT 基准平面为参考平面，方向为 上；绘制图 18.4.17 所示的截面草图，在操控板中定义拉伸类型为 ，单击 按钮调整拉伸方向；单击 按钮，完成拉伸特征 5 的创建。

Step14. 保存模型文件。

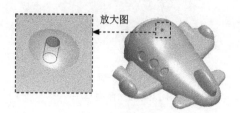

图 18.4.16　拉伸特征 5

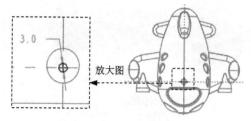

图 18.4.17　截面草图

18.5　轴　01

下面讲解轴（POLE_01.PRT）的创建过程，零件模型及模型树如图 18.5.1 所示。

图 18.5.1　零件模型及模型树

Step1. 在装配体中创建轴 POLE_01.PRT。单击 模型 功能选项卡 元件 ▼ 区域中的 "创建"按钮 ；此时系统弹出"元件创建"对话框，选中 类型 选项组中的 ◉ 零件 单选项，选中 子类型 选项组中的 ◉ 实体 单选项，然后在 名称 文本框中输入文件名 POLE_01，单击 确定 按钮；在系统弹出的"创建选项"对话框中选中 ◉ 空 单选项，单击 确定 按钮。

Step2. 在模型树中选择 POLE_01.PRT，然后右击，在系统弹出的快捷菜单中选择 激活 命令。

Step3. 创建图 18.5.2 所示的拉伸特征 1（模型文件 FIRST.PRT、DOWN_COVER.PRT 已隐藏）。单击 模型 功能选项卡 形状 ▼ 区域中的"拉伸"按钮 拉伸；在图形区右击，从系统弹出的快捷菜单中选择 定义内部草绘... 命令；选取 DOWN_COVER.PRT 中的 ASM_TOP 基准平面为草绘平面，选取 ASM_RIGHT 基准平面为参考平面，方向为 上；单击 草绘 按钮，绘制图 18.5.3 所示的截面草图；在操控板中定义拉伸类型为 ，输入深度值 90.0；在操控板中单击"完成"按钮 ，完成拉伸特征 1 的创建。

说明：图 18.5.3 所示的截面草图轨迹和二级控件 TOP_COVER.PRT 中的拉伸特征 5 的截面草图轨迹重合。

Step4. 激活总装配保存模型文件。

图 18.5.2　拉伸特征 1

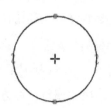

图 18.5.3　截面草图

18.6 螺 旋 桨

下面讲解螺旋桨（PROP.PRT）的创建过程，零件模型及模型树如图 18.6.1 所示。

图 18.6.1　零件模型及模型树

Step1. 在装配体中创建螺旋桨 PROP.PRT。单击 模型 功能选项卡 元件▼ 区域中的"创建"按钮 ；此时系统弹出"元件创建"对话框，选中 类型 选项组中的 ◉ 零件 单选项，选中 子类型 选项组中的 ◉ 实体 单选项，然后在 名称 文本框中输入文件名 PROP，单击 确定 按钮；在系统弹出的"创建选项"对话框中选中 ◉ 空 单选项，单击 确定 按钮。

Step2. 在模型树中选择 PROP.PRT，然后右击，在系统弹出的快捷菜单中选择 激活 命令。

Step3. 创建图 18.6.2 所示的拉伸特征 1(模型文件 FIRST.PRT、DOWN_COVER.PRT、TOP_COVER.PRT 已隐藏)。单击 模型 功能选项卡 形状▼ 区域中的"拉伸"按钮 拉伸；在图形区右击，从系统弹出的快捷菜单中选择 定义内部草绘... 命令；选取图 18.6.3 所示的模型表面为草绘平面，选取 ASM_FRONT 基准平面为参考平面，方向为 上；单击 草绘 按钮，绘制图 18.6.4 所示的截面草图；在操控板中定义拉伸类型为 ，输入深度值 8.0；在操控板中单击"完成"按钮 ，完成拉伸特征 1 的创建。

图 18.6.2　拉伸特征 1　　　图 18.6.3　定义草绘平面　　　图 18.6.4　截面草图

Step4. 创建图 18.6.5 所示的拉伸特征 2。在操控板中单击"拉伸"按钮 拉伸。选取图 18.6.5 所示的平面为草绘平面，选取 ASM_FRONT 基准平面为参考平面，方向为 上；绘制图 18.6.6 所示的截面草图（大致如图所示即可），在操控板中定义拉伸类型为 ，输入深度值 2.0，单击 按钮调整拉伸方向；单击 按钮，完成拉伸特征 2 的创建。

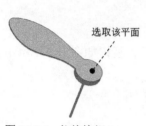

选取该平面

图 18.6.5　拉伸特征 2

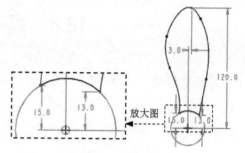

放大图

图 18.6.6　截面草图

Step5. 创建图 18.6.7b 所示的阵列特征 1（模型文件 POLE_01.PRT 已隐藏）。在模型树中选取拉伸特征 1 并右击，选择 ⊞ 命令；在阵列操控板的 选项 选项卡的下拉列表中选择 常规 选项；在操控板的阵列控制方式下拉列表中选择 轴 选项；选取图 18.6.7a 所示的基准轴为阵列参考；接受系统默认的阵列角度方向，输入阵列的角度值为 120.0；输入阵列个数值为 3；在操控板中单击 ✔ 按钮，完成阵列特征 1 的创建。

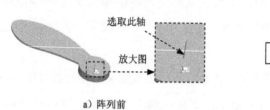

选取此轴

放大图

a）阵列前

b）阵列后

图 18.6.7　阵列特征 1

Step6. 创建图 18.6.8 所示的旋转特征 1。单击 模型 功能选项卡 形状 ▼ 区域中的"旋转"按钮 ⊕；在图形区右击，从系统弹出的快捷菜单中选择 定义内部草绘... 命令；选取 ASM_RIGHT 基准平面为草绘平面，选取 ASM_TOP 基准平面为参考平面，方向为 上；单击 草绘 按钮，绘制图 18.6.9 所示的截面草图（包括中心线）；在操控板中选择旋转类型为 ⊥，在角度文本框中输入角度值 360.0，并按 Enter 键；在操控板中单击"完成"按钮 ✔，完成旋转特征 1 的创建。

旋转轴

图 18.6.8　旋转特征 1

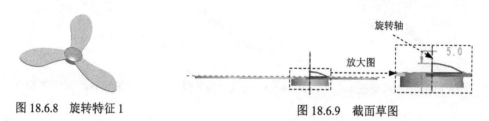

放大图

图 18.6.9　截面草图

Step7. 创建图 18.6.10b 所示的圆角特征 1。单击 模型 功能选项卡 工程 ▼ 区域中的 ◌ 倒圆角 ▼ 按钮，选取图 18.6.10a 所示的边线为圆角放置参照，在圆角半径文本框中输入值 3.0。

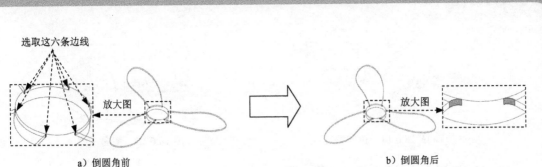

图 18.6.10　圆角特征 1

Step8. 创建图 18.6.11b 所示的圆角特征 2。选取图 18.6.11a 所示的边线为圆角放置参照，输入圆角半径值 1.0。

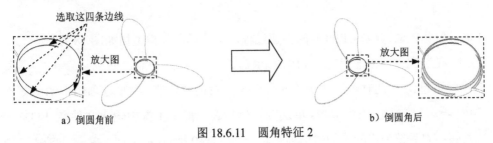

图 18.6.11　圆角特征 2

Step9. 创建图 18.6.12b 所示的圆角特征 3。选取图 18.6.12a 所示的边线为圆角放置参照，输入圆角半径值 0.5。

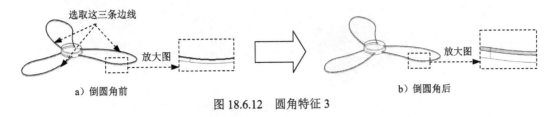

图 18.6.12　圆角特征 3

Step10. 创建图 18.6.13b 所示的圆角特征 4。选取图 18.6.13a 所示的边线为圆角放置参照，输入圆角半径值 0.5。

Step11. 创建图 18.6.14 所示的拉伸特征 3。在操控板中单击"拉伸"按钮 拉伸，按下操控板中的"移除材料"按钮。选取图 18.6.14 所示的平面为草绘平面，选取 ASM_FRONT 基准平面为参考平面，方向为 上；绘制图 18.6.15 所示的截面草图；在操控板中定义拉伸类型为，输入深度值 8.0；单击 按钮，完成拉伸特征 3 的创建。

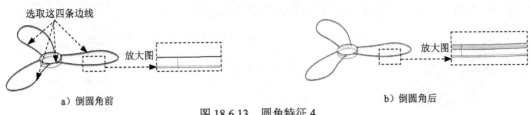

图 18.6.13　圆角特征 4

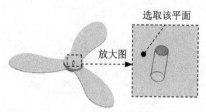

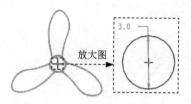

图 18.6.14　拉伸特征 3　　　　　　　图 18.6.15　截面草图

Step12. 激活总装配保存模型文件。

18.7　齿　轮　盒

下面讲解齿轮盒（BOX.PRT）的创建过程，零件模型及模型树如图 18.7.1 所示。

Step1. 在装配体中创建齿轮盒（BOX.PRT）。单击 模型 功能选项卡 元件 ▾ 区域中的"创建"按钮 ；此时系统弹出"元件创建"对话框，选中 类型 选项组中的 ◉ 零件 单选项，选中 子类型 选项组中的 ◉ 实体 单选项，然后在 名称 文本框中输入文件名 BOX，单击 确定 按钮；在系统弹出的"创建选项"对话框中选中 ◉ 空 单选项，单击 确定 按钮。

图 18.7.1　零件模型及模型树

Step2. 在模型树中选择 BOX.PRT，然后右击，在系统弹出的快捷菜单中选择 激活 命令。

Step3. 创建图 18.7.2 所示的拉伸特征 1（隐藏除 DOWN_COVER.PRT 以外的所有模型文件）。单击 模型 功能选项卡 形状 ▾ 区域中的"拉伸"按钮 拉伸 ；在图形区右击，从系统弹出的快捷菜单中选择 定义内部草绘... 命令；选取图 18.7.3 所示模型文件（DOWN_COVER.PRT）中的模型平面为草绘平面，选取 ASM_RIGHT 基准平面为参考平面，方向为 右，单击 草绘 按钮，绘制图 18.7.4 所示的截面草图；在操控板中定义拉伸类型为 ，输入深度值 30.0；在操控板中单击"完成"按钮 ，完成拉伸特征 1 的创建。

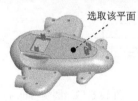

图 18.7.2　拉伸特征 1　　　　图 18.7.3　定义草绘平面　　　　图 18.7.4　截面草图

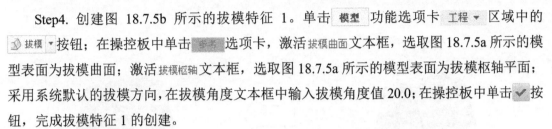

Step4. 创建图 18.7.5b 所示的拔模特征 1。单击 模型 功能选项卡 工程 ▼ 区域中的
🔖拔模 ▼按钮；在操控板中单击 参考 选项卡，激活 拔模曲面 文本框，选取图 18.7.5a 所示的模
型表面为拔模曲面；激活 拔模枢轴 文本框，选取图 18.7.5a 所示的模型表面为拔模枢轴平面；
采用系统默认的拔模方向，在拔模角度文本框中输入拔模角度值 20.0；在操控板中单击 ✔ 按
钮，完成拔模特征 1 的创建。

a）拔模前　　　　　　　　　　　　b）拔模后

图 18.7.5　拔模特征 1

说明： 图 18.7.5a 所示的拔模枢轴平面与图 18.7.3 所示的面重合。

Step5. 创建图 18.7.6b 所示的抽壳特征 1。单击 模型 功能选项卡 工程 ▼ 区域中的"壳"
按钮 回壳；选取图 18.7.6a 所示的面为移除面；在 厚度 文本框中输入壁厚值为 2.0；在操控
板中单击 ✔ 按钮，完成抽壳特征 1 的创建。

a）抽壳前　　　　　　　　　　　　b）抽壳后

图 18.7.6　抽壳特征 1

Step6. 创建图 18.7.7 所示的拉伸特征 2。在操控板中单击"拉伸"按钮 🔲拉伸，按下操
控板中的"移除材料"按钮 ⬚。选取图 18.7.8 所示的平面 1 为草绘平面，选取图 18.7.8 所
示的平面 2 为参考平面，方向为 下；绘制图 18.7.9 所示的截面草图；在操控板中定义拉伸
类型为 ⬚⊫；单击 ✔ 按钮，完成拉伸特征 2 的创建。

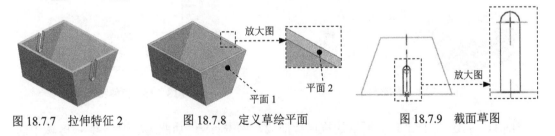

图 18.7.7　拉伸特征 2　　　图 18.7.8　定义草绘平面　　　图 18.7.9　截面草图

Step7. 创建图 18.7.10b 所示的圆角特征 1。单击 模型 功能选项卡 工程 ▼ 区域中的
🔖倒圆角 ▼按钮。选取图 18.7.10a 所示的边线为圆角放置参照，在圆角半径文本框中输入值

2.0。

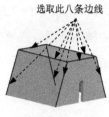

选取此八条边线

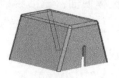

a）倒圆角前

b）倒圆角后

图 18.7.10　圆角特征 1

Step8. 创建图 18.7.11 所示的拉伸特征 3。在操控板中单击"拉伸"按钮 拉伸。选取图 18.7.12 所示的平面为草绘平面，选取 ASM_RIGHT 基准平面为参考平面，方向为 左；绘制图 18.7.13 所示的截面草图；在操控板中定义拉伸类型为 ，单击 按钮调整拉伸方向；单击 按钮，完成拉伸特征 3 的创建。

选取该平面

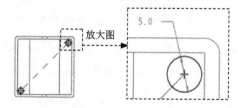

放大图

5.0

图 18.7.11　拉伸特征 3　　图 18.7.12　定义草绘平面

图 18.7.13　截面草图

Step9. 创建图 18.7.14 所示的基准平面 1。单击 模型 功能选项卡 基准 ▾ 区域中的"平面"按钮 ；选取图 18.7.12 所示的平面为偏距参考面，在对话框中输入偏移距离值 2.0；单击对话框中的 确定 按钮。

Step10. 创建图 18.7.15 所示的拉伸特征 4。在操控板中单击"拉伸"按钮 拉伸，按下操控板中的"移除材料"按钮 。选取 DTM1 基准平面为草绘平面，选取 ASM_RIGHT 基准平面为参考平面，方向为 上；绘制图 18.7.16 所示的截面草图；在操控板中定义拉伸类型为 ；单击 按钮，完成拉伸特征 4 的创建。

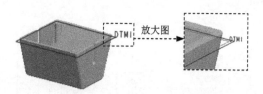

放大图

DTM1

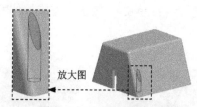

放大图

图 18.7.14　基准平面 1

图 18.7.15　拉伸特征 4

Step11. 创建图 18.7.17b 所示的拔模特征 2。单击 模型 功能选项卡 工程 ▾ 区域中的 拔模 ▾ 按钮。选取图 18.7.17a 所示的模型表面为拔模曲面。选取图 18.7.12 所示的模型表面为拔模枢轴平面，采用系统默认的拔模方向，在拔模角度文本框中输入拔模角度值 2.0，

单击 ✔ 按钮，完成拔模特征 2 的创建。

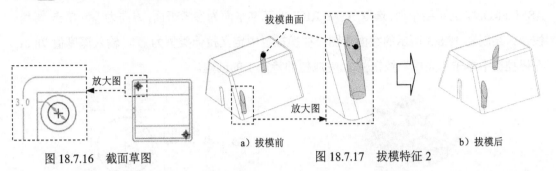

图 18.7.16 截面草图 　　　　　 a）拔模前 　　　 图 18.7.17 拔模特征 2 　　　 b）拔模后

Step12. 创建图 18.7.18 所示的拉伸特征 5。在操控板中单击"拉伸"按钮 ⬚拉伸，按下操控板中的"移除材料"按钮 ⬚。选取 DTM1 基准平面为草绘平面，选取 ASM_FRONT 基准平面为参考平面，方向为 上；绘制 图 18.7.19 所示的截面草图；在操控板中定义拉伸类型为 ⬚；单击 ⬚ 按钮调整拉伸方向；单击 ✔ 按钮，完成拉伸特征 5 的创建。

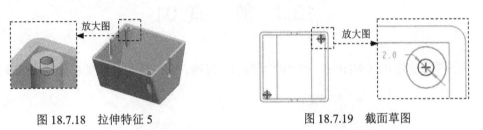

图 18.7.18 拉伸特征 5 　　　　　　　　　　 图 18.7.19 截面草图

Step13. 激活总装配保存模型文件。

18.8 轴 02

下面讲解轴 02（POLE_02.PRT）的创建过程，零件模型及模型树如图 18.8.1 所示。

图 18.8.1 零件模型及模型树

Step1. 在装配体中创建轴 02（POLE_02.PRT）。单击 模型 功能选项卡 元件 ▼ 区域中的"创建"按钮 ⬚；此时系统弹出"元件创建"对话框，选中 类型 选项组中的 ◉ 零件 单选项，选中 子类型 选项组中的 ◉ 实体 单选项，然后在 名称 文本框中输入文件名 POLE_02，单击 确定 按钮；在系统弹出的"创建选项"对话框中选中 ◉ 空 单选项，单击 确定 按钮。

Step2. 在模型树中选择 ☐ POLE2.PRT，然后右击，在系统弹出的快捷菜单中选择 激活 命令。

Step3. 创建图 18.8.2 所示的拉伸特征 1。单击 模型 功能选项卡 形状 ▼ 区域中的"拉伸"按钮 ；在图形区右击，从系统弹出的快捷菜单中选择 定义内部草绘... 命令；选取 ASM_FRONT 为草绘平面,选取 ASM_RIGHT 基准平面为参考平面,方向为 上；单击 草绘 按钮,绘制图 18.8.3 所示的截面草图；在操控板中定义拉伸类型为 ⊟，输入深度值 78.0；在操控板中单击"完成"按钮 ✔，完成拉伸特征 1 的创建。

图 18.8.2 拉伸特征 1

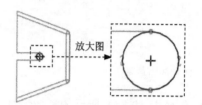

图 18.8.3 截面草图

Step4. 激活总装配保存模型文件。

18.9 前 轮 01

下面讲解前轮 01（WHEEL_01.PRT）的创建过程，零件模型及模型树如图 18.9.1 所示。

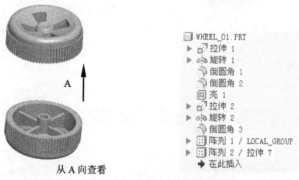

从 A 向查看

图 18.9.1 零件模型及模型树

Step1. 在装配体中创建前轮 01（WHEEL_01.PRT）。单击 模型 功能选项卡 元件 ▼ 区域中的"创建"按钮 🔧；此时系统弹出"元件创建"对话框，选中 类型 选项组中的 ⦿ 零件 单选项，选中 子类型 选项组中的 ⦿ 实体 单选项，然后在 名称 文本框中输入文件名 WHEEL_01，单击 确定 按钮；在系统弹出的"创建选项"对话框中选中 ⦿ 空 单选项，单击 确定 按钮。

Step2. 在模型树中选择 ▢WHEEL_01.PRT，然后右击，在系统弹出的快捷菜单中选择 激活 命令。

Step3. 创建图 18.9.2 所示的拉伸特征 1(将模型文件 FIRST.PRT 显示，将模型文件 BOX.PRT、POLE_02.PRT 隐藏)。单击 模型 功能选项卡 形状 ▼ 区域中的"拉伸"按钮 🗗拉伸；在图形区右击，从系统弹出的快捷菜单中选择 定义内部草绘... 命令；选取 DTM10 基准平面为草绘平面，选取 ASM_RIGHT 基准平面为参考平面，方向为 上；单击 草绘 按钮，绘制图 18.9.3 所示的截面草图；在操控板中定义拉伸类型为 址，输入深度值 15.0，单击 ╳ 按钮调整拉伸方向；在操控板中单击"完成"按钮 ✓，完成拉伸特征 1 的创建。

图 18.9.2 拉伸特征 1

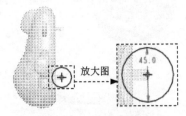

图 18.9.3 截面草图

Step4. 创建图 18.9.4 所示的旋转特征 1。单击 模型 功能选项卡 形状 ▾ 区域中的"旋转"按钮 ⬦ 旋转，按下操控板中的"移除材料"按钮 ◿；在图形区右击，从系统弹出的快捷菜单中选择 定义内部草绘... 命令；选取 ASM_RIGHT 基准平面为草绘平面，选取 ASM_TOP 基准平面为参考平面，方向为 上；单击 草绘 按钮，绘制图 18.9.5 所示的截面草图（包括中心线）；在操控板中选择旋转类型为 址，在角度文本框中输入角度值 360.0，并按 Enter 键；在操控板中单击"完成"按钮 ✓，完成旋转特征 1 的创建。

图 18.9.4 旋转特征 1

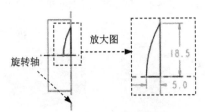

图 18.9.5 截面草图

Step5. 创建图 18.9.6b 所示的圆角特征 1。单击 模型 功能选项卡 工程 ▾ 区域中的 🖇 倒圆角 ▾ 按钮；选取图 18.9.6a 所示的边线为圆角放置参照，在圆角半径文本框中输入值 3.0。

选取此边线

a）倒圆角前

b）倒圆角后

图 18.9.6 圆角特征 1

Step6. 创建图 18.9.7b 所示的圆角特征 2。选取图 18.9.7a 所示的边线为圆角放置参照，输入圆角半径值 3.0。

Step7. 创建图 18.9.8b 所示的抽壳特征 1。单击 模型 功能选项卡 工程 ▾ 区域中的"壳"按钮 回 壳；选取图 18.9.8a 所示的面为移除面；在 厚度 文本框中输入壁厚值为 3.0；在操控

板中单击 ✔ 按钮，完成抽壳特征 1 的创建。

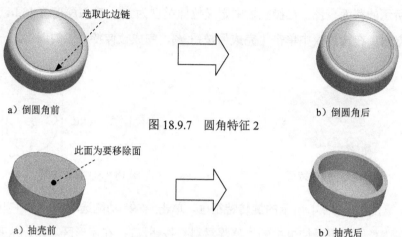

选取此边链

a）倒圆角前

图 18.9.7　圆角特征 2

b）倒圆角后

此面为要移除面

a）抽壳前

图 18.9.8　抽壳特征 1

b）抽壳后

Step8. 创建图 18.9.9 所示的拉伸特征 2。在操控板中单击"拉伸"按钮 拉伸。选取图 18.9.10 所示的平面为草绘平面，选取 ASM_TOP 基准平面为参考平面，方向为 上；绘制图 18.9.11 所示的截面草图；在操控板中定义拉伸类型为 ，单击 按钮调整拉伸方向；单击 ✔ 按钮，完成拉伸特征 2 的创建。

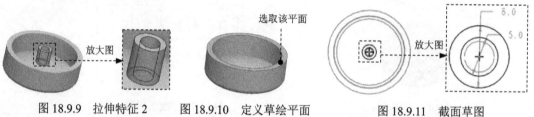

放大图

选取该平面

放大图

图 18.9.9　拉伸特征 2　　图 18.9.10　定义草绘平面　　图 18.9.11　截面草图

Step9. 创建图 18.9.12 所示的旋转特征 2。在操控板中单击"旋转"按钮 旋转。选取 ASM_RIGHT 基准平面为草绘平面，选取 ASM_TOP 基准平面为参考平面，方向为 下；单击 草绘 按钮，绘制图 18.9.13 所示的截面草图（包括中心线）；在操控板中选择旋转类型为 ，在角度文本框中输入角度值 360.0；单击 ✔ 按钮，完成旋转特征 2 的创建。

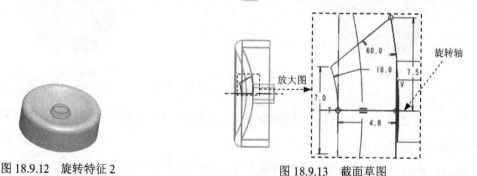

放大图

旋转轴

图 18.9.12　旋转特征 2　　　　　图 18.9.13　截面草图

Step10. 创建图 18.9.14b 所示的圆角特征 3。选取图 18.9.14a 所示的边线为圆角放置参照，输入圆角半径值 1.0。

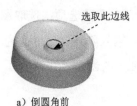

选取此边线

a）倒圆角前

b）倒圆角后

图 18.9.14　圆角特征 3

Step11. 创建图 18.9.15 所示的拉伸特征 3。在操控板中单击"拉伸"按钮 拉伸，按下操控板中的"移除材料"按钮 。选取 ASM_FRONT 基准平面为草绘平面，选取 ASM_RIGHT 基准平面为参考平面，方向为 左；单击 反向 按钮调整草绘视图方向；绘制图 18.9.16 所示的截面草图；在操控板中定义拉伸类型为 ；单击 按钮调整拉伸方向；单击 按钮，完成拉伸特征 3 的创建。

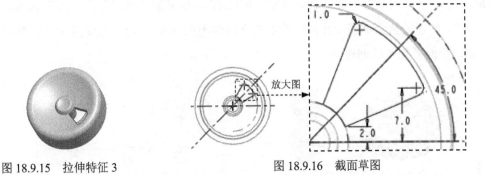

放大图

图 18.9.15　拉伸特征 3

图 18.9.16　截面草图

Step12. 创建图 18.9.17 所示的轮廓筋特征 1。单击 模型 功能选项卡 工程 ▾ 区域 筋 ▾ 下的 轮廓筋 按钮；在图形区右击，从系统弹出的快捷菜单中选择 定义内部草绘... 命令；选取 ASM_RIGHT 基准平面为草绘平面，选取 ASM_TOP 基准平面为参考平面，方向为 下，单击 草绘 按钮，绘制图 18.9.18 所示的截面草图；在图形区单击箭头调整筋的生成方向指向实体侧，采用系统默认的加厚方向，在厚度文本框中输入筋的厚度值 2.0；在操控板中单击 按钮，完成轮廓筋特征 1 的创建。

Step13. 创建组特征。在模型树中选取拉伸特征 3 和轮廓筋特征 1 后右击，在系统弹出的快捷菜单中选择 组 命令，完成组特征的创建。

图 18.9.17　轮廓筋特征 1

图 18.9.18　截面草图

Creo 6.0

曲面设计实例精解

Step14. 创建图 18.9.19b 所示的阵列特征 1。在模型树中选取 Step13 所创建的组特征并右击，选择 ⊞ 命令；在操控板的阵列控制方式下拉列表中选择 轴 选项；选取图 18.9.19a 所示的基准轴为阵列参考；接受系统默认的阵列角度方向，输入阵列的角度值为 90.0；输入阵列个数值为 4；在操控板中单击 ✔ 按钮，完成阵列特征 1 的创建。

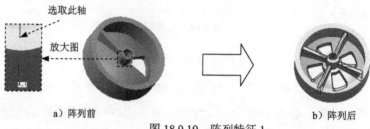

图 18.9.19   阵列特征 1

Step15. 创建图 18.9.20 所示的拉伸特征 4。在操控板中单击"拉伸"按钮 ⬜拉伸。选取 DTM10 基准平面为草绘平面，选取 ASM_RIGHT 基准平面为参考平面，方向为 左，绘制图 18.9.21 所示的截面草图，在操控板中定义拉伸类型为 ⊥，输入深度值 10.0；单击 ✔ 按钮，完成拉伸特征 4 的创建。

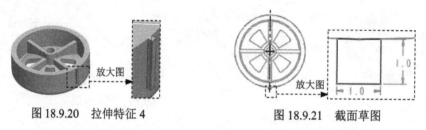

图 18.9.20   拉伸特征 4   图 18.9.21   截面草图

Step16. 创建图 18.9.22b 所示的阵列特征 2。在模型树中选取拉伸特征 4 并右击，选择 ⊞ 命令。在阵列控制方式下拉列表中选择 轴 选项。选取图 18.9.19a 所示的基准轴为阵列参考；接受系统默认的阵列角度方向，输入阵列的角度值为 4.5，输入阵列个数值为 80。单击 ✔ 按钮，完成阵列特征 2 的创建。

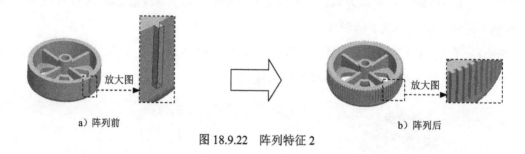

图 18.9.22   阵列特征 2

Step17. 激活总装配保存模型文件。

18.10 前 轮 02

下面讲解前轮 02（WHEFL_02.PRT）的创建过程，零件模型及模型树如图 18.10.1 所示。

图 18.10.1 零件模型及模型树

Step1. 在装配体中创建前轮 02 (WHEEL_02.PRT)。单击 模型 功能选项卡 元件 ▼ 区域中的"创建"按钮 ；在系统弹出的"元件创建"对话框中选中 类型 选项组中的 ◉ 零件 单选项；选中 子类型 选项组中的 ◉ 镜像 单选项；在 名称 文本框中输入文件名 WHEEL_02，单击 确定 按钮，系统弹出"镜像零件"对话框；在系统弹出的"镜像零件"对话框中选中 ◉ 仅镜像几何 单选项，选取模型 WHEEL_01.PRT 为零件参考，选取 ASM_FRONT 基准平面为平面参考；单击 确定 按钮，完成零部件的镜像。

Step2. 保存模型文件。

18.11 后 轮

下面讲解后轮（WHEEL_03.PRT）的创建过程，零件模型及模型树如图 18.11.1 所示。

图 18.11.1 零件模型及模型树

Step1. 在装配体中创建后轮（WHEEL_03.PRT）。单击 模型 功能选项卡 元件 ▼ 区域中的"创建"按钮 ；此时系统弹出"元件创建"对话框，选中 类型 选项组中的 ◉ 零件 单选项，选中 子类型 选项组中的 ◉ 实体 单选项，然后在 名称 文本框中输入文件名 WHEEL_03，单击 确定 按钮；在系统弹出的"创建选项"对话框中选中 ◉ 空 单选项，单击 确定 按钮。

Step2. 在模型树中选择 WHEEL_03.PRT，然后右击，在系统弹出的快捷菜单中选择 激活 命令。

Step3. 创建图 18.11.2 所示的旋转特征 1。单击 模型 功能选项卡 形状 ▼ 区域中的"旋转"按钮 旋转 ；在图形区右击，从系统弹出的快捷菜单中选择 定义内部草绘... 命令；选取 DTM13 基准平面为草绘平面，选取 ASM_FRONT 基准平面为参考平面，方向为 左 ；单击 草绘 按钮，绘制图 18.11.3 所示的截面草图（包括中心线）；在操控板中选择旋转类型为 ⊥ ，在角度文本框中输入角度值 360.0，并按 Enter 键；在操控板中单击"完成"按钮 ✔ ，完成旋转特征 1 的创建。

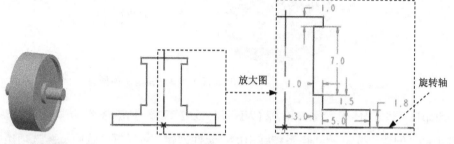

图 18.11.2　旋转特征 1　　　　　　　　　图 18.11.3　截面草图

Step4. 激活总装配保存模型文件。

18.12　编辑总装配模型的显示

Step1. 隐藏控件。在模型树中选取 FIRST.PRT 然后右击，在系统弹出的下拉列表中单击 隐藏 命令。

Step2. 隐藏草图、基准、曲线和曲面。在模型树区域选取 下拉列表中的 层树(L) 选项，在系统弹出的层区域中按住 Ctrl 键，依次选取 ▶ AXIS 、▶ CURVE 、▶ DATUM 、POINT 和 ▶ QUILT ，然后右击，在系统弹出的下拉列表中单击 隐藏 命令；在"层树"列表中选取 ▶ CURVE 并右击，在系统弹出的下拉列表中单击 保存状况 命令，然后单击 ⟶ 模型树(M) 命令。

Step3. 保存装配体模型文件。

学习拓展：扫一扫右侧二维码，可以免费学习更多视频讲解。
讲解内容：产品中的管道设计。

实例 19 台灯自顶向下设计

19.1 概 述

本实例详细讲解了一款台灯的整个设计过程，在设计过程中将整体台灯分为三大部分，其中，底座部分和灯罩部分为两个子装配体，可以分别用自顶向下的方法设计，当然，本例也可以采用在总装配体中插入子装配体的方法来创建整体台灯模型，从而保证底座、连接管和灯罩之间的关联性。由于在装配体中插入组件和插入零部件的方法基本一致，本例不再赘述。台灯模型如图 19.1.1 所示。

从 A 向查看

图 19.1.1 台灯模型

设计流程图如图 19.1.2 所示。

19.2 底座骨架模型

Task1. 设置工作目录

将工作目录设置到 D:\creo6.9\work\ch19。

Task2. 新建一个装配体文件

Step1. 单击"新建"按钮 ，在系统弹出的"新建"对话框中进行下列操作。

（1）选中 类型 选项组下的 ◉ 装配 单选项。

（2）选中 子类型 -选项组下的 ◉ 设计 单选项。

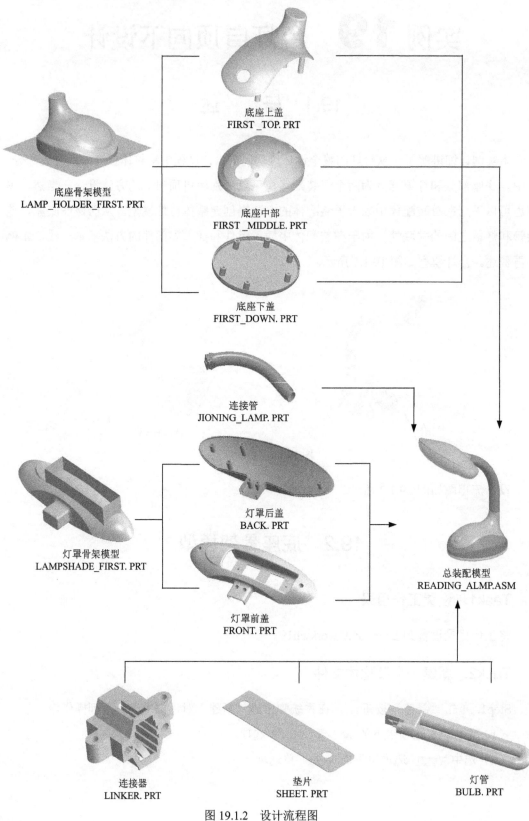

底座上盖
FIRST _TOP. PRT

底座骨架模型
LAMP_HOLDER_FIRST. PRT

底座中部
FIRST _MIDDLE. PRT

底座下盖
FIRST_DOWN. PRT

连接管
JIONING_LAMP. PRT

灯罩骨架模型
LAMPSHADE_FIRST. PRT

灯罩后盖
BACK. PRT

总装配模型
READING_ALMP.ASM

灯罩前盖
FRONT. PRT

连接器
LINKER. PRT

垫片
SHEET. PRT

灯管
BULB. PRT

图 19.1.2　设计流程图

（3）在 名称 文本框中输入文件名 BASE_FIRST。

（4）取消选中 ☐ 使用默认模板 复选框。

（5）单击该对话框中的 确定 按钮。

Step2. 选取适当的装配模板。在系统弹出的"新文件选项"对话框中进行下列操作。在模板选项组中选取 mmns_asm_design 模板命令，单击该对话框中的 确定 按钮。

Step3. 设置模型树的显示。在模型树操作界面中选择 🎁 ▾ ➜ 🔻 树过滤器(F)... 命令，然后在"模型树项"对话框中选中 ☑ 特征 复选框，并单击 确定 按钮。

Task3. 创建图 19.2.1 所示的底座骨架模型

在装配环境下，创建图 19.2.1 所示的底座骨架模型及模型树。

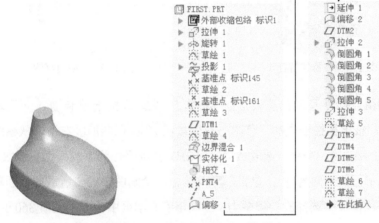

图 19.2.1 底座骨架模型及模型树

Step1. 在装配体中建立骨架模型（FIRST.PRT）。单击 模型 功能选项卡 元件 ▾ 区域中的"创建"按钮 📄 ；此时系统弹出"元件创建"对话框，选中 类型 选项组中的 ⦿ 骨架模型 单选项，在 名称 文本框中输入文件名 FIRST，然后单击 确定 按钮；在系统弹出的"创建选项"对话框中选中 ⦿ 🔲 单选项，单击 确定 按钮。

Step2. 激活骨架模型并复制几何特征。在模型树中选取 📄 FIRST.PRT ，然后右击，在系统弹出的快捷菜单中选择 激活 命令；单击 模型 功能选项卡 获取数据 ▾ 区域中的"收缩包络"按钮 📷 ，系统弹出"收缩包络"操控板，在该操控板中进行下列操作。在"收缩包络"操控板中先确认"将参考类型设置为装配上下文"按钮 🔳 被按下，然后单击"将参考类型设置为外部"按钮 🔳 （使此按钮为按下状态），在系统弹出的"警告"对话框中单击 是(Y) 按钮，此时系统弹出"放置"对话框，在"放置"对话框中选中 ⦿ 默认 单选项，单击 确定 按钮；在"收缩包络"操控板中单击 参考 选项卡，系统弹出"参考"界面；单击 包括基准 文本框中的 单击此处添加项 字符，然后选取装配文件中的三个基准平面，在"收缩包络"操控板中单击"完成"按钮 ✔ ，此时所选的基准平面已被复制到 FIRST.PRT 中。

Step3. 在装配体中打开骨架模型（FIRST.PRT）。在模型树中单击 🔲 FIRST.PRT 并右击，在系统弹出的快捷菜单中选择 打开 命令。

Step4. 创建图 19.2.2 所示的拉伸特征 1。单击 模型 功能选项卡 形状 ▾ 区域中的"拉伸"按钮 🗗 拉伸 ；在图形区右击，从系统弹出的快捷菜单中选择 定义内部草绘... 命令；选取 ASM_FRONT 基准平面为草绘平面，选取 ASM_RIGHT 基准平面为参考平面，方向为 右 ；单击 草绘 按钮，绘制图 19.2.3 所示的截面草图；在操控板中定义拉伸类型为 ⊥ ，输入深度值 80.0；在操控板中单击"完成"按钮 ✔ ，完成拉伸特征 1 的创建。

图 19.2.2 拉伸特征 1

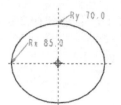

图 19.2.3 截面草图

Step5. 创建图 19.2.4 所示的旋转特征 1。单击 模型 功能选项卡 形状 ▾ 区域中的"旋转"按钮 ◑ 旋转 ，按下操控板中的"移除材料"按钮 ◿ ；在图形区右击，从系统弹出的快捷菜单中选择 定义内部草绘... 命令；选取 ASM_RIGHT 基准平面为草绘平面，选取 ASM_TOP 基准平面为参考平面，方向为 上 ；单击 草绘 按钮，绘制图 19.2.5 所示的截面草图（包括旋转中心线）；在操控板中选择旋转类型为 ⊥ ，在角度文本框中输入角度值 360.0，并按 Enter 键；在操控板中单击"完成"按钮 ✔ ，完成旋转特征 1 的创建。

说明：图 19.2.5 所示的截面草图中尺寸 110.0 是圆心与边线的距离值，旋转中心线与边线的距离值为 28.0。

图 19.2.4 旋转特征 1

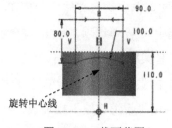

图 19.2.5 截面草图

Step6. 创建图 19.2.6 所示的草图 1。在操控板中单击"草绘"按钮 ; 选取 ASM_FRONT 基准平面为草绘平面，选取 ASM_RIGHT 基准平面为参考平面，方向为 上 ，单击 草绘 按钮，绘制图 19.2.6 所示的草图。

Step7. 创建图 19.2.7 所示的投影曲线 1。在模型树中选取上步创建的草图 1；单击 模型

功能选项卡 编辑 ▾ 区域中的 ⌒投影 按钮；选取图 19.2.8 所示的面为投影面，接受系统默认的投影方向；单击 ✔ 按钮，完成投影曲线 1 的创建。

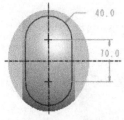

图 19.2.6　草图 1

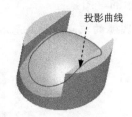

图 19.2.7　投影曲线 1

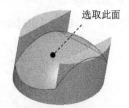

图 19.2.8　定义投影面

Step8. 创建图 19.2.9 所示的基准点 1。单击"基准点"按钮 ×ː点 ▾，系统弹出"基准点"对话框；按住 Ctrl 键，选取图 19.2.10 所示的 ASM_TOP 基准平面和圆弧 1 为点参考；选取对话框中的 ✦ 新点 选项，按住 Ctrl 键，选取图 19.2.10 所示的 ASM_TOP 基准平面和圆弧 2 为点参考；单击 确定 按钮，完成基准点的创建。

说明： 图 19.2.10 所示的圆弧 1 和圆弧 2 分别为图 19.2.7 所示的投影曲线上的两段圆弧。

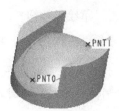

图 19.2.9　基准点 1

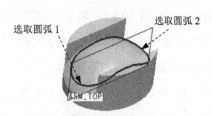

图 19.2.10　定义点参考

Step9. 创建图 19.2.11 所示的草图 2。在操控板中单击"草绘"按钮 ⌒；选取 ASM_TOP 基准平面为草绘平面，选取 ASM_RIGHT 基准平面为参考平面，方向为 左，单击 草绘 按钮，绘制图 19.2.11 所示的草图。

说明： 图 19.2.11 所示的两段圆弧的端点分别与基准点 PNT1 和 PNT0 重合。

Step10. 创建图 19.2.12 所示的基准点 2。单击"基准点"按钮 ×ː点 ▾，系统弹出"基准点"对话框；按住 Ctrl 键，选取 ASM_RIGHT 基准平面和图 19.2.13 所示的曲线 1 为点参考；选取对话框中的 ✦ 新点 选项，按住 Ctrl 键，选取 ASM_RIGHT 基准平面和图 19.2.13 所示的曲线 2 为点参考；单击 确定 按钮，完成基准点的创建。

说明： 图 19.2.13 所示的曲线 1 和曲线 2 分别在图 19.2.7 所示的投影曲线上。

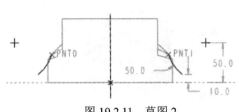

图 19.2.11　草图 2

图 19.2.12　基准点 2

Step11. 创建图 19.2.14 所示的草图 3。在操控板中单击"草绘"按钮 ；选取 ASM_RIGHT 基准平面为草绘平面，选取 ASM_TOP 基准平面为参考平面，方向为 右，单击 草绘 按钮，绘制图 19.2.14 所示的草图。

说明：图 19.2.14 所示的两个圆弧的端点分别与基准点 PNT2 和 PNT3 重合。

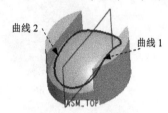

图 19.2.13 定义点参考

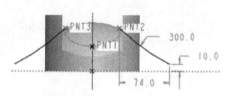

图 19.2.14 草图 3

Step12. 创建图 19.2.15 所示的基准平面 1。单击 模型 功能选项卡 基准 ▾ 区域中的"平面"按钮 ；选取 ASM_FRONT 基准平面为参考，将其约束类型设置为 平行；按住 Ctrl 键，选取图 19.2.15 所示的点（此点为图 19.2.11 所绘制的圆弧的端点）为参考，将其约束类型设置为 穿过；单击对话框中的 确定 按钮。

Step13. 创建图 19.2.16 所示的草图 4。在操控板中单击"草绘"按钮 ；选取 DTM1 基准平面为草绘平面，选取 ASM_RIGHT 基准平面为参考平面，方向为 上，单击 草绘 按钮，绘制图 19.2.16 所示的草图。

说明：图 19.2.16 所示的草图 4 是使用"椭圆"命令绘制而成的，且椭圆的四个端点分别与草图 2 和草图 3 所绘制的圆弧的端点重合。

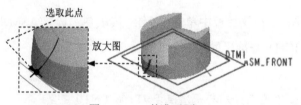

图 19.2.15 基准平面 1

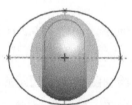

图 19.2.16 草图 4

Step14. 创建图 19.2.17 所示的边界混合曲面 1。单击 模型 功能选项卡 曲面 ▾ 区域中的"边界混合"按钮 ；按住 Ctrl 键，依次选取图 19.2.18 所示的四条曲线为第一方向曲线；在操控板中单击 曲线 按钮，系统弹出"曲线"界面，单击"第二方向"区域中的"单击此…"字符，然后按住 Ctrl 键，依次选取图 19.2.19 所示的曲线 1 和曲线 2 为第二方向曲线；单击 ✓ 按钮，完成边界混合曲面 1 的创建。

图 19.2.17 边界混合曲面 1

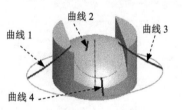

图 19.2.18 定义第一方向曲线

Step15. 创建图 19.2.20b 所示的曲面实体化 1。选取图 19.2.20a 所示的面为要实体化的对象；单击 模型 功能选项卡 编辑 ▼ 区域中的 实体化 按钮，并按下"移除材料"按钮 ；单击调整图形区中的箭头使其指向要去除的实体，如图 19.2.20a 所示；单击 ✓ 按钮，完成曲面实体化 1 的创建。

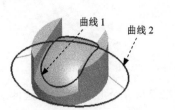

图 19.2.19 定义第二方向曲线

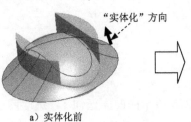

a) 实体化前   b) 实体化后

图 19.2.20 曲面实体化 1

Step16. 创建图 19.2.21 所示的交截曲线 1。按住 Ctrl 键，选取 ASM_TOP 基准平面和图 19.2.22 所示的曲面为交截对象；单击 模型 功能选项卡 编辑 ▼ 区域中的 相交 按钮，完成交截曲线的创建。

Step17. 创建图 19.2.23 所示的基准点 PNT4。单击 模型 功能选项卡 基准 ▼ 区域中的"基准点"按钮 点 ▼；选取图 19.2.23 所示的曲线为基准点参考，定义"偏移"类型为 比率，输入数值 0.1。单击对话框中的 确定 按钮。

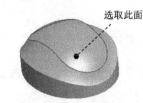
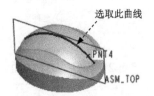

图 19.2.21 交截曲线 1   图 19.2.22 定义交截对象   图 19.2.23 基准点 PNT4

Step18. 创建图 19.2.24 所示的基准轴 A_2。单击 模型 功能选项卡 基准 ▼ 区域中的"基准轴"按钮 轴。选取 PNT4 基准点为参照，将其约束类型设置为 穿过；按住 Ctrl 键，选取图 19.2.25 所示的面，将其约束类型设置为 法向；单击对话框中的 确定 按钮。

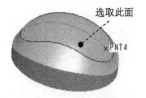

图 19.2.24 基准轴 A_2   图 19.2.25 定义基准轴参考面

Step19. 创建图 19.2.26b 所示的偏移曲面 1。选取图 19.2.26a 所示的面为要偏移的曲面；单击 模型 功能选项卡 编辑 ▼ 区域中的 偏移 按钮；在操控板的偏移类型栏中选择"标准偏移"选项 ，在操控板的偏移数值栏中输入偏移距离值 2.0，定义偏移方向如图 19.2.26a

所示；单击 ✔ 按钮，完成偏移曲面 1 的创建。

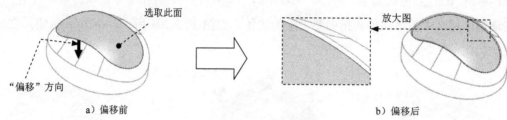

图 19.2.26　偏移曲面 1

Step20. 创建图 19.2.27b 所示的曲面延伸 1。选取图 19.2.27a 所示的边线为要延伸的参考；单击 模型 功能选项卡 编辑 ▼ 区域中的 ⬚延伸 按钮；在操控板中单击 选项 按钮，在"方法"的下拉列表中选择 相切 选项，其他采用系统默认设置，在操控板中输入延伸长度值 20.0；单击 ✔ 按钮，完成曲面延伸 1 的创建。

说明：图 19.2.27a 所示的边线为图 19.2.26 创建的偏移曲面的外边线。

图 19.2.27　曲面延伸 1

Step21. 创建偏移曲面 2。选取图 19.2.28 所示的面为要偏移的曲面，单击 🗒偏移 按钮，选择偏移"标准"类型 🗐，偏移距离值为 2.0，定义偏移方向如图 19.2.28 所示；单击 ✔ 按钮，完成偏移曲面 2 的创建。

Step22. 创建图 19.2.29 所示的基准平面 2。单击 模型 功能选项卡 基准 ▼ 区域中的"平面"按钮 ⬜，选取 ASM_FRONT 基准平面为偏距参考面，在对话框中输入偏移距离值 100.0，单击对话框中的 确定 按钮。

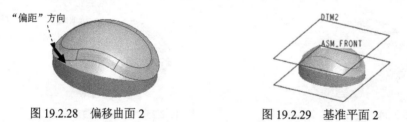

图 19.2.28　偏移曲面 2　　　　图 19.2.29　基准平面 2

Step23. 创建图 19.2.30 所示的拉伸特征 2（曲面已隐藏）。在操控板中单击"拉伸"按钮 ⬚拉伸。选取 DTM2 基准平面为草绘平面，选取 ASM_TOP 基准平面为参考平面，方向为 上；绘制图 19.2.31 所示的截面草图，在操控板中定义拉伸类型为 ⬓，单击 ⅗ 按钮调整拉伸方向；单击 ✔ 按钮，完成拉伸特征 2 的创建。

图 19.2.30 拉伸特征 2

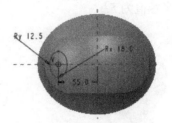

图 19.2.31 截面草图

Step24. 创建图 19.2.32b 所示的圆角特征 1。单击 模型 功能选项卡 工程 ▼ 区域中的 ⌒倒圆角 ▼ 按钮，选取图 19.2.32a 所示的边线为圆角放置参照，在圆角半径文本框中输入值 35.0。

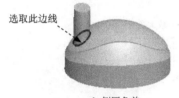

a）倒圆角前

b）倒圆角后

图 19.2.32 圆角特征 1

Step25. 创建图 19.2.33b 所示的圆角特征 2。选取图 19.2.33a 所示的边线为圆角放置参照，输入圆角半径值 5.0。

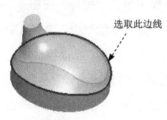

a）倒圆角前

b）倒圆角后

图 19.2.33 圆角特征 2

Step26. 创建图 19.2.34b 所示的圆角特征 3。选取图 19.2.34a 所示的边线为圆角放置参照，输入圆角半径值 10.0。

a）倒圆角前

b）倒圆角后

图 19.2.34 圆角特征 3

Step27. 创建图 19.2.35b 所示的圆角特征 4。选取图 19.2.35a 所示的边线为圆角放置参照，输入圆角半径值为 5.0。

选取此边线

a）倒圆角前　　　　　　　　　　　　　　　　　　　　b）倒圆角后

图 19.2.35　圆角特征 4

Step28. 创建图 19.2.36b 所示的圆角特征 5。选取图 19.2.36a 所示的边线为圆角放置参照，输入圆角半径值 1.0。

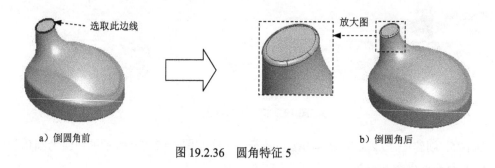

选取此边线　　　　　　　　　　　　　　　　　　　放大图

a）倒圆角前　　　　　　　　　　　　　　　　　　　b）倒圆角后

图 19.2.36　圆角特征 5

Step29. 创建图 19.2.37 所示的拉伸曲面 3。在操控板中单击"拉伸"按钮 拉伸，按下操控板中的"曲面类型"按钮 。选取 ASM_TOP 基准平面为草绘平面，选取 ASM_RIGHT 基准平面为参考平面，方向为 左；绘制图 19.2.38 所示的截面草图，在操控板中定义拉伸类型为 ，输入深度值 200.0；单击 按钮，完成拉伸曲面 3 的创建。

Step30. 创建图 19.2.39 所示的草图 5（拉伸曲面 3 已隐藏）。在操控板中单击"草绘"按钮 ；选取 ASM_FRONT 基准平面为草绘平面，选取 ASM_TOP 基准平面为参考平面，方向为 上，单击 草绘 按钮，绘制图 19.2.39 所示的草图。

Step31. 创建图 19.2.40 所示的基准平面 3。单击 模型 功能选项卡 基准 ▾ 区域中的"平面"按钮 ；选取基准轴 A_5 为参考，将其约束类型设置为 法向；按住 Ctrl 键，选取 PNT4 基准点为参考，将其约束类型设置为 穿过；单击对话框中的 确定 按钮。

图 19.2.37　拉伸曲面 3

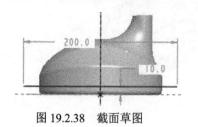

图 19.2.38　截面草图

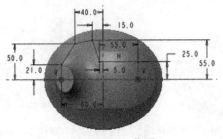

图 19.2.39 草图 5

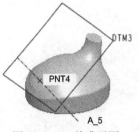

图 19.2.40 基准平面 3

Step32. 创建图 19.2.41 所示的基准平面 4。单击 模型 功能选项卡 基准 ▾ 区域中的"平面"按钮 ▱，选择 ASM_FRONT 基准平面为偏距参考面，在对话框中输入偏移距离值 45.0；单击对话框中的 确定 按钮。

Step33. 创建图 19.2.42 所示的基准平面 5。单击 模型 功能选项卡 基准 ▾ 区域中的"平面"按钮 ▱，选择 ASM_FRONT 基准平面为偏距参考面，在对话框中输入偏移距离值 25.0；单击对话框中的 确定 按钮。

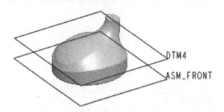

图 19.2.41 基准平面 4

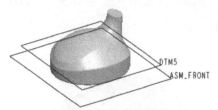

图 19.2.42 基准平面 5

Step34. 创建图 19.2.43 所示的基准平面 6。单击 模型 功能选项卡 基准 ▾ 区域中的"平面"按钮 ▱，选择 ASM_FRONT 基准平面为偏距参考面，在对话框中输入偏移距离值 50.0，单击对话框中的 确定 按钮。

Step35. 创建图 19.2.44 所示的草图 6。在操控板中单击"草绘"按钮 ⌒；选取图 19.2.45 所示的面为草绘平面，选取 ASM_TOP 基准平面为参考平面，方向为 上，单击 草绘 按钮，绘制图 19.2.46 所示的草图（1 个几何点）。

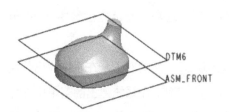

图 19.2.43 基准平面 6

图 19.2.44 草图 6（建模环境）

图 19.2.45 定义草绘平面

Step36. 创建图 19.2.47 所示的草图 7。在操控板中单击"草绘"按钮 ⌒；选取 ASM_RIGHT 为草绘平面，选取 ASM_TOP 基准平面为参考平面，方向为 右，单击 草绘 按钮，绘制图 19.2.48 所示的草图（1 个几何点）。

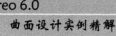

图 19.2.46　草图 6（草绘环境）　　图 19.2.47　草图 7（建模环境）　　图 19.2.48　草图 7（草绘环境）

Step37. 保存模型文件。

说明：因后面所创建的台灯底座等模型要用到此文件中的曲面和草绘特征，所以在保存此模型文件时，建议将所有曲面特征和草图 5 显示。

19.3　底座下盖

下面讲解底座下盖（FIRST_DOWN.PRT）的创建过程，零件模型及模型树如图 19.3.1 所示。

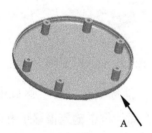

A

从 A 向查看

图 19.3.1　底座下盖模型及模型树

Step1. 在装配体中创建底座下盖（FIRST_DOWN.PRT）。单击 模型 功能选项卡 元件 ▾ 区域中的"创建"按钮 ；此时系统弹出"元件创建"对话框，选中 类型 选项组中的 ◉ 零件 单选项，选中 子类型 选项组中的 ◉ 实体 单选项，然后在 名称 文本框中输入文件名 FIRST_DOWN，单击 确定 按钮。在系统弹出的"创建选项"对话框中选中 ◉ 空 单选项，单击 确定 按钮。

Step2. 激活底座下盖模型。在模型树中单击 FIRST_DOWN.PRT，然后右击，在系统弹出的快捷菜单中选择 激活 命令；单击 模型 功能选项卡中的 获取数据 ▾ 按钮，在系统弹出的菜单中选择 合并/继承 命令，系统弹出"合并/继承"操控板，在该操控板中进行下列操作。在操控板中先确认"将参考类型设置为组件上下文"按钮 被按下，在操控板中单击 参考 选项卡，系统弹出"参考"界面；选中 ☑ 复制基准 复选框，然后选取骨架模型；单击"完成"按钮 ✓。

Step3. 在模型树中选择 FIRST_DOWN.PRT，然后右击，在系统弹出的快捷菜单中选择 打开 命令。

Step4. 创建图 19.3.2b 所示的曲面实体化 1。选取图 19.3.2a 所示的面为要实体化的对象；单击 模型 功能选项卡 编辑 ▼ 区域中的 实体化 按钮，并按下"移除材料"按钮 ；单击调整图形区中的箭头使其指向要去除的实体，如图 19.3.2a 所示；单击 ✔ 按钮，完成曲面实体化 1 的创建。

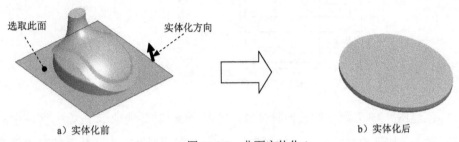

a) 实体化前   b) 实体化后

图 19.3.2 曲面实体化 1

Step5. 创建图 19.3.3b 所示的抽壳特征 1。单击 模型 功能选项卡 工程 ▼ 区域中的"壳"按钮 壳；选取图 19.3.3a 所示的面为移除面；在 厚度 文本框中输入壁厚值为 2.0；在操控板中单击 ✔ 按钮，完成抽壳特征 1 的创建。

a) 抽壳前   b) 抽壳后

图 19.3.3 抽壳特征 1

Step6. 创建图 19.3.4 所示的扫描特征 1。单击 模型 功能选项卡 形状 ▼ 区域中的 扫描 ▼ 按钮；在操控板中确认"实体"按钮 、"移除材料"按钮 和"恒定轨迹"按钮 被按下，在图形区中选取图 19.3.5 所示的扫描轨迹曲线，单击箭头，切换扫描的起始点，切换后的轨迹曲线如图 19.3.5 所示；在操控板中单击"创建或编辑扫描截面"按钮 ，系统自动进入草绘环境，绘制并标注扫描截面的草图，如图 19.3.6 所示，完成截面的绘制和标注后，单击"确定"按钮 ✔；单击操控板中的 ✔ 按钮，完成扫描特征 1 的创建。

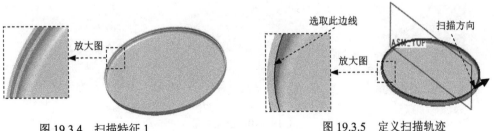

图 19.3.4 扫描特征 1   图 19.3.5 定义扫描轨迹

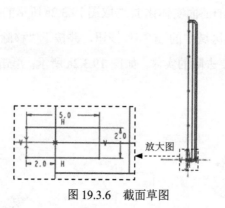

图 19.3.6　截面草图

Step7. 创建图 19.3.7 所示的拉伸特征 1。单击 模型 功能选项卡 形状 ▾ 区域中的"拉伸"按钮 拉伸，按下操控板中的"加厚"按钮 ；在图形区右击，从系统弹出的快捷菜单中选择 定义内部草绘 命令；选取图 19.3.8 所示的面为草绘平面，选取 ASM_RIGHT 基准平面为参考平面，方向为 上；单击 草绘 按钮，绘制图 19.3.9 所示的截面草图；在操控板中定义拉伸类型为 ，输入深度值 2.0，输入厚度值 1.0（加厚方向为内侧）；在操控板中单击"完成"按钮 ，完成拉伸特征 1 的创建。

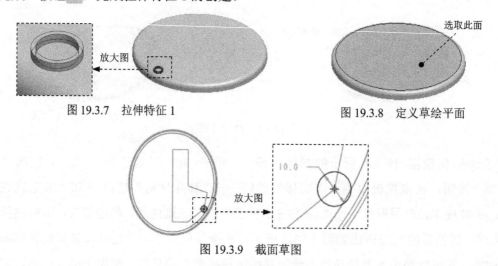

图 19.3.7　拉伸特征 1　　　　　　　　　图 19.3.8　定义草绘平面

图 19.3.9　截面草图

Step8. 创建图 19.3.10b 所示的圆角特征 1。单击 模型 功能选项卡 工程 ▾ 区域中的 倒圆角 ▾ 按钮，选取图 19.3.10a 所示的边线为圆角放置参照，在圆角半径文本框中输入值 0.5。

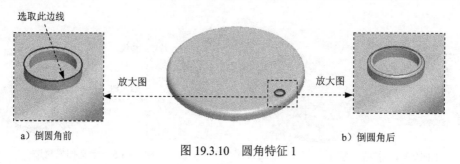

a）倒圆角前　　　　　　　　　　　　　　　　　　　b）倒圆角后

图 19.3.10　圆角特征 1

Step9. 创建图 19.3.11 所示的拉伸特征 2。在操控板中单击"拉伸"按钮 ，选取图 19.3.12 所示的面为草绘平面，选取 ASM_RIGHT 基准平面为参考平面，方向为 左；绘制图 19.3.13 所示的截面草图；在操控板中定义拉伸类型为 ，输入深度值 15.0，单击 按钮，完成拉伸特征 2 的创建。

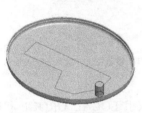

图 19.3.11 拉伸特征 2

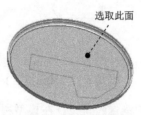
选取此面

图 19.3.12 定义草绘平面

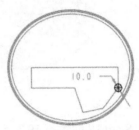
10.0

图 19.3.13 截面草图

Step10. 创建图 19.3.14 所示的孔特征 1。单击 模型 功能选项卡 工程 区域中的 孔 按钮；采用系统默认的孔类型 ，按住 Ctrl 键，选取图 19.3.15 所示的面及轴线 A_8 为孔的放置参考；在操控板中单击 U 按钮，单击"沉孔"按钮 ，在操控板中单击 形状 按钮，按图 19.3.16 所示的"形状"界面中的参数设置来定义孔的形状；在操控板中单击 按钮，完成孔特征 1 的创建。

说明：图 19.3.15 所示的轴线 A_8 为拉伸特征 2 所生成的轴线。

Step11. 创建组特征。按住 Ctrl 键，在模型树中选择拉伸特征 1 至孔特征 1 所创建的特征后右击，在系统弹出的快捷菜单中选择 组 命令，完成组特征的创建。

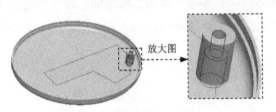
放大图

图 19.3.14 孔特征 1

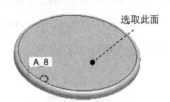
选取此面
A_8

图 19.3.15 定义孔的放置

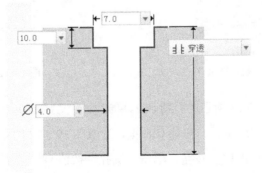

□ 退出沉头孔

图 19.3.16 孔参数设置

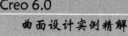
Step12. 创建图 19.3.17b 所示的镜像特征 1。在模型树中选取组 LOCAL_GROUP 为镜像特征；单击 模型 功能选项卡 编辑 ▼ 区域中的"镜像"按钮 ；在图形区选取 ASM_RIGHT 基准平面为镜像平面；在操控板中单击 ✔ 按钮，完成镜像特征 1 的创建。

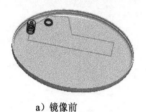

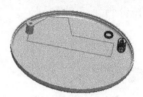

a）镜像前   b）镜像后

图 19.3.17 镜像特征 1

Step13. 创建图 19.3.18b 所示的镜像特征 2。在模型树中选取组 LOCAL_GROUP 和镜像特征 1 为镜像对象。选取 ASM_TOP 基准平面为镜像平面；单击 ✔ 按钮，完成镜像特征 2 的创建。

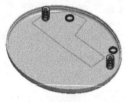

a）镜像前   b）镜像后

图 19.3.18 镜像特征 2

Step14. 创建图 19.3.19 所示的拉伸特征 3。在操控板中单击"拉伸"按钮 拉伸。选取图 19.3.12 所示的面为草绘平面，选取 ASM_TOP 基准平面为参考平面，方向为 上；绘制图 19.3.20 所示的截面草图；在操控板中定义拉伸类型为 ，输入深度值 15.0；单击 ✔ 按钮，完成拉伸特征 3 的创建。

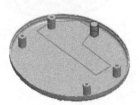
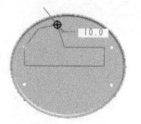

图 19.3.19 拉伸特征 3   图 19.3.20 截面草图

Step15. 创建图 19.3.21 所示的孔特征 2。单击 模型 功能选项卡 工程 ▼ 区域中的 孔 按钮；采用系统默认的孔类型 ，按住 Ctrl 键，选取图 19.3.22 所示的面及轴线 A_22 为孔的放置参考；在操控板中单击 按钮，单击"沉孔"按钮 ，在操控板中单击 形状 按钮，按图 19.3.16 所示的"形状"界面中的参数设置来定义孔的形状；在操控板中单击 ✔ 按钮，完成孔特征 2 的创建。

说明：图 19.3.22 所示的轴线 A_22 为拉伸特征 3 所生成的轴线。

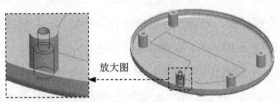 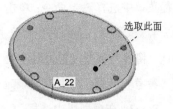

选取此面

图 19.3.21 孔特征 2   图 19.3.22 定义孔的放置

放大图

A_22

Step16. 创建图 19.3.23b 所示的镜像特征 3。在模型树中选取拉伸特征 3 和孔特征 2 为镜像对象。选取 ASM_TOP 基准平面为镜像平面；单击 ✓ 按钮，完成镜像特征 3 的创建。

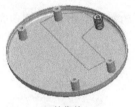 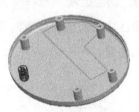

a）镜像前   b）镜像后

图 19.3.23 镜像特征 3

Step17. 保存模型文件。

19.4 底座中部

下面讲解底座中部（FIRST_MIDDLE.PRT）的创建过程，零件模型及模型树如图 19.4.1 所示。

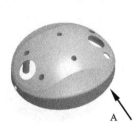

A

从 A 向查看

```
FIRST_MIDDLE.PRT
  合并 标识1
  实体化 1
  实体化 2
  壳 1
  扫描 1
  拉伸 1
  拉伸 2
  组LOCAL_GROUP
  镜像 1
  拉伸 7
  倒圆角 1
  倒角 1
  在此插入
```

图 19.4.1 底座中部模型及模型树

Step1. 在装配体中创建底座中部（FIRST_MIDDLE.PRT）。单击 模型 功能选项卡 元件 ▾ 区域中的"创建"按钮 ；此时系统弹出"元件创建"对话框，选中 类型 选项组中的 ⦿ 零件 单选项，选中 子类型 选项组中的 ⦿ 实体 单选项，然后在 名称 文本框中输入文件名 FIRST_MIDDLE，单击 确定 按钮。在系统弹出的"创建选项"对话框中选中 ⦿ 空 单选项，单击 确定 按钮。

Step2. 激活底座中部模型。在模型树中选择 ☐ FIRST_MIDDLE.PRT，然后右击，在系统弹出的快捷菜单中选择 激活 命令；单击 模型 功能选项卡中的 获取数据 ▼ 按钮，在系统弹出的菜单中选择 合并/继承 命令，系统弹出 "合并/继承" 操控板，在该操控板中进行下列操作。在操控板中先确认 "将参考类型设置为组件上下文" 按钮 ⊠ 被按下，在操控板中单击 参考 选项卡，系统弹出 "参考" 界面；选中 ☑ 复制基准 复选框，然后选取骨架模型；单击 "完成" 按钮 ✔。

Step3. 在模型树中选择 ☐ FIRST_MIDDLE.PRT，然后右击，在系统弹出的快捷菜单中选择 打开 命令。

Step4. 创建图 19.4.2b 所示的曲面实体化 1。选取图 19.4.2a 所示的面为要实体化的对象；单击 模型 功能选项卡 编辑 ▼ 区域中的 ⊡ 实体化 按钮，并按下 "移除材料" 按钮 ∠ ；单击调整图形区中的箭头使其指向要去除的实体，如图 19.4.2a 所示；单击 ✔ 按钮，完成曲面实体化 1 的创建。

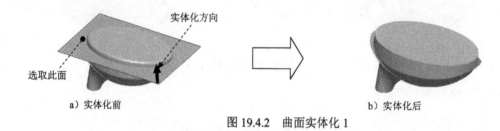

a）实体化前

b）实体化后

图 19.4.2 曲面实体化 1

Step5. 创建图 19.4.3b 所示的曲面实体化 2。选取图 19.4.3a 所示的面为实体化的对象；单击 ⊡ 实体化 按钮，按下 "移除材料" 按钮 ∠ ；单击调整图形区中的箭头使其指向要去除的实体，如图 19.4.3a 所示；单击 ✔ 按钮，完成曲面实体化 2 的创建。

Step6. 创建图 19.4.4b 所示的抽壳特征 1。单击 模型 功能选项卡 工程 ▼ 区域中的 "壳" 按钮 回壳；选取图 19.4.4a 所示的面为移除面；在 厚度 文本框中输入壁厚值为 2.0；在操控板中单击 ✔ 按钮，完成抽壳特征 1 的创建。

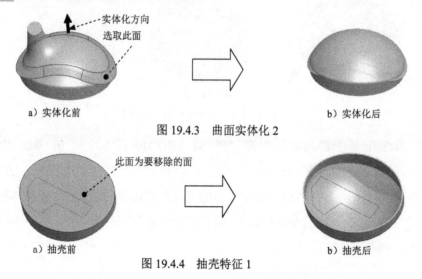

a）实体化前

b）实体化后

图 19.4.3 曲面实体化 2

a）抽壳前

b）抽壳后

图 19.4.4 抽壳特征 1

Step7. 创建图 19.4.5 所示的扫描特征 1。单击 模型 功能选项卡 形状 ▾ 区域中的 "扫描" ▾ 按钮；在操控板中确认"实体"按钮 □ 和"恒定轨迹"按钮 ┕ 被按下，在图形区中选取图 19.4.6 所示的扫描轨迹曲线，单击箭头，切换扫描的起始点，切换后的轨迹曲线如图 19.4.6 所示；在操控板中单击"创建或编辑扫描截面"按钮 ☑，系统自动进入草绘环境，绘制并标注扫描截面的草图，如图 19.4.7 所示，完成截面的绘制和标注后，单击"确定"按钮 ✔；单击操控板中的 ✔ 按钮，完成扫描特征 1 的创建。

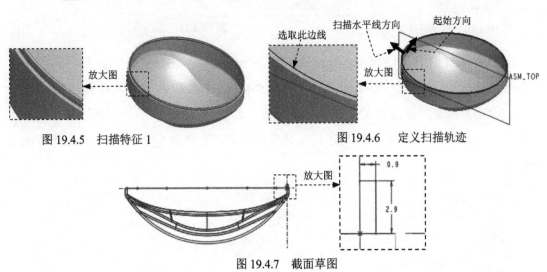

图 19.4.5 扫描特征 1 　　　　图 19.4.6 定义扫描轨迹

图 19.4.7 截面草图

Step8. 创建图 19.4.8 所示的拉伸特征 1。单击 模型 功能选项卡 形状 ▾ 区域中的"拉伸"按钮 ⬚ 拉伸，按下操控板中的"移除材料"按钮 ◿；在图形区右击，从系统弹出的快捷菜单中选择 定义内部草绘... 命令；选取 DTM3 基准平面为草绘平面，选取 ASM_TOP 基准平面为参考平面，方向为 上；单击 草绘 按钮，绘制图 19.4.9 所示的截面草图；在操控板中定义拉伸类型为 ⊥⊥；在操控板中单击"完成"按钮 ✔，完成拉伸特征 1 的创建。

说明：图 19.4.9 所示的截面草图中所绘制的圆的圆心与基准点 PNT4 重合。

图 19.4.8 拉伸特征 1 　　　　图 19.4.9 截面草图

Step9. 创建图 19.4.10 所示的拉伸特征 2。在操控板中单击"拉伸"按钮 ⬚ 拉伸，按下操控板中的"移除材料"按钮 ◿。选取 ASM_RIGHT 基准平面为草绘平面，选取 ASM_TOP 基准平面为参考平面，方向为 右；绘制图 19.4.11 所示的截面草图；在操控板中定义拉伸类型为⊥，单击 ╳ 按钮调整拉伸方向；单击 ✓ 按钮，完成拉伸特征 2 的创建。

说明：图 19.4.11 所示的截面草图中所绘制的圆的圆心与基准点 PNT6 重合。

图 19.4.10　拉伸特征 2

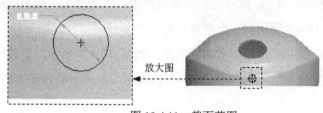

图 19.4.11　截面草图

Step10. 创建图 19.4.12 所示的拉伸特征 3。在操控板中单击"拉伸"按钮 拉伸，按下操控板中的"移除材料"按钮 ⬜。选取 ASM_FRONT 基准平面为草绘平面，选取 ASM_RIGHT 基准平面为参考平面，方向为 右；绘制图 19.4.13 所示的截面草图；在操控板中定义拉伸类型为⊥，单击 ╳ 按钮调整拉伸方向；单击 ✓ 按钮，完成拉伸特征 3 的创建。

图 19.4.12　拉伸特征 3

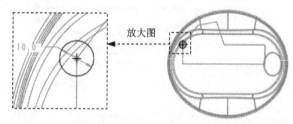

图 19.4.13　截面草图

Step11. 创建图 19.4.14 所示的拉伸特征 4。在操控板中单击"拉伸"按钮 拉伸。选取 DTM1 基准平面为草绘平面，选取 ASM_RIGHT 基准平面为参考平面，方向为 下；绘制图 19.4.15 所示的截面草图；在操控板中定义拉伸类型为 ⊒；单击 ✓ 按钮，完成拉伸特征 4 的创建。

图 19.4.14　拉伸特征 4

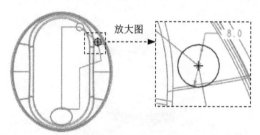

图 19.4.15　截面草图

Step12. 创建图 19.4.16 所示的孔特征 1。单击 模型 功能选项卡 工程 ▾ 区域中的 孔 按钮；按住 Ctrl 键，选取图 19.4.17 所示的面及此面所在的圆柱体的轴线 A_9 为孔的放置参考；采用系统默认的孔类型 ⬜，输入直径值 4.0，定义孔的深度类型为 ⟂，输入深度值 5.0；在

操控板中单击 ✔ 按钮,完成孔特征 1 的创建。

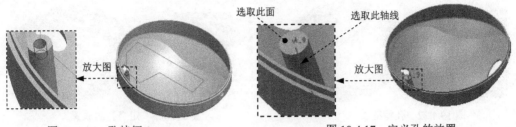

图 19.4.16　孔特征 1　　　　　　　图 19.4.17　定义孔的放置

Step13. 创建图 19.4.18 所示的拉伸特征 5。在操控板中单击"拉伸"按钮 🔲 拉伸。选取 DTM4 基准平面为草绘平面,选取 ASM_TOP 基准平面为参考平面,方向为 上;绘制图 19.4.19 所示的截面草图;在操控板中定义拉伸类型为 ⊟;单击 ✔ 按钮,完成拉伸特征 5 的创建。

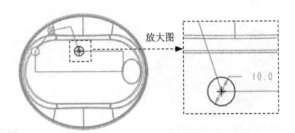

图 19.4.18　拉伸特征 5　　　　　　　图 19.4.19　截面草图

Step14. 创建图 19.4.20 所示的孔特征 2。单击 模型 功能选项卡 工程 ▾ 区域中的 孔 按钮。选取 DTM6 基准平面和图 19.4.21 所示的轴线 A_11 为孔的放置参考;采用系统默认的孔类型 凵,输入直径值 8.0,定义孔的深度类型为 非;在操控板中单击 ✔ 按钮,完成孔特征 2 的创建。

说明:孔的方向可以通过放置位置窗口里面的 反向 按钮调节。

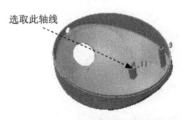

图 19.4.20　孔特征 2　　　　　　　图 19.4.21　定义孔的放置

Step15. 创建图 19.4.22 所示的孔特征 3。单击 模型 功能选项卡 工程 ▾ 区域中的 孔 按钮。选取图 19.4.23 所示的面和轴线 A_11 为孔的放置参考;采用系统默认的孔类型 凵,输入直径值 4.0,定义孔的深度类型为 非;在操控板中单击 ✔ 按钮,完成孔特征 3 的创建。

选取此面　选取此轴线

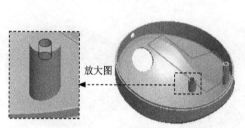

放大图

图 19.4.22　孔特征 3

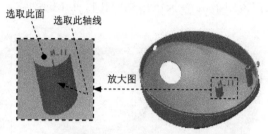

放大图

图 19.4.23　定义孔的放置

Step16. 创建图 19.4.24 所示的拉伸特征 6。在操控板中单击"拉伸"按钮 拉伸。选取 DTM1 基准平面为草绘平面，选取 ASM_RIGHT 基准平面为参考平面，方向为 左；绘制图 19.4.25 所示的截面草图；在操控板中定义拉伸类型为 ；单击 按钮，完成拉伸特征 6 的创建。

图 19.4.24　拉伸特征 6

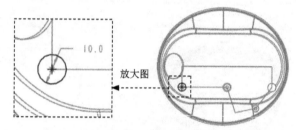

放大图

图 19.4.25　截面草图

Step17. 创建图 19.4.26 所示的孔特征 4。单击 模型 功能选项卡 工程 ▼ 区域中的 孔 按钮。选取 DTM5 基准平面和图 19.4.27 所示的轴线 A_14 为孔的放置参考，采用系统默认的孔类型 ，输入直径值 8.0，定义孔的深度类型为 ；在操控板中单击 按钮，完成孔特征 4 的创建。

说明：孔的方向可以通过放置位置窗口里面的 反向 按钮调节。

图 19.4.26　孔特征 4

选取此轴线

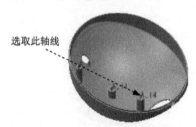

图 19.4.27　定义孔的放置

Step18. 创建图 19.4.28 所示的孔特征 5。单击 模型 功能选项卡 工程 ▼ 区域中的 孔 按钮。选取图 19.4.29 所示的面和图 19.4.29 所示的轴线 A_14 为孔的放置参考；采用系统默认的孔类型 ，输入直径值 4.0，定义孔的深度类型为 ；在操控板中单击 按钮，完成孔特征 5 的创建。

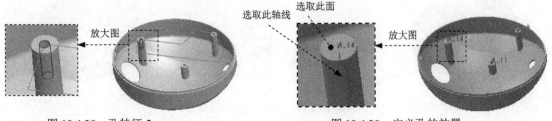

图 19.4.28 孔特征 5   图 19.4.29 定义孔的放置

Step19. 创建组特征。按住 Ctrl 键，在模型树中选择拉伸特征 3 至孔特征 5 所创建的特征后右击，在系统弹出的快捷菜单中选择 组 命令，完成组特征的创建。

Step20. 创建图 19.4.30b 所示的镜像特征 1。在模型树中选取 Step19 所创建的组 LOCAL_GROUP 为镜像特征；单击 模型 功能选项卡 编辑 ▼ 区域中的"镜像"按钮 ；在图形区选取 ASM_TOP 基准平面为镜像平面；在操控板中单击 ✔ 按钮，完成镜像特征 1 的创建。

a）镜像前   b）镜像后

图 19.4.30 镜像特征 1

Step21. 创建图 19.4.31 所示的拉伸特征 7。在操控板中单击"拉伸"按钮 拉伸，按下操控板中的"移除材料"按钮 。选取 ASM_FRONT 基准平面为草绘平面，选取 ASM_RIGHT 基准平面为参考平面，方向为 左；绘制图 19.4.32 所示的截面草图；在操控板中定义拉伸类型为 ，单击 ✗ 按钮调整拉伸方向；单击 ✔ 按钮，完成拉伸特征 7 的创建。

说明：图 19.4.32 所示的截面草图中所绘制的圆的圆心与基准点 PNT5 重合。

   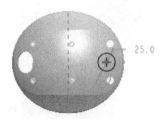

图 19.4.31 拉伸特征 7   图 19.4.32 截面草图

Step22. 创建图 19.4.33b 所示的圆角特征 1。单击 模型 功能选项卡 工程 ▼ 区域中的 倒圆角 ▼ 按钮，选取图 19.4.33a 所示的边线为圆角放置参照，在圆角半径文本框中输入值 5.0。

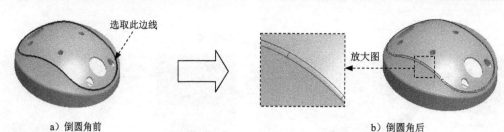

a）倒圆角前   选取此边线   放大图   b）倒圆角后

图 19.4.33   圆角特征 1

Step23. 创建图 19.4.34b 所示的倒角特征 1。单击 模型 功能选项卡 工程 ▾ 区域中的 ◇ 倒角 ▾ 按钮，选取图 19.4.34a 所示的边线，输入倒角尺寸值 0.2。

此边线为倒角放置参照

放大图   放大图

a）倒角前   b）倒角后

图 19.4.34   倒角特征 1

Step24. 保存模型文件。

19.5　底座上盖

下面讲解底座上盖（FIRST_TOP.PRT）的创建过程，零件模型及模型树如图 19.5.1 所示。

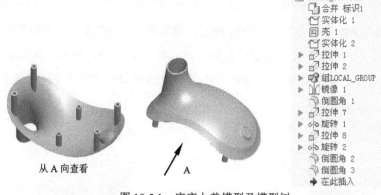

从 A 向查看   A

图 19.5.1   底座上盖模型及模型树

Step1. 在装配体中创建底座上盖（FIRST_TOP.PRT）。单击 模型 功能选项卡 元件 ▾ 区域中的 "创建" 按钮 ；此时系统弹出 "元件创建" 对话框，选中 类型 选项组中的 ◉ 零件 单选项，选中 子类型 选项组中的 ◉ 实体 单选项，然后在 名称 文本框中输入文件名 FIRST_TOP，单击 确定 按钮。在系统弹出的 "创建选项" 对话框中选中 ◉ 空 单选项，单击 确定 按钮。

Step2. 激活底座上盖模型。在模型树中单击 ☐ FIRST_TOP.PRT，然后右击，在系统弹出的快捷菜单中选择 激活 命令；单击 模型 功能选项卡中的 获取数据 ▼ 按钮，在系统弹出的菜单中选择 合并/继承 命令，系统弹出"合并/继承"操控板，在该操控板中进行下列操作。在操控板中先确认"将参考类型设置为组件上下文"按钮 ⊠ 被按下，在操控板中单击 参考 选项卡，系统弹出"参考"界面；选中 ☑ 复制基准 复选框，然后在模型树中选取 FIRST.PRT；单击"完成"按钮 ✔。

Step3. 在模型树中选择 ⬛ FIRST_TOP.PRT，然后右击，在系统弹出的快捷菜单中选择 打开 命令。

Step4. 创建图 19.5.2b 所示的曲面实体化 1。选取图 19.5.2a 所示的面为要实体化的对象；单击 模型 功能选项卡 编辑 ▼ 区域中的 ◁ 实体化 按钮，并按下"移除材料"按钮 ◿；单击调整图形区中的箭头使其指向要去除的实体，如图 19.5.2a 所示；单击 ✔ 按钮，完成曲面实体化 1 的创建。

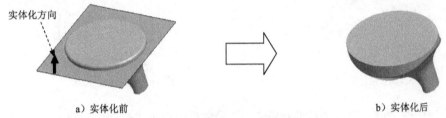

a）实体化前   b）实体化后

图 19.5.2　曲面实体化 1

Step5. 创建图 19.5.3b 所示的抽壳特征 1。单击 模型 功能选项卡 工程 ▼ 区域中的"壳"按钮 回 壳；选取图 19.5.3a 所示的面为移除面；在 厚度 文本框中输入壁厚值为 0.8；在操控板中单击 ✔ 按钮，完成抽壳特征 1 的创建。

此面为要移除面

a）抽壳前   b）抽壳后

图 19.5.3　抽壳特征 1

Step6. 创建图 19.5.4b 所示的曲面实体化 2。选取图 19.5.4a 所示的面为实体化的对象；单击 ◁ 实体化 按钮，按下"移除材料"按钮 ◿；调整图形区中的箭头使其指向要去除的实体，如图 19.5.4a 所示；单击 ✔ 按钮，完成曲面实体化 2 的创建。

Step7. 隐藏曲面特征。在模型树区域选取 📄 ▼ 下拉列表中的 层树(L) 选项，在系统弹出的层区域中右击 ▶ ◯ QUILT，从系统弹出的快捷菜单中选取 隐藏 选项。

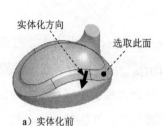

实体化方向　选取此面

a）实体化前　　　　　　　　　　　b）实体化后

图 19.5.4　曲面实体化 2

Step8. 创建图 19.5.5 所示的拉伸特征 1。单击 模型 功能选项卡 形状 ▾ 区域中的"拉伸"按钮 拉伸，按下操控板中的"移除材料"按钮；在图形区右击，从系统弹出的快捷菜单中选择 定义内部草绘... 命令；选取 ASM_FRONT 基准平面为草绘平面，选取 ASM_RIGHT 基准平面为参考平面，方向为 左；单击 草绘 按钮，绘制图 19.5.6 所示的截面草图；在操控板中定义拉伸类型为，单击 按钮调整拉伸方向；在操控板中单击"完成"按钮，完成拉伸特征 1 的创建。

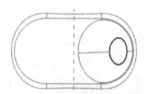

图 19.5.5　拉伸特征 1　　　　　　　图 19.5.6　截面草图

Step9. 创建图 19.5.7 所示的拉伸特征 2。在操控板中单击"拉伸"按钮 拉伸，按下操控板中的"移除材料"按钮。选取 DTM3 基准平面为草绘平面，选取 ASM_TOP 基准平面为参考平面，方向为 上；绘制图 19.5.8 所示的截面草图；在操控板中定义拉伸类型为，单击 按钮，完成拉伸特征 2 的创建。

说明：图 19.5.8 所示的截面草图中所绘制的圆的圆心与基准点 PNT4 重合。

图 19.5.7　拉伸特征 2　　　　　　　图 19.5.8　截面草图

Step10. 创建图 19.5.9 所示的拉伸特征 3。在操控板中单击"拉伸"按钮 拉伸。选取 DTM1 基准平面为草绘平面，选取 ASM_TOP 基准平面为参考平面，方向为 上；绘制图 19.5.10 所示的截面草图；在操控板中定义拉伸类型为；单击 按钮，完成拉伸特征 3 的创建。

图 19.5.9 拉伸特征 3

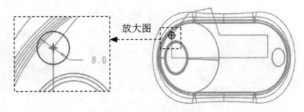

图 19.5.10 截面草图

Step11. 创建图 19.5.11 所示的拉伸特征 4。在操控板中单击"拉伸"按钮 拉伸。选取 DTM4 基准平面为草绘平面,选取 ASM_RIGHT 基准平面为参考平面,方向为 左;绘制 图 19.5.12 所示的截面草图;在操控板中定义拉伸类型为 ;单击 按钮,完成拉伸特征 4 的创建。

图 19.5.11 拉伸特征 4

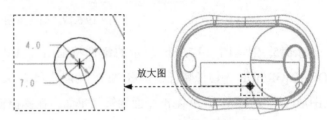

图 19.5.12 截面草图

Step12. 创建图 19.5.13 所示的拉伸特征 5。在操控板中单击"拉伸"按钮 拉伸。选取 DTM1 基准平面为草绘平面,选取 ASM_RIGHT 基准平面为参考平面,方向为 左;绘制 图 19.5.14 所示的截面草图;在操控板中定义拉伸类型为 ;单击 按钮,完成拉伸特征 5 的创建。

图 19.5.13 拉伸特征 5

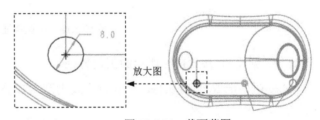

图 19.5.14 截面草图

Step13. 创建图 19.5.15 所示的拉伸特征 6。在操控板中单击"拉伸"按钮 拉伸,按下 操控板中的"移除材料"按钮 。选取图 19.5.16 所示的面为草绘平面,选取 ASM_TOP 基准平面为参考平面,方向为 上;绘制图 19.5.17 所示的截面草图;在操控板中定义拉伸 类型为 ,输入深度值 10.0;单击"完成"按钮 ,完成拉伸特征 6 的创建。

Step14. 创建组特征。按住 Ctrl 键,在模型树中选择拉伸特征 3 至拉伸特征 6 所创建的 特征后右击,在系统弹出的快捷菜单中选择 组 命令,完成组特征的创建。

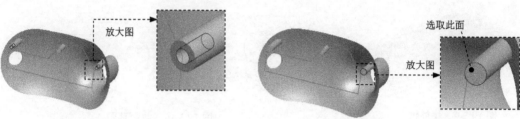

图 19.5.15　拉伸特征 6　　　　　　　　　　　　　图 19.5.16　定义草绘平面

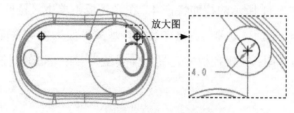

图 19.5.17　截面草图

Step15. 创建图 19.5.18b 所示的镜像特征 1。在模型树中选取 Step14 所创建的组 LOCAL_GROUP 为镜像特征；单击 模型 功能选项卡 编辑 ▾ 区域中的"镜像"按钮 ◖◗；在图形区选取 ASM_TOP 基准平面为镜像平面；在操控板中单击 ✔ 按钮，完成镜像特征 1 的创建。

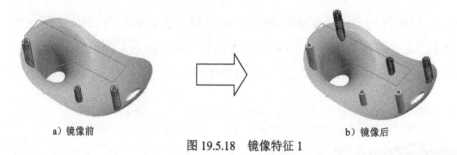

a）镜像前　　　　　　　　　　　　　　　　　　b）镜像后

图 19.5.18　镜像特征 1

Step16. 创建图 19.5.19b 所示的圆角特征 1。单击 模型 功能选项卡 工程 ▾ 区域中的 ◔ 倒圆角 ▾ 按钮，选取图 19.5.19a 所示的边线为圆角放置参照，在圆角半径文本框中输入值 1.0。

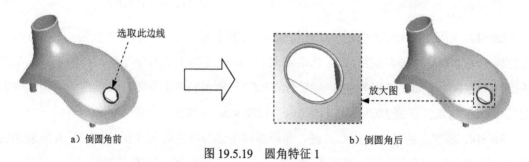

a）倒圆角前　　　　　　　　　　　　　　　　　b）倒圆角后

图 19.5.19　圆角特征 1

Step17. 创建图 19.5.20 所示的拉伸特征 7。在操控板中单击"拉伸"按钮 ▭ 拉伸 。选取

DTM3 基准平面为草绘平面,选取 ASM_TOP 基准平面为参考平面,方向为 上;绘制图 19.5.21 所示的截面草图;在操控板中定义拉伸类型为 垃,输入深度值 10.0,单击 ⅛ 按钮调整拉伸方向;单击 ✓ 按钮,完成拉伸特征 7 的创建。

说明:图 19.5.21 所示的截面草图中所绘制的圆的圆心与基准点 PNT4 重合。

图 19.5.20 拉伸特征 7

图 19.5.21 截面草图

Step18. 创建图 19.5.22 所示的旋转特征 1。单击 模型 功能选项卡 形状 ▾ 区域中的"旋转"按钮 ⋈ 旋转;在图形区右击,从系统弹出的快捷菜单中选择 定义内部草绘... 命令;选取 ASM_TOP 基准平面为草绘平面,选取 ASM_RIGHT 基准平面为参考平面,方向为 左;单击 草绘 按钮,选取 PNT4 基准点为参考,绘制图 19.5.23 所示的截面草图(包括旋转中心线);在操控板中选择旋转类型为 垃,在角度文本框中输入角度值 360.0,并按 Enter 键;在操控板中单击"完成"按钮 ✓,完成旋转特征 1 的创建。

图 19.5.22 旋转特征 1

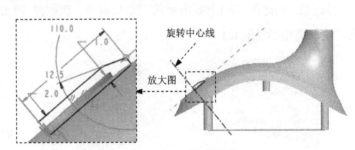
图 19.5.23 截面草图

Step19. 创建图 19.5.24 所示的拉伸特征 8。在操控板中单击"拉伸"按钮 拉伸,按下操控板中的"移除材料"按钮 △。选取图 19.5.25 所示的面为草绘平面,选取 ASM_TOP 基准平面为参照平面,方向为 上;绘制图 19.5.26 所示的截面草图;在操控板中定义拉伸类型为 垃,输入深度值 4.0;单击 ✓ 按钮,完成拉伸特征 8 的创建。

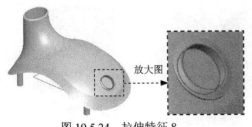
图 19.5.24 拉伸特征 8

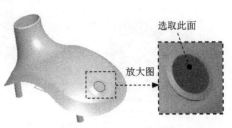
图 19.5.25 定义草绘平面

Step20. 创建图 19.5.27 所示的旋转特征 2。在操控板中单击"旋转"按钮 ⼩旋转。选取 ASM_TOP 基准平面为草绘平面，选取 ASM_RIGHT 基准平面为参考平面，方向为左；单击 草绘 按钮，绘制图 19.5.28 所示的截面草图（包括旋转中心线）；在操控板中选择旋转类型为 ⼟，在角度文本框中输入角度值 360.0；单击 ✔ 按钮，完成旋转特征 2 的创建。

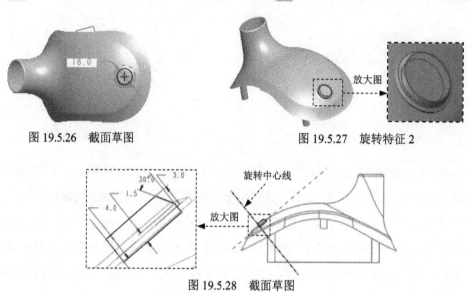

图 19.5.26　截面草图　　　　　　　图 19.5.27　旋转特征 2

图 19.5.28　截面草图

Step21. 创建图 19.5.29b 所示的圆角特征 2。选取图 19.5.29a 所示的边线为圆角放置参照，输入圆角半径值 0.1。

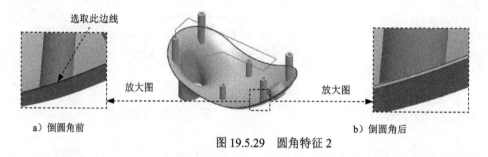

a）倒圆角前　　　　　　　　　　　　　　　　　　b）倒圆角后

图 19.5.29　圆角特征 2

Step22. 创建图 19.5.30b 所示的圆角特征 3。选取图 19.5.30a 所示的边线为圆角放置参照，输入圆角半径值 1.0。

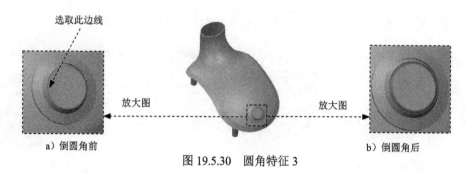

a）倒圆角前　　　　　　　　　　　　　　　　　　b）倒圆角后

图 19.5.30　圆角特征 3

Step23. 保存模型文件。

Step24. 保存装配体文件。

19.6 灯罩骨架模型

Task1. 设置工作目录

将工作目录设置到 D:\creo 6.9\work\ch19。

Task2. 新建一个装配体文件

Step1. 单击"新建"按钮 📄，在系统弹出的"新建"对话框中进行下列操作。选中 类型 选项组下的 ◉ 🔲 装配 单选项；选中 子类型 选项组下的 ◉ 设计 单选项；在 名称 文本框中输入文件名 LAMP_CAPUT；取消选中 ☐ 使用默认模板 复选框；单击该对话框中的 确定 按钮。

Step2. 选取适当的装配模板。在系统弹出的"新文件选项"对话框中进行下列操作。在模板选项组中选取 mmns_asm_design 模板命令，单击该对话框中的 确定 按钮。

Step3. 设置模型树的显示。在模型树操作界面中选择 🔧 ▾ ➡ 🔩 树过滤器(F)... 命令，然后在"模型树项"对话框中选中 ☑ 特征 复选框，并单击 确定 按钮。

Task3. 创建图 19.6.1 所示的骨架模型

在装配环境下，创建图 19.6.1 所示的骨架模型及模型树。

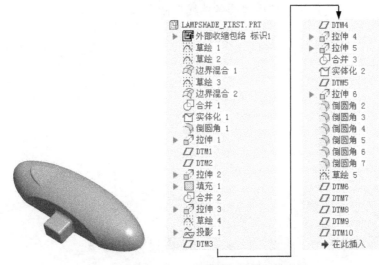

图 19.6.1 灯罩骨架模型及模型树

Step1. 在装配体中建立台灯灯罩骨架模型（LAMPSHADE_FIRST）。单击 模型 功能选

项卡 元件 ▾ 区域中的"创建"按钮 ；此时系统弹出"元件创建"对话框，选中 类型 选项组中的 ◉ 骨架模型 单选项，在 名称 文本框中输入文件名 LAMPSHADE_FIRST，然后单击 确定 按钮；在系统弹出的"创建选项"对话框中选中 ◉ 空 单选项，单击 确定 按钮。

Step2. 激活台灯灯罩骨架模型并复制几何特征。在模型树中单击，然后右击 LAMPSHADE_FIRST.PRT ，在系统弹出的快捷菜单中选择 激活 命令；单击 模型 功能选项卡 获取数据 ▾ 区域中的"收缩包络"按钮 ，系统弹出"收缩包络"操控板，在该操控板中进行下列操作：在"收缩包络"操控板中先确认"将参考类型设置为装配上下文"按钮 被按下，然后单击"将参考类型设置为外部"按钮 （使此按钮为按下状态），在系统弹出的"警告"对话框中单击 是(I) 按钮，此时系统弹出"放置"对话框，在"放置"对话框中选中 ◉ 默认 单选项，单击 确定 按钮，在"收缩包络"操控板中单击 参考 选项卡，系统弹出"参考"界面；单击 包括基准 文本框中的 单击此处添加项 字符，然后选取装配文件中的三个基准平面，在"收缩包络"操控板中单击"完成"按钮 ✔ ，此时所选的基准平面已被复制到 LAMPSHADE_FIRST.PRT 中。

Step3. 在装配体中打开骨架模型。在模型树中单击 LAMPSHADE_FIRST.PRT 并右击，在系统弹出的快捷菜单中选择 打开 命令。

Step4. 创建图 19.6.2 所示的草图 1。在操控板中单击"草绘"按钮 ；选取 ASM_FRONT 基准平面为草绘平面，选取 ASM_RIGHT 基准平面为参考平面，方向为 右 ，单击 草绘 按钮，选取 ASM_TOP 基准平面为参考，绘制图 19.6.2 所示的草图。

Step5. 创建图 19.6.3 所示的草图 2。在操控板中单击"草绘"按钮 ；选取 ASM_RIGHT 基准平面为草绘平面，选取 ASM_FRONT 基准平面为参考平面，方向为 上 ，单击 草绘 按钮，绘制图 19.6.3 所示的草图（使用"样条曲线"命令）。

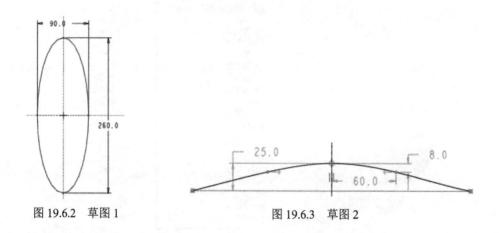

图 19.6.2　草图 1　　　　　　　　　　图 19.6.3　草图 2

Step6. 创建图 19.6.4 所示的边界混合曲面 1。单击 模型 功能选项卡 曲面 ▾ 区域中的"边界混合"按钮 ；按住 Ctrl 键，依次选取图 19.6.5 所示的曲线 1、曲线 3 和曲线 2；

单击 ✔ 按钮，完成边界混合曲面 1 的创建。

    说明： 在选取曲线 1 和曲线 3 时，单击鼠标右键切换选取整椭圆的一半。

图 19.6.4　边界混合曲面 1

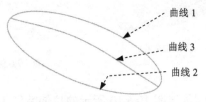

图 19.6.5　定义边界曲线

    Step7. 创建图 19.6.6 所示的草图 3。在操控板中单击"草绘"按钮 ；选取 ASM_RIGHT 基准平面为草绘平面，选取 ASM_FRONT 基准平面为参考平面，方向为 上 ，单击 草绘 按钮，绘制图 19.6.6 所示的草图。

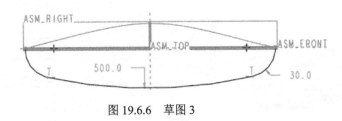

图 19.6.6　草图 3

    Step8. 创建图 19.6.7 所示的边界混合曲面 2。单击"边界混合"按钮 ；选取图 19.6.8 所示的曲线 1、曲线 3 和曲线 2 为第一方向曲线；单击 约束 单选项，将"方向 1"的"第一条链"和"最后一条链"的"条件"均设置为 垂直 ；单击 ✔ 按钮，完成边界混合曲面 2 的创建。

图 19.6.7　边界混合曲面 2

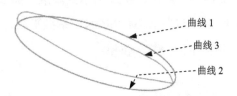

图 19.6.8　定义边界曲线

    Step9. 创建曲面合并 1。按住 Ctrl 键，选取边界混合曲面 1 和边界混合曲面 2 为合并对象；单击 模型 功能选项卡 编辑 ▾ 区域中的 合并 按钮；单击 ✔ 按钮，完成曲面合并 1 的创建。

    Step10. 创建曲面实体化 1。选取 Step9 创建的封闭曲面为要实体化的对象；单击 模型 功能选项卡 编辑 ▾ 区域中的 实体化 按钮；单击 ✔ 按钮，完成曲面实体化 1 的创建。

    Step11. 创建图 19.6.9b 所示的圆角特征 1。单击 模型 功能选项卡 工程 ▾ 区域中的 倒圆角 ▾ 按钮，选取图 19.6.9a 所示的边线为圆角放置参照，在圆角半径文本框中输入值 1.0。

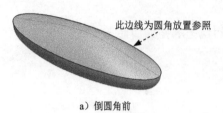

a）倒圆角前

b）倒圆角后

图 19.6.9　圆角特征 1

Step12. 创建图 19.6.10 所示的拉伸特征 1。单击 模型 功能选项卡 形状 ▾ 区域中的"拉伸"按钮 ⬚拉伸，按下操控板中的"移除材料"按钮 ⬚；在图形区右击，从系统弹出的快捷菜单中选择 定义内部草绘... 命令；选取 ASM_FRONT 基准平面为草绘平面，选取 ASM_TOP 基准平面为参考平面，方向为 右；单击 草绘 按钮，绘制图 19.6.11 所示的截面草图；在操控板中定义拉伸类型为 ⬚，输入深度值 70.0；在操控板中单击"完成"按钮 ✔，完成拉伸特征 1 的创建。

图 19.6.10　拉伸特征 1

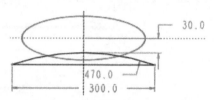

图 19.6.11　截面草图

Step13. 创建图 19.6.12 所示的基准平面 1。单击 模型 功能选项卡 基准 ▾ 区域中的"平面"按钮 ⬚；选取 ASM_FRONT 基准平面为偏距参考面，在对话框中输入偏移距离值 2.0；单击对话框中的 确定 按钮。

Step14. 创建图 19.6.13 所示的基准平面 2。单击 模型 功能选项卡 基准 ▾ 区域中的"平面"按钮 ⬚，选取 ASM_FRONT 基准平面为偏距参考面，在对话框中输入偏移距离值 5.0，单击对话框中的 确定 按钮。

图 19.6.12　基准平面 1

图 19.6.13　基准平面 2

Step15. 创建图 19.6.14 所示的拉伸曲面 2。在操控板中单击"拉伸"按钮 ⬚拉伸，按下操控板中的"曲面类型"按钮 ⬚。选取 DTM2 基准平面为草绘平面，选取 ASM_TOP 基准平面为参考平面，方向为 右，单击 反向 按钮调整草绘视图方向；绘制图 19.6.15 所示的截面草图，在操控板中定义拉伸类型为 ⬚，输入深度值 60.0；单击 ✔ 按钮，完成拉伸曲面 2 的创建。

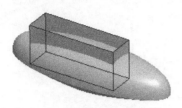

图 19.6.14 拉伸曲面 2

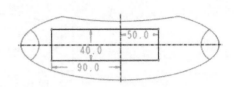

图 19.6.15 截面草图

Step16. 创建图 19.6.16 所示的填充曲面 1。单击 模型 功能选项卡 曲面▼ 区域中的 □填充 按钮；在图形区右击，从系统弹出的快捷菜单中选择 定义内部草绘... 命令；选取 DTM2 基准平面为草绘平面，选取 ASM_TOP 基准平面为参考平面，方向为 右；单击 草绘 按钮，绘制图 19.6.17 所示的截面草图；在操控板中单击 ✔ 按钮，完成填充曲面 1 的创建。

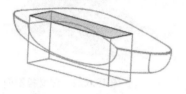

图 19.6.16 填充曲面 1

图 19.6.17 截面草图

Step17. 创建曲面合并 2。按住 Ctrl 键，在模型树中选取拉伸曲面 2 和填充曲面 1 为合并对象；单击 ☐合并 按钮，单击 ✔ 按钮，完成曲面合并 2 的创建。

Step18. 创建图 19.6.18 所示的拉伸曲面 3。在操控板中单击"拉伸"按钮 ☐拉伸，按下操控板中的"曲面类型"按钮 ☐。选取 ASM_RIGHT 基准面为草绘平面，选取 ASM_TOP 基准平面为参考平面，方向为 右；选取 ASM_FRONT 基准面为参考，绘制图 19.6.19 所示的截面草图，在操控板中定义拉伸类型为 ☐，输入深度值 120.0；单击 ✔ 按钮，完成拉伸曲面 3 的创建。

说明：图 19.6.19 所示的截面草图是一条直线。

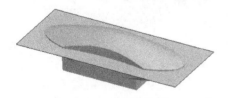

图 19.6.18 拉伸曲面 3

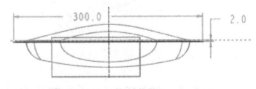

图 19.6.19 截面草图

Step19. 创建图 19.6.20 所示的草图 4。在操控板中单击"草绘"按钮 ☒；选取 ASM_FRONT 基准平面为草绘平面，选取 ASM_RIGHT 基准平面为参考平面，方向为 下，单击 反向 按钮调整草绘视图方向，单击 草绘 按钮，绘制图 19.6.20 所示的草图 4。

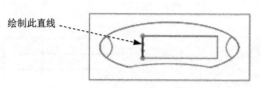

绘制此直线

图 19.6.20　草图 4

Step20. 创建图 19.6.21 所示的投影曲线 1。在模型树中选取上步创建的草图 4；单击 模型 功能选项卡 编辑 ▾ 区域中的 ≈投影 按钮；选取图 19.6.22 所示的面为投影面，接受系统默认的投影方向；单击 ✓ 按钮，完成投影曲线 1 的创建。

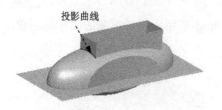
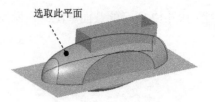

投影曲线

选取此平面

图 19.6.21　投影曲线 1　　　　　　　　图 19.6.22　定义投影面

Step21. 创建图 19.6.23 所示的基准平面 3。单击 模型 功能选项卡 基准 ▾ 区域中的"平面"按钮 ▱，选取 ASM_FRONT 基准平面为偏距参考面，在对话框中输入偏移距离值−35.0，单击对话框中的 确定 按钮。

Step22. 创建图 19.6.24 所示的基准平面 4。单击 模型 功能选项卡 基准 ▾ 区域中的"平面"按钮 ▱，选取草图 4 为参考，将其约束类型设置为 穿过 ，按住 Ctrl 键，选取 ASM_TOP 基准平面为参考，将其约束类型设置为 平行 ，单击对话框中的 确定 按钮。

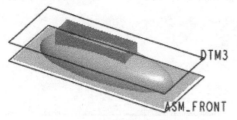
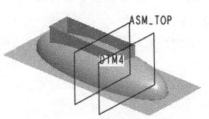

DTM3

ASM_FRONT

ASM_TOP

DTM4

图 19.6.23　基准平面 3　　　　　　　　图 19.6.24　基准平面 4

Step23. 创建图 19.6.25 所示的拉伸曲面 4。在操控板中单击"拉伸"按钮 ▱拉伸，按下操控板中的"曲面类型"按钮 ▱。选取 DTM4 面为草绘平面，选取 ASM_RIGHT 基准平面为参考平面，方向为 左；选取投影曲线 1 作为参考；绘制图 19.6.26 所示的截面草图，在操控板中定义拉伸类型为 ⊥ ，输入深度值 50.0；单击 ✓ 按钮，完成拉伸曲面 4 的创建。

图 19.6.25 拉伸曲面 4

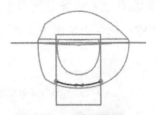

图 19.6.26 截面草图

Step24. 创建图 19.6.27 所示的拉伸曲面 5。在操控板中单击"拉伸"按钮 拉伸，按下操控板中的"曲面类型"按钮 。选取 DTM3 面为草绘平面，选取 ASM_RIGHT 基准平面为参考平面，方向为 上，绘制图 19.6.28 所示的截面草图，在操控板中定义拉伸类型为 ，输入深度值 20.0；单击 按钮，完成拉伸曲面 5 的创建。

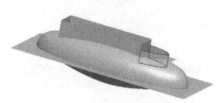

图 19.6.27 拉伸曲面 5

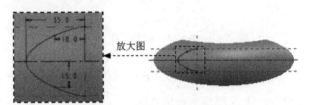

图 19.6.28 截面草图

Step25. 创建图 19.6.29 所示的曲面合并 3。按住 Ctrl 键，在模型树中选取拉伸曲面 4 和拉伸曲面 5 为合并对象；单击 合并 按钮，调整箭头方向如图 19.6.30 所示；单击 按钮，完成曲面合并 3 的创建。

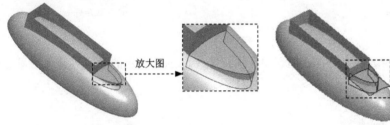

图 19.6.29 曲面合并 3

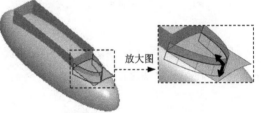

图 19.6.30 定义合并方向

Step26. 创建曲面实体化 2。选取 Step25 创建的曲面合并 3 为实体化的对象；单击 实体化 按钮；单击 按钮，完成曲面实体化 2 的创建。

Step27. 创建图 19.6.31 所示的基准平面 5。单击 模型 功能选项卡 基准 区域中的"平面"按钮 ，选取 ASM_RIGHT 基准平面为偏距参考面，在对话框中输入偏移距离值-60.0，单击对话框中的 确定 按钮。

Step28. 创建图 19.6.32 所示的拉伸特征 6。在操控板中单击"拉伸"按钮 拉伸。选取 DTM5 基准平面为草绘平面，选取 ASM_TOP 基准平面为参考平面，方向为 左；选取 ASM_FRONT 基准面为参考，绘制图 19.6.33 所示的截面草图，在操控板中定义拉伸类型为，选取图 19.6.34 所示的面为拉伸终止面；单击 ✔ 按钮，完成拉伸特征 6 的创建。

注意：此截面草图不是矩形，竖直方向为直线，水平方向为相等弧长的两个圆弧。

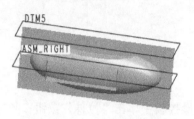

图 19.6.31　基准平面 5

图 19.6.32　拉伸特征 6

图 19.6.33　截面草图

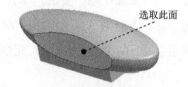

图 19.6.34　定义拉伸终止面

Step29. 创建图 19.6.35b 所示的圆角特征 2。选取图 19.6.35a 所示的四条边线为圆角放置参照，输入圆角半径值 4.0。

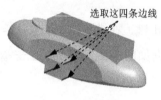

a）倒圆角前

b）倒圆角后

图 19.6.35　圆角特征 2

Step30. 创建图 19.6.36b 所示的圆角特征 3。选取图 19.6.36a 所示的边线为圆角放置参照，输入圆角半径值 5.0。

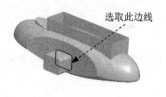

a）倒圆角前

b）倒圆角后

图 19.6.36　圆角特征 3

Step31. 创建图 19.6.37b 所示的圆角特征 4。选取图 19.6.37a 所示的边线为圆角放置参照，输入圆角半径值 2.5。

Step32. 创建图 19.6.38b 所示的圆角特征 5。选取图 19.6.38a 所示的边线为圆角放置参照，输入圆角半径值 1.0。

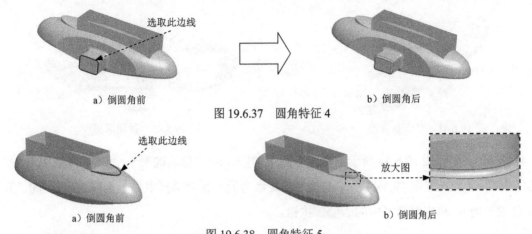

选取此边线

a）倒圆角前 b）倒圆角后

图 19.6.37 圆角特征 4

选取此边线

放大图

a）倒圆角前 b）倒圆角后

图 19.6.38 圆角特征 5

Step33. 创建图 19.6.39b 所示的圆角特征 6。选取图 19.6.39a 所示的边线为圆角放置参照，输入圆角半径值 3.0。

选取此边线

a）倒圆角前 b）倒圆角后

图 19.6.39 圆角特征 6

Step34. 创建图 19.6.40b 所示的圆角特征 7。选取图 19.6.40a 所示的边线为圆角放置参照，输入圆角半径值 2.5。

选取此边线

a）倒圆角前 b）倒圆角后

图 19.6.40 圆角特征 7

说明： 在此特征之后创建的草图和基准面用作分割零部件的参考，以保证关联性。

Step35. 创建图 19.6.41 所示的草绘基准点。在操控板中单击"草绘"按钮 ；选取 ASM_FRONT 基准平面为草绘平面，选取 ASM_TOP 基准平面为参考平面，方向为 左，单击 反向 按钮调整草绘视图方向，单击 草绘 按钮，绘制图 19.6.42 所示的草图（7 个几何点）。

Step36. 创建图 19.6.43 所示的基准平面 6。单击 模型 功能选项卡 基准 ▾ 区域中的"平面"按钮 ，选取 ASM_FRONT 基准平面为偏距参考面，在对话框中输入偏移距离值 4.0，单击对话框中的 确定 按钮。

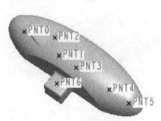

图 19.6.41　草绘基准点

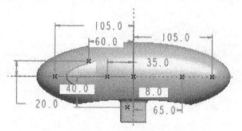

图 19.6.42　截面草图

Step37. 创建图 19.6.44 所示的基准平面 7。单击 模型 功能选项卡 基准 ▼ 区域中的"平面" 按钮 □，选取图 19.6.44 所示的面为偏距参考面，在对话框中输入偏移距离值 5.0（向实体的一侧）；单击对话框中的 确定 按钮。

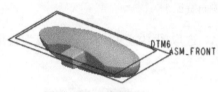

图 19.6.43　基准平面 6

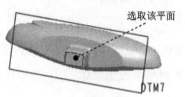

图 19.6.44　基准平面 7

Step38. 创建图 19.6.45 所示的基准平面 8。单击 模型 功能选项卡 基准 ▼ 区域中的"平面" 按钮 □，选取 ASM_FRONT 基准平面为偏距参考面，在对话框中输入偏移距离值-8.0，单击对话框中的 确定 按钮。

Step39. 创建图 19.6.46 所示的基准平面 9。单击 模型 功能选项卡 基准 ▼ 区域中的"平面" 按钮 □，选取 ASM_FRONT 基准平面为偏距参考面，在对话框中输入偏移距离值 13.0，单击对话框中的 确定 按钮。

Step40. 创建图 19.6.47 所示的基准平面 10。单击 模型 功能选项卡 基准 ▼ 区域中的"平面" 按钮 □，选取 ASM_TOP 基准平面为偏距参考面，在对话框中输入偏移距离值 40.0，单击对话框中的 确定 按钮。

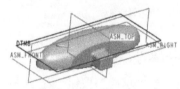

图 19.6.45　基准平面 8

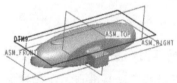

图 19.6.46　基准平面 9

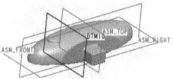

图 19.6.47　基准平面 10

Step41. 保存模型文件。

19.7　灯　罩　后　盖

下面讲解灯罩后盖（BACK.PRT）的创建过程，零件模型及模型树如图 19.7.1 所示。

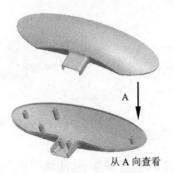

```
BACK.PRT
  合并 标识1
  实体化 1
  壳 1
▶ 拉伸 1
▶ 组LOCAL_GROUP
▶ 镜像 1
▶ 拉伸 3
▶ 镜像 2
▶ 拉伸 4
▶ 扫描 1
▶ 拉伸 5
◆ 在此插入
```

从 A 向查看

图 19.7.1　灯罩后盖模型及模型树

Step1. 在装配体中创建灯罩后盖 BACK.PRT。单击 模型 功能选项卡 元件 ▾ 区域中的 "创建" 按钮 ；此时系统弹出 "元件创建" 对话框，选中 类型 选项组中的 ◉ 零件 单选项，选中 子类型 选项组中的 ◉ 实体 单选项，然后在 名称 文本框中输入文件名 BACK，单击 确定 按钮。在系统弹出的 "创建选项" 对话框中选中 ◉ 空 单选项，单击 确定 按钮。

Step2. 激活灯罩后盖模型。在模型树中单击 BACK.PRT，然后右击，在系统弹出的快捷菜单中选择 激活 命令；单击 模型 功能选项卡中的 获取数据 ▾ 按钮，在系统弹出的菜单中选择 合并/继承 命令，系统弹出 "合并/继承" 操控板，在该操控板中进行下列操作。在操控板中先确认 "将参考类型设置为组件上下文" 按钮 被按下，在操控板中单击 参考 选项卡，系统弹出 "参考" 界面；选中 ☑ 复制基准 复选框，然后选取骨架模型；单击 "完成" 按钮 ✔。

Step3. 在模型树中选择 BACK.PRT，然后右击，在系统弹出的快捷菜单中选择 打开 命令。

Step4. 创建图 19.7.2b 所示的曲面实体化 1。选取图 19.7.2a 所示的平面为要实体化的对象；单击 模型 功能选项卡 编辑 ▾ 区域中的 实体化 按钮，并按下 "移除材料" 按钮 ；单击调整图形区中的箭头使其指向要去除的实体，如图 19.7.2a 所示；单击 ✔ 按钮，完成曲面实体化 1 的创建。

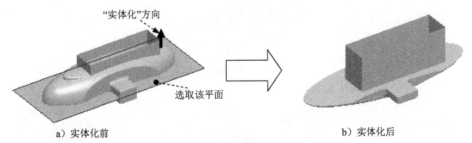

"实体化"方向

选取该平面

a) 实体化前　　　　　　　　　　　　　　　b) 实体化后

图 19.7.2　曲面实体化 1

Step5. 隐藏曲面特征。在模型树区域选取 ▾ 下拉列表中的 层树(L) 选项，在系统弹出的层区域中右击 ▶ QUILT，从系统弹出的快捷菜单中选取 隐藏 选项。

Step6. 创建图 19.7.3b 所示的抽壳特征 1。单击 模型 功能选项卡 工程 ▾ 区域中的 "壳" 按钮 壳；选取图 19.7.3a 所示的面为移除面；在 厚度 文本框中输入壁厚值为 2.0；在操控

板中单击 ✔ 按钮，完成抽壳特征 1 的创建。

选取这两个面为要移除面

a) 抽壳前

b) 抽壳后

图 19.7.3　抽壳特征 1

Step7. 创建图 19.7.4 所示的拉伸特征 1。单击 模型 功能选项卡 形状 ▼ 区域中的"拉伸"按钮 📄拉伸；在图形区右击，从系统弹出的快捷菜单中选择 定义内部草绘... 命令；选取 DTM8 基准平面为草绘平面，选取 ASM_RIGHT 基准平面为参考平面，方向为 上，单击 草绘 按钮，绘制图 19.7.5 所示的截面草图；在操控板中定义拉伸类型为 ╧；在操控板中单击"完成"按钮 ✔，完成拉伸特征 1 的创建。

说明：图 19.7.5 所示的截面草图中所绘制的圆心分别与基准点 PNT0 和 PNT5 重合。

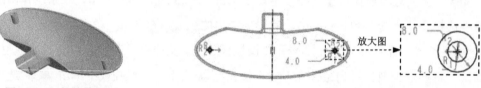

放大图

图 19.7.4　拉伸特征 1

图 19.7.5　截面草图

Step8. 创建图 19.7.6 所示的拉伸特征 2。在操控板中单击"拉伸"按钮 📄拉伸。选取 DTM8 基准平面为草绘平面，选取 ASM_RIGHT 基准平面为参考平面，方向为 上，单击 反向 按钮调整草绘视图方向；绘制图 19.7.7 所示的截面草图，在操控板中定义拉伸类型为 ╧，选取图 19.7.8 所示的曲面为拉伸终止面；单击 ✔ 按钮，完成拉伸特征 2 的创建。

图 19.7.6　拉伸特征 2

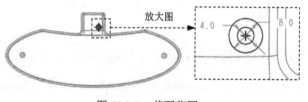

放大图

图 19.7.7　截面草图

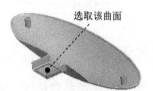

选取该曲面

图 19.7.8　拉伸终止面

Step9. 创建图 19.7.9 所示的轮廓筋特征 1。单击 模型 功能选项卡 工程 ▼ 区域 📐筋 ▼ 下的 📐轮廓筋 按钮；在图形区右击，从系统弹出的快捷菜单中选择 定义内部草绘... 命令；选取

DTM7 基准平面为草绘平面，选取 ASM_TOP 基准平面为参考平面，方向为右；单击 草绘 按钮，绘制图 19.7.10 所示的截面草图；在图形区单击箭头调整筋的生成方向为两侧对称，在厚度文本框中输入筋的厚度值 1.0；在操控板中单击 ✔ 按钮，完成轮廓筋特征 1 的创建。

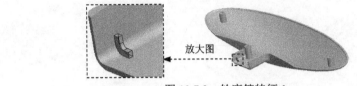

图 19.7.9　轮廓筋特征 1

图 19.7.10　截面草图

Step10. 创建组特征。按住 Ctrl 键，在模型树中选取拉伸特征 2 和轮廓筋特征 1 后右击，在系统弹出的快捷菜单中选择 组 命令，完成组特征的创建。

Step11. 创建图 19.7.11b 所示的镜像特征 1。在模型树中选取组 LOCAL_GROUP 特征为镜像特征；单击 模型 功能选项卡 编辑 ▾ 区域中的"镜像"按钮 ◖◗；选取 ASM_TOP 基准平面为镜像平面；在操控板中单击 ✔ 按钮，完成镜像特征 1 的创建。

a）镜像前　　　　　　　　　　　　　　　　　b）镜像后

图 19.7.11　镜像特征 1

Step12. 创建图 19.7.12 所示的拉伸特征 3。在操控板中单击"拉伸"按钮 ◢ 拉伸。选取 DTM8 基准平面为草绘平面，选取 ASM_TOP 基准平面为参考平面，方向为右，单击 反向 按钮调整草绘视图方向；绘制图 19.7.13 所示的截面草图，在操控板中定义拉伸类型为 ⊥，选取图 19.7.12 所示的曲面为拉伸终止面；单击 ✔ 按钮，完成拉伸特征 3 的创建。

说明：草图截面以 PNT2 为参考点。

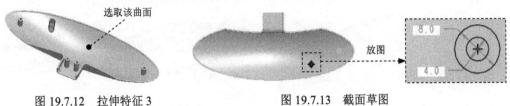

图 19.7.12　拉伸特征 3　　　　　　图 19.7.13　截面草图

Step13. 创建图 19.7.14b 所示的镜像特征 2。在模型树中选取拉伸特征 3 为镜像特征。选取图 19.7.14a 所示的 ASM_RIGHT 基准平面为镜像平面,单击 ✔ 按钮,完成镜像特征 2 的创建。

a) 镜像前

b) 镜像后

图 19.7.14　镜像特征 2

Step14. 创建图 19.7.15 所示的拉伸特征 4。在操控板中单击"拉伸"按钮 拉伸,按下操控板中的"移除材料"按钮 。选取 DTM5 基准平面为草绘平面,选取 ASM_FRONT 基准平面为参考平面,方向为 上;绘制图 19.7.16 所示的截面草图,在操控板中定义拉伸类型为 ,输入深度值 3.0;单击 ✔ 按钮,完成拉伸特征 4 的创建。

说明:图 19.7.16 所示的截面草图中的圆弧用"使用边"命令来做。

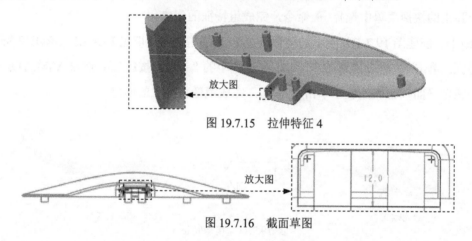

放大图

图 19.7.15　拉伸特征 4

放大图

12.0

图 19.7.16　截面草图

Step15. 创建图 19.7.17 所示的扫描特征 1。单击 模型 功能选项卡 形状 ▾ 区域中的 扫描 ▾ 按钮;在操控板中确认"实体"按钮 和"恒定轨迹"按钮 被按下,在图形区中选取图 19.7.18 所示的边线为扫描轨迹曲线,单击箭头,切换扫描的起始点,定义起始方向如图 19.7.18 所示;在操控板中单击"创建或编辑扫描截面"按钮 ,系统自动进入草绘环境,绘制并标注扫描截面的草图,如图 19.7.19 所示,完成截面的绘制和标注后,单击"确定"按钮 ✔;单击操控板中的 ✔ 按钮,完成扫描特征 1 的创建。

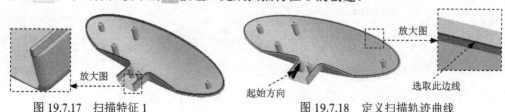

放大图

起始方向

选取此边线

图 19.7.17　扫描特征 1

图 19.7.18　定义扫描轨迹曲线

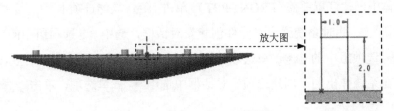

图 19.7.19　截面草图

Step16. 创建图 19.7.20 所示的拉伸特征 5。在操控板中单击"拉伸"按钮 拉伸，按下操控板中的"移除材料"按钮 。选取图 19.7.21 所示的平面为草绘平面，选取 ASM_FRONT 基准平面为参考平面，方向为 上；绘制图 19.7.22 所示的截面草图，在操控板中定义拉伸类型为 ，输入深度值 70.0；单击 按钮，完成拉伸特征 5 的创建。

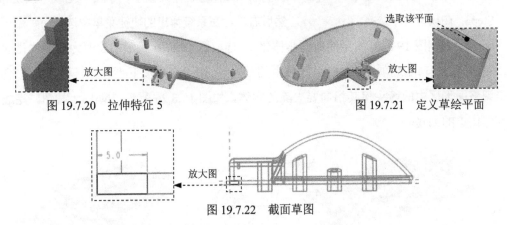

图 19.7.20　拉伸特征 5　　　　　　　　　图 19.7.21　定义草绘平面

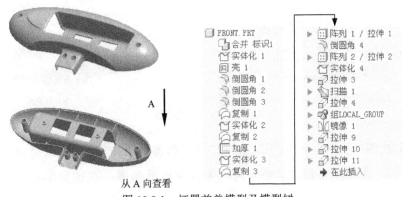

图 19.7.22　截面草图

Step17. 保存模型文件。

19.8　灯　罩　前　盖

下面讲解灯罩前盖（FRONT.PRT）的创建过程，零件模型及模型树如图 19.8.1 所示。

从 A 向查看

图 19.8.1　灯罩前盖模型及模型树

Step1. 在装配体中创建灯罩前盖（FRONT.PRT）。单击 模型 功能选项卡 元件 ▼ 区域中的"创建"按钮 ；此时系统弹出"元件创建"对话框，选中 类型 选项组中的 ◉ 零件 单选项，选中 子类型 选项组中的 ◉ 实体 单选项，然后在 名称 文本框中输入文件名 FRONT，单击 确定 按钮。在系统弹出的"创建选项"对话框中选中 ◉ 空 单选项，单击 确定 按钮。

Step2. 激活灯罩前盖模型。在模型树中单击 ☐ FRONT.PRT，然后右击，在系统弹出的快捷菜单中选择 激活 命令；单击 模型 功能选项卡中的 获取数据 ▼ 按钮，在系统弹出的菜单中选择 合并/继承 命令，系统弹出"合并/继承"操控板，在该操控板中进行下列操作。在操控板中先确认"将参考类型设置为组件上下文"按钮 ☒ 被按下，在操控板中单击 参考 选项卡，系统弹出"参考"界面；选中 ☑ 复制基准 复选框，然后选取骨架模型；单击"完成"按钮 ✔。

Step3. 在模型树中选择 ☐ FRONT.PRT，然后右击，在系统弹出的快捷菜单中选择 打开 命令。

Step4. 创建图 19.8.2b 所示的曲面实体化 1。选取图 19.8.2a 所示的曲面为要实体化的对象；单击 模型 功能选项卡 编辑 ▼ 区域中的 ◠ 实体化 按钮，并按下"移除材料"按钮 ◿；单击调整图形区中的箭头使其指向要去除的实体，如图 19.8.2a 所示；单击 ✔ 按钮，完成曲面实体化 1 的创建。

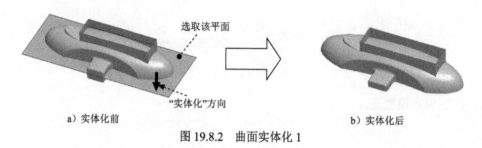

a) 实体化前

b) 实体化后

图 19.8.2　曲面实体化 1

Step5. 创建图 19.8.3b 所示的抽壳特征 1。单击 模型 功能选项卡 工程 ▼ 区域中的"壳"按钮 ▣ 壳；选取图 19.8.3a 所示的面为移除面；在 厚度 文本框中输入壁厚值为 2.0；在操控板中单击 ✔ 按钮，完成抽壳特征 1 的创建。

a) 抽壳前

b）抽壳后

图 19.8.3　抽壳特征 1

Step6. 创建图 19.8.4b 所示的圆角特征 1。单击 模型 功能选项卡 工程 ▼ 区域中的 ◠ 倒圆角 ▼ 按钮，选取图 19.8.4a 所示的边为圆角放置参照，在圆角半径文本框中输入值 4.0。

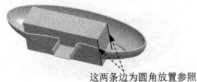 

这两条边为圆角放置参照

a）倒圆角前   b）倒圆角后

图 19.8.4   圆角特征 1

Step7. 创建图 19.8.5b 所示的圆角特征 2。选取图 19.8.5a 所示的边为圆角放置参照，输入圆角半径值 10.0。

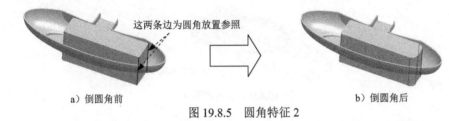

这两条边为圆角放置参照

a）倒圆角前   b）倒圆角后

图 19.8.5   圆角特征 2

Step8. 创建图 19.8.6b 所示的圆角特征 3。选取图 19.8.6a 所示的边线为圆角放置参照，输入圆角半径值 5.0。

此边线为圆角放置参照

a）倒圆角前   b）倒圆角后

图 19.8.6   圆角特征 3

Step9. 创建复制曲面 1。在屏幕下方的"智能选取"栏中选择"几何"选项，然后选取图 19.8.7 所示的曲面为要复制的曲面；单击 模型 功能选项卡 操作 区域中的"复制"按钮 ，然后单击"粘贴"按钮 ；单击 按钮，完成复制曲面 1 的创建。

选取此曲面

图 19.8.7   复制曲面 1

Step10. 创建图 19.8.8b 所示的曲面实体化 2。选取图 19.8.8a 所示的曲面为实体化的对象；单击 实体化 按钮，按下"移除材料"按钮 ；调整图形区中的箭头使其指向要去除的实体，如图 19.8.8a 所示；单击 按钮，完成曲面实体化 2 的创建。

a）实体化前

"去除材料"方向

选取此特征

b）实体化后

图 19.8.8　曲面实体化 2

Step11. 创建图 19.8.9 所示的复制曲面 2。选取图 19.8.9 所示的曲面为要复制的曲面；单击"复制"按钮 ，然后单击"粘贴"按钮 📋 ▾；单击 ✔ 按钮，完成复制曲面 2 的创建。

选取该曲面

图 19.8.9　复制曲面 2

Step12. 创建图 19.8.10b 所示的曲面加厚 1。选取图 19.8.10a 所示的曲面为要加厚的对象；单击 模型 功能选项卡 编辑 ▾ 区域中的 加厚 按钮；在操控板中输入厚度值 2.0，调整加厚方向如图 19.8.10a 所示（向外加厚）；单击 ✔ 按钮，完成加厚操作。

选取此曲面

"加厚"方向

a）加厚前

b）加厚后

图 19.8.10　曲面加厚 1

Step13. 创建图 19.8.11b 所示的曲面实体化 3。选取 Step11 所创建的复制曲面 2 为实体化的对象；单击 实体化 按钮，按下"移除材料"按钮 ⬚；调整图形区中的箭头使其指向要去除的实体，如图 19.8.11a 所示；单击 ✔ 按钮，完成曲面实体化 3 的创建。

选取此特征

"去除材料"方向

a）实体化前

b）实体化后

图 19.8.11　曲面实体化 3

Step14. 创建复制曲面 3。选取图 19.8.12 所示的曲面为要复制的曲面；单击"复制"按钮 📋，然后单击"粘贴"按钮 📋 ▾；单击 ✔ 按钮，完成复制曲面 3 的创建。

Step15. 创建图 19.8.13 所示的拉伸特征 1。单击 模型 功能选项卡 形状 ▼ 区域中的"拉伸"按钮 拉伸；在图形区右击，从系统弹出的快捷菜单中选择 定义内部草绘...命令；选取 DTM4 基准平面为草绘平面，选取 ASM_FRONT 基准平面为参考平面，方向为 上；单击 草绘 按钮，绘制图 19.8.14 所示的截面草图；在操控板中定义拉伸类型为 止，输入深度值 1.0，单击 按钮调整拉伸方向；在操控板中单击"完成"按钮 ✓，完成拉伸特征 1 的创建。

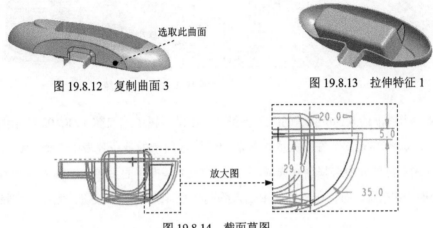

图 19.8.12 复制曲面 3   图 19.8.13 拉伸特征 1

图 19.8.14 截面草图

Step16. 创建图 19.8.15b 所示的阵列特征 1。在模型树中选取拉伸特征 1 并右击，选择 命令；在阵列操控板的 选项 选项卡的下拉列表中选择 常规 选项；在操控板的阵列控制方式下拉列表中选择 方向 选项；选择 DTM4 基准平面，输入增量值 35.0，单击 按钮调整阵列方向；输入阵列个数值为 4；在操控板中单击 ✓ 按钮，完成阵列特征 1 的创建。

a) 阵列前   b) 阵列后

图 19.8.15 阵列特征 1

Step17. 创建图 19.8.16b 所示的圆角特征 4。选取图 19.8.16a 所示的边线为圆角放置参照，输入圆角半径值 1.0。

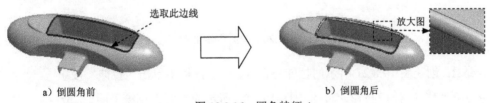

a) 倒圆角前   b) 倒圆角后

图 19.8.16 圆角特征 4

Step18. 创建图 19.8.17 所示的拉伸特征 2。在操控板中单击"拉伸"按钮 拉伸。选取

DTM4 基准平面为草绘平面，选取 ASM_FRONT 基准平面为参考平面，方向为 上；绘制图 19.8.18 所示的截面草图，在操控板中定义拉伸类型为 ⊥，输入深度值 1.0，单击 ╱ 按钮调整拉伸方向；单击 ✔ 按钮，完成拉伸特征 2 的创建。

图 19.8.17　拉伸特征 2

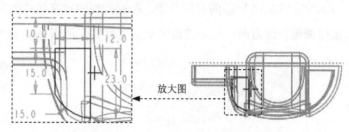

图 19.8.18　截面草图

Step19. 创建图 19.8.19b 所示的阵列特征 2。在模型树中选取图 19.8.19a 所示的拉伸特征 2 并右击，选择 ⊞ 命令。在阵列操控板的 选项 选项卡的下拉列表中选择 常规 选项。在阵列控制方式下拉列表中选择 方向 选项。选取 DTM4 基准平面为参考，输入增量值 35.0，单击 ╱ 按钮调整阵列方向，在操控板中输入阵列数目 4；单击 ✔ 按钮，完成阵列特征 2 的创建。

a）阵列前　　　　　　　　　　　　　　b）阵列后

图 19.8.19　阵列特征 2

Step20. 创建图 19.8.20b 所示的曲面实体化 4。在模型树中选取图 19.8.20a 所示的 Step14 所创建的复制曲面 3 为实体化的对象；单击 ⬠ 实体化 按钮，按下"移除材料"按钮 ╱；调整图形区中的箭头使其指向要去除的实体；单击 ✔ 按钮，完成曲面实体化 4 的创建。

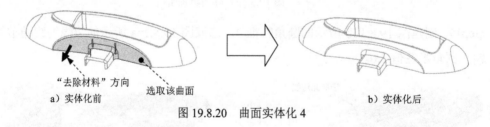

"去除材料"方向　选取该曲面
a）实体化前　　　　　　　　　　　　　b）实体化后

图 19.8.20　曲面实体化 4

Step21. 创建图 19.8.21 所示的拉伸特征 3。在操控板中单击"拉伸"按钮 ⬠拉伸，按下操控板中的"移除材料"按钮 ╱。选取图 19.8.22 所示的平面为草绘平面，选取 ASM_RIGHT 基准平面为参考平面，方向为 上；绘制图 19.8.23 所示的截面草图，在操控板中定义拉伸

类型为 ⊥，输入深度值 30.0；单击 ✔ 按钮，完成拉伸特征 3 的创建。

图 19.8.21 拉伸特征 3

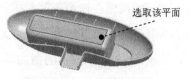

图 19.8.22 定义草绘平面

Step22. 创建图 19.8.24 所示的扫描特征 1。单击 模型 功能选项卡 形状 ▾ 区域中的
🡒扫描 ▾ 按钮；在操控板中确认"实体"按钮 □ 和"恒定轨迹"按钮 ━ 被按下，在图形区
中选取图 19.8.25 所示的边线为扫描轨迹曲线，单击箭头，切换扫描的起始点，定义起始方
向如图 19.8.25 所示；在操控板中单击"创建或编辑扫描截面"按钮 ✑，系统自动进入草绘
环境，绘制并标注扫描截面的草图，如图 19.8.26 所示，完成截面的绘制和标注后，单击"确
定"按钮 ✔；单击操控板中"移除材料"按钮 ⌀，单击 ✔ 按钮，完成扫描特征 1 的创建。

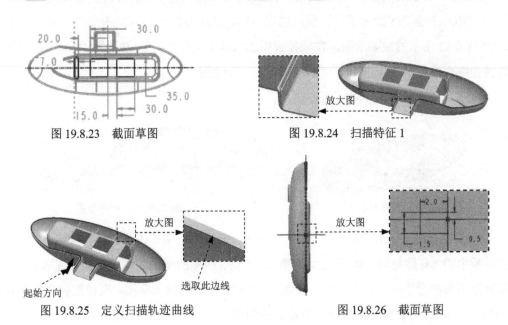

图 19.8.23 截面草图

图 19.8.24 扫描特征 1

图 19.8.25 定义扫描轨迹曲线

图 19.8.26 截面草图

Step23. 创建图 19.8.27 所示的拉伸特征 4。在操控板中单击"拉伸"按钮 🡒拉伸，按下
操控板中的"移除材料"按钮 ⌀。选取 DTM7 基准平面为草绘平面，选取 ASM_FRONT
基准平面为参考平面，方向为 上，绘制图 19.8.28 所示的截面草图，在操控板中定义拉伸
类型为 ⌐╞，单击 ⅍ 按钮调整拉伸方向；单击 ✔ 按钮，完成拉伸特征 4 的创建。

图 19.8.27 拉伸特征 4

图 19.8.28 截面草图

Step24. 创建图 19.8.29 所示的轮廓筋特征 1。单击 模型 功能选项卡 工程 ▼ 区域 🔲 筋 ▼ 下的 🔲 轮廓筋 按钮；在图形区右击，从系统弹出的快捷菜单中选择 定义内部草绘... 命令；选取 DTM7 基准平面为草绘平面，选取 ASM_TOP 基准平面为参考平面，方向为 右，单击 草绘 按钮，绘制图 19.8.30 所示的截面草图；在图形区单击箭头调整筋的生成方向指向实体侧，在厚度文本框中输入筋的厚度值 1.0；在操控板中单击 ✓ 按钮，完成轮廓筋特征 1 的创建。

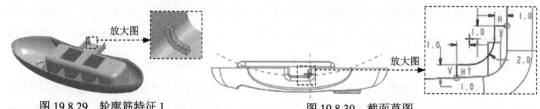

图 19.8.29　轮廓筋特征 1　　　　　　　　　图 19.8.30　截面草图

Step25. 创建图 19.8.31 所示的拉伸特征 5。在操控板中单击"拉伸"按钮 🔲 拉伸。选取 ASM_FRONT 基准平面为草绘平面，选取 ASM_TOP 基准平面为参考平面，方向为 右；绘制图 19.8.32 所示的截面草图，在操控板中选取深度类型为 ⊥，选取图 19.8.33 所示的平面为拉伸终止面；单击 ✓ 按钮，完成拉伸特征 5 的创建。

说明：截面草图以 PNT6 为参照点。

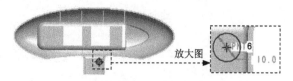

图 19.8.31　拉伸特征 5　　　　　　　　　图 19.8.32　截面草图

Step26. 创建图 19.8.34 所示的拉伸特征 6。在操控板中单击"拉伸"按钮 🔲 拉伸，按下操控板中的"移除材料"按钮 🔲。选取图 19.8.35 所示的平面为草绘平面，选取 ASM_TOP 基准平面为参考平面，方向为 右；绘制图 19.8.36 所示的截面草图，在操控板中定义拉伸类型为 ⊥；单击 ✓ 按钮，完成拉伸特征 6 的创建。

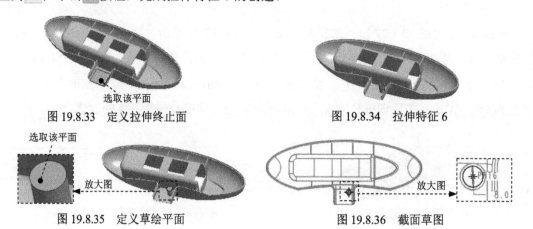

图 19.8.33　定义拉伸终止面　　　　　　　　图 19.8.34　拉伸特征 6

图 19.8.35　定义草绘平面　　　　　　　　　图 19.8.36　截面草图

Step27. 创建图 19.8.37 所示的拉伸特征 7。在操控板中单击"拉伸"按钮 □ 拉伸。选取 ASM_FRONT 基准平面为草绘平面，选取 ASM_TOP 基准平面为参考平面，方向为 右；绘制图 19.8.38 所示的截面草图，在操控板中定义拉伸类型为 上，选取图 19.8.39 所示的曲面为拉伸终止面；单击 ✓ 按钮，完成拉伸特征 7 的创建。

说明：截面草图以 PNT0 为参考。

图 19.8.37 拉伸特征 7 　　　　　　　 图 19.8.38 截面草图

Step28. 创建图 19.8.40 所示的拉伸特征 8。在操控板中单击"拉伸"按钮 □ 拉伸，按下操控板中的"移除材料"按钮 ◢。选取图 19.8.41 所示的平面为草绘平面，选取 ASM_TOP 基准平面为参考平面，方向为 右；绘制图 19.8.42 所示的截面草图，在操控板中定义拉伸类型为 ⊥⊥；单击 ✓ 按钮，完成拉伸特征 8 的创建。

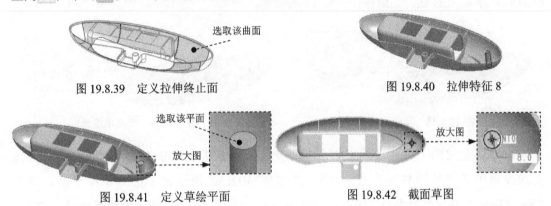

图 19.8.39 定义拉伸终止面 　　　　　　　 图 19.8.40 拉伸特征 8

图 19.8.41 定义草绘平面 　　　　　　　 图 19.8.42 截面草图

Step29. 创建组特征。按住 Ctrl 键，在模型树中选取轮廓筋特征 1、拉伸特征 5、拉伸特征 6、拉伸特征 7 和拉伸特征 8 后右击，在系统弹出的快捷菜单中选择 组 命令，完成组特征的创建。

Step30. 创建图 19.8.43b 所示的镜像特征 1。在模型树中选取组 LOCAL_GROUP 为镜像特征；单击 模型 功能选项卡 编辑 ▾ 区域中的"镜像"按钮 ；在图形区选取 ASM_TOP 基准平面为镜像平面；在操控板中单击 ✓ 按钮，完成镜像特征 1 的创建。

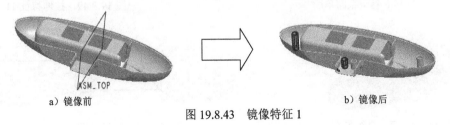

a）镜像前 　　　　　　　 b）镜像后

图 19.8.43 镜像特征 1

Step31. 创建图 19.8.44 所示的拉伸特征 9。在操控板中单击"拉伸"按钮 □ 拉伸 。选取图 19.8.44 所示的面为草绘平面,选取 ASM_TOP 基准平面为参考平面,方向为 右 ;绘制图 19.8.45 所示的截面草图,在操控板中定义拉伸类型为 ┴ ,输入深度值 3.0;单击 ✓ 按钮,完成拉伸特征 9 的创建。

说明:分别选择 PNT1、PNT4 为参考。

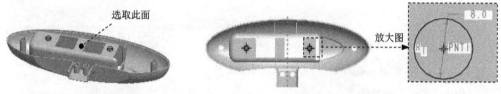

图 19.8.44　拉伸特征 9　　　　　　　图 19.8.45　截面草图

Step32. 创建图 19.8.46 所示的拉伸特征 10。在操控板中单击"拉伸"按钮 □ 拉伸 ,按下操控板中的"移除材料"按钮 □ 。选取图 19.8.47 所示的平面为草绘平面,选取 ASM_TOP 基准平面为参考平面,方向为 右 ;绘制图 19.8.48 所示的截面草图,在操控板中定义拉伸类型为 ⊥ ;单击 ✓ 按钮,完成拉伸特征 10 的创建。

图 19.8.46　拉伸特征 10　　　　　　　图 19.8.47　定义草绘平面

Step33. 创建图 19.8.49 所示的拉伸特征 11。在操控板中单击"拉伸"按钮 □ 拉伸 ,按下操控板中的"移除材料"按钮 □ 。选取图 19.8.50 所示的平面为草绘平面,选取 ASM_FRONT 基准平面为参考平面,方向为 上 ;绘制图 19.8.51 所示的截面草图,在操控板中定义拉伸类型为 ┴ ,输入深度值 10.0;单击 ✓ 按钮,完成拉伸特征 11 的创建。

Step34. 保存模型文件。

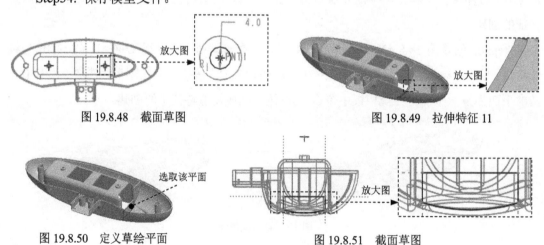

图 19.8.48　截面草图　　　　　　　　　图 19.8.49　拉伸特征 11

图 19.8.50　定义草绘平面　　　　　　　图 19.8.51　截面草图

19.9 连 接 器

下面讲解连接器（LINKER.PRT）的创建过程，零件模型及模型树如图 19.9.1 所示。

图 19.9.1　连接器模型及模型树

Step1. 在装配体中创建连接器（LINKER.PRT）。单击 模型 功能选项卡 元件 ▾ 区域中的"创建"按钮 ；此时系统弹出"元件创建"对话框，选中 类型 选项组中的 ◉ 零件 单选项，选中 子类型 选项组中的 ◉ 实体 单选项，然后在 名称 文本框中输入文件名 LINKER，单击 确定 按钮。在系统弹出的"创建选项"对话框中选中 ◉ 空 单选项，单击 确定 按钮。

Step2. 激活连接器模型。在模型树中单击 LINKER.PRT，然后右击，在系统弹出的快捷菜单中选择 激活 命令。

Step3. 创建图 19.9.2 所示的拉伸特征 1。单击 模型 功能选项卡 形状 ▾ 区域中的"拉伸"按钮 拉伸；在图形区右击，从系统弹出的快捷菜单中选择 定义内部草绘... 命令；选取图 19.9.3 所示的平面为草绘平面，选取 ASM_RIGHT 基准平面为参考平面，方向为 上；单击 草绘 按钮，绘制图 19.9.4 所示的截面草图；在操控板中定义拉伸类型为 止，输入深度值 10.0；在操控板中单击"完成"按钮 ✓，完成拉伸特征 1 的创建。

说明： 为了更加方便地选取图 19.9.3 所示的平面，在创建此特征前，可将除 BACK 之外的其他零件模型全部隐藏。

图 19.9.2　拉伸特征 1

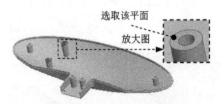

图 19.9.3　定义草绘平面

Step4. 创建图 19.9.5 所示的拉伸特征 2。在操控板中单击"拉伸"按钮 拉伸。选取 DTM4 基准平面为草绘平面，选取 ASM_RIGHT 基准平面为参考平面，方向为 右，单击

反向 按钮调整草绘视图方向；绘制图 19.9.6 所示的截面草图，在操控板中定义拉伸类型为 ⊥，输入深度值 25.0，单击 % 按钮调整拉伸方向；单击 ✓ 按钮，完成拉伸特征 2 的创建。

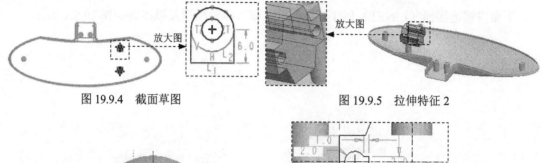

图 19.9.4　截面草图　　　　　　　　图 19.9.5　拉伸特征 2

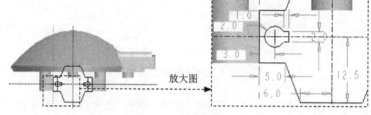

图 19.9.6　截面草图

Step5. 创建图 19.9.7 所示的拉伸特征 3。在操控板中单击"拉伸"按钮 拉伸，按下操控板中的"移除材料"按钮 ⚆。选取图 19.9.8 所示的平面为草绘平面，选取 ASM_RIGHT 基准平面为参考平面，方向为 右；绘制图 19.9.9 所示的截面草图，在操控板中定义拉伸类型为 ⋕；单击 ✓ 按钮，完成拉伸特征 3 的创建。

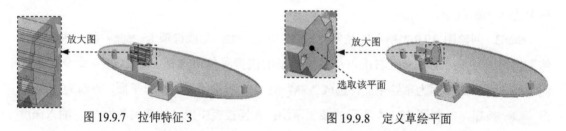

图 19.9.7　拉伸特征 3　　　　　　　　图 19.9.8　定义草绘平面

Step6. 创建图 19.9.10 所示的拉伸特征 4。在操控板中单击"拉伸"按钮 拉伸。选取图 19.9.8 所示的平面为草绘平面，选取 ASM_RIGHT 基准平面为参考平面，方向为 右；绘制图 19.9.11 所示的截面草图，在操控板中定义拉伸类型为 ⊥，输入深度值 1.0，单击 % 按钮调整拉伸方向；单击 ✓ 按钮，完成拉伸特征 4 的创建。

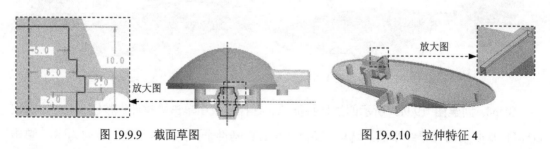

图 19.9.9　截面草图　　　　　　　　图 19.9.10　拉伸特征 4

Step7. 创建图 19.9.12 所示的拉伸特征 5。在操控板中单击"拉伸"按钮 拉伸，按下操控板中的"移除材料"按钮 。选取图 19.9.13 所示的平面为草绘平面，选取 ASM_TOP 基准平面为参考平面，方向为 左；绘制图 19.9.14 所示的截面草图，在操控板中定义拉伸类型为 非；单击 ✔ 按钮，完成拉伸特征 5 的创建。

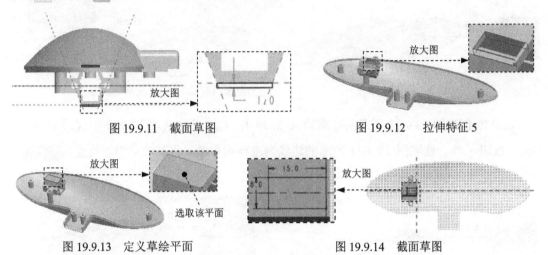

图 19.9.11　截面草图　　　　　　　　图 19.9.12　拉伸特征 5

图 19.9.13　定义草绘平面　　　　　　图 19.9.14　截面草图

Step8. 创建图 19.9.15 所示的拉伸特征 6。在操控板中单击"拉伸"按钮 拉伸。选取 ASM_RIGHT 基准平面为草绘平面，选取 ASM_TOP 基准平面为参考平面，方向为 右；绘制图 19.9.16 所示的截面草图，在操控板中定义拉伸类型为 日，输入深度值 6.0；单击 ✔ 按钮，完成拉伸特征 6 的创建。

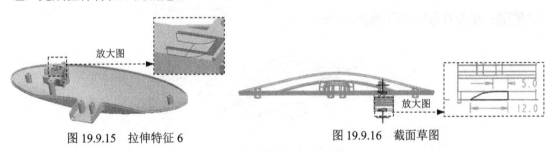

图 19.9.15　拉伸特征 6　　　　　　　图 19.9.16　截面草图

Step9. 创建图 19.9.17 所示的拉伸特征 7。在操控板中单击"拉伸"按钮 拉伸，按下操控板中的"移除材料"按钮 。选取 ASM_RIGHT 基准平面为草绘平面，选取 ASM_TOP 基准平面为参考平面，方向为 右；绘制图 19.9.18 所示的截面草图，在操控板中定义拉伸类型为 日，输入深度值 4.0，单击"去除材料"按钮 ，单击 ✔ 按钮，完成拉伸特征 7 的创建。

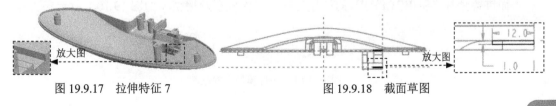

图 19.9.17　拉伸特征 7　　　　　　　图 19.9.18　截面草图

Step10. 创建图 19.9.19 所示的基准轴 A_1。单击 模型 功能选项卡 基准 ▾ 区域中的"基准轴"按钮 ╱轴。选取图 19.9.20 所示的边线为基准轴参考，将其约束类型设置为 中心；单击对话框中的 确定 按钮。

图 19.9.19　基准轴 A_1

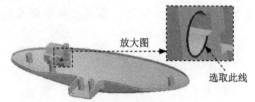

图 19.9.20　定义基准轴参考

Step11. 创建图 19.9.21 所示的基准轴 A_2。单击 模型 功能选项卡 基准 ▾ 区域中的"基准轴"按钮 ╱轴。选取图 19.9.22 所示的边线为基准轴参考，将其约束类型设置为 中心；单击对话框中的 确定 按钮。

图 19.9.21　基准轴 A_2

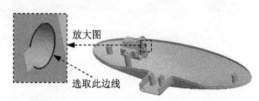

图 19.9.22　定义基准轴参考

Step12. 创建图 19.9.23 所示的基准平面 4。单击 模型 功能选项卡 基准 ▾ 区域中的"平面"按钮 ▱，按住 Ctrl 键，依次选取基准轴 A_1 和基准轴 A_2 为参考，将其约束类型设置为 穿过；单击对话框中的 确定 按钮。

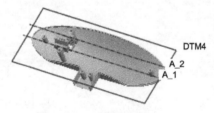

图 19.9.23　基准平面 4

Step13. 保存模型文件。

19.10　垫　　片

下面讲解垫片（SHEET.PRT）的创建过程，零件模型及模型树如图 19.10.1 所示。

图 19.10.1　垫片模型及模型树

Step1. 在装配体中创建垫片（SHEET.PRT）。单击 模型 功能选项卡 元件 ▼ 区域中的"创建"按钮 ；此时系统弹出"元件创建"对话框，选中 类型 选项组中的 零件 单选项，选中 子类型 选项组中的 实体 单选项，然后在 名称 文本框中输入文件名 SHEET，单击 确定 按钮。在系统弹出的"创建选项"对话框中选中 空 单选项，单击 确定 按钮。

Step2. 在模型树中单击 SHEET.PRT，然后右击，在系统弹出的快捷菜单中选择 激活 命令。

Step3. 创建图 19.10.2 所示的拉伸特征 1。单击 模型 功能选项卡 形状 ▼ 区域中的"拉伸"按钮 拉伸；在图形区右击，从系统弹出的快捷菜单中选择 定义内部草绘... 命令；选取图 19.10.3 所示的面为草绘平面，选取 ASM_TOP 基准平面为参考平面，方向为 右，单击 反向 按钮调整草绘视图方向；单击 草绘 按钮，绘制图 19.10.4 所示的截面草图；在操控板中定义拉伸类型为 此，输入深度值 0.5；在操控板中单击"完成"按钮 ✓，完成拉伸特征 1 的创建。

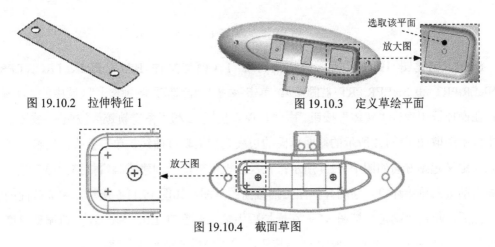

图 19.10.2　拉伸特征 1　　　　　　图 19.10.3　定义草绘平面

图 19.10.4　截面草图

Step4. 保存模型文件。

19.11　灯　　管

下面讲解灯管（BULB.PRT）的创建过程，零件模型及模型树如图 19.11.1 所示。

图 19.11.1　灯管模型及模型树

Step1. 在装配体中创建灯管 BULB.PRT。单击 模型 功能选项卡 元件 ▼ 区域中的

"创建"按钮🖳；此时系统弹出"元件创建"对话框，选中 类型 选项组中的 ◉ 零件 单选项，选中 子类型 选项组中的 ◉ 实体 单选项，然后在 名称 文本框中输入文件名 BULB，单击 确定 按钮。在系统弹出的"创建选项"对话框中选中 ◉ 空 单选项，单击 确定 按钮。

Step2. 在模型树中单击 📄 BULB.PRT，然后右击，在系统弹出的快捷菜单中选择 激活 命令。

Step3. 创建图 19.11.2 所示的草图 1。在操控板中单击"草绘"按钮 🔲；选取 DTM1 基准平面（连接管中创建的基准面）为草绘平面，选取 ASM_RIGHT 基准平面为参考平面，方向为 下，单击 草绘 按钮，绘制图 19.11.2 所示的草图。

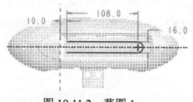

图 19.11.2　草图 1

Step4. 创建图 19.11.3 所示的扫描特征 1（模型文件 BACK.PRT、FRONT.PRT、LINKER.PRT 和 SHEER.PRT 被隐藏）。单击 模型 功能选项卡 形状 ▾ 区域中的 ⟍扫描 ▾ 按钮；在操控板中确认"实体"按钮 □、"加厚"按钮 ⊏ 和"恒定轨迹"按钮 ⊢ 被按下，在图形区中选取图 19.11.4 所示的截面草图的边线为扫描轨迹曲线，单击箭头，切换扫描的起始点，定义起始方向如图 19.11.4 所示；在操控板中单击"创建或编辑扫描截面"按钮 ☑，系统自动进入草绘环境，绘制并标注扫描截面的草图，如图 19.11.5 所示，完成截面的绘制和标注后，单击"确定"按钮 ✔；在操控板中输入厚度值 1.0，单击 ⤢ 按钮调整厚度方向如图 19.11.5 所示；单击操控板中的 ✔ 按钮，完成扫描特征 1 的创建。

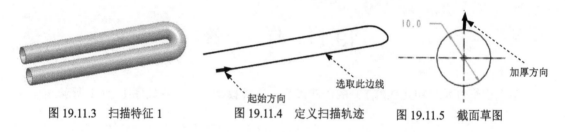

图 19.11.3　扫描特征 1　　　　图 19.11.4　定义扫描轨迹　　　　图 19.11.5　截面草图

Step5. 创建图 19.11.6 所示的拉伸特征 1（模型文件 LINKER.PRT 和 BACK.PRT 取消隐藏）。单击 模型 功能选项卡 形状 ▾ 区域中的"拉伸"按钮 ⟍拉伸；在图形区右击，从系统弹出的快捷菜单中选择 定义内部草绘... 命令；选取 DTM4 基准平面为草绘平面，选取 ASM_FRONT 基准平面为参考平面，方向为 右；单击 草绘 按钮，绘制图 19.11.7 所示的截面草图；在操控板中定义拉伸类型为 �，输入深度值 20.0；在操控板中单击"完成"按钮 ✔，完成拉伸特征 1 的创建。

图 19.11.6 拉伸特征 1

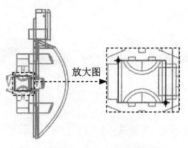

放大图

图 19.11.7 截面草图

Step6. 创建图 19.11.8 所示的拉伸特征 2。在操控板中单击"拉伸"按钮 拉伸。选取 DTM4 基准平面为草绘平面，选取 ASM_FRONT 基准平面为参考平面，方向为 右；绘制图 19.11.9 所示的截面草图，在操控板中定义拉伸类型为 ，输入深度值 5.0，单击 按钮调整拉伸方向；单击 按钮，完成拉伸特征 2 的创建。

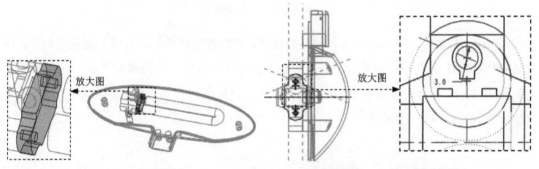

图 19.11.8 拉伸特征 2

放大图

3.0

图 19.11.9 截面草图

Step7. 创建图 19.11.10 所示的拉伸特征 3。在操控板中单击"拉伸"按钮 拉伸。选取 DTM4 基准平面为草绘平面，选取 ASM_RIGHT 基准平面为参考平面，，方向为 右；绘制图 19.11.11 所示的截面草图，在操控板中定义拉伸类型为 ，输入深度值 10.0；单击 按钮，完成拉伸特征 3 的创建。

放大图

图 19.11.10 拉伸特征 3

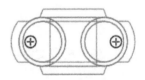

图 19.11.11 截面草图

Step8. 创建图 19.11.12 所示的拉伸特征 4。在操控板中单击"拉伸"按钮 拉伸。选取 图 19.11.13 所示的模型表面为草绘平面，选取 ASM_FRONT 基准平面为参考平面，方向为 上；绘制图 19.11.14 所示的截面草图；在操控板中定义拉伸类型为 ，输入深度值 13.0，单击 按钮，完成拉伸特征 4 的创建。

选取该平面

图 19.11.12　拉伸特征 4 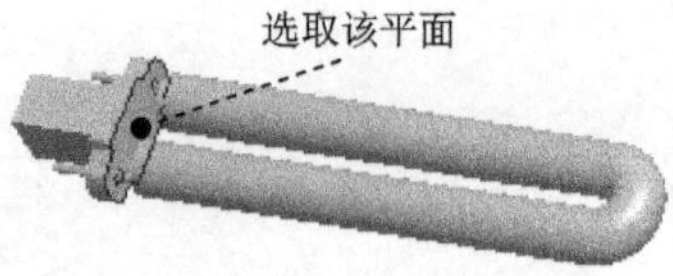　　　　图 19.11.13　定义草绘平面 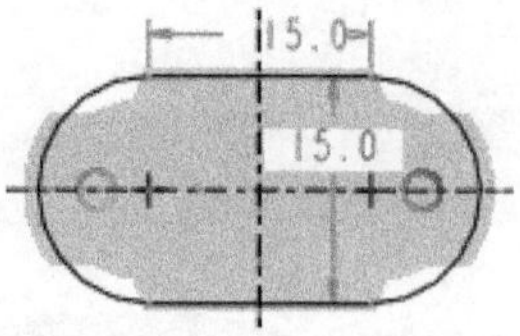　　　　图 19.11.14　截面草图

Step9. 创建图 19.11.15b 所示的圆角特征 1。单击 模型 功能选项卡 工程 ▾ 区域中的 ⌐倒圆角 ▾ 按钮，选取图 19.11.15a 所示的边线为圆角放置参照，在圆角半径文本框中输入值 2.0。

选取此边线

a）倒圆角前　　　　　　　　　　　　　　　　　　　　b）倒圆角后

图 19.11.15　圆角特征 1

Step10. 创建图 19.11.16 所示的拉伸特征 5。在操控板中单击"拉伸"按钮 ⌐拉伸。选取 ASM_RIGHT 基准平面为草绘平面，选取 ASM_TOP 基准平面为参考平面，方向为 右；绘制图 19.11.17 所示的截面草图，在操控板中定义拉伸类型为 ⊟，输入深度值 3.0；单击 ✔ 按钮，完成拉伸特征 5 的创建。

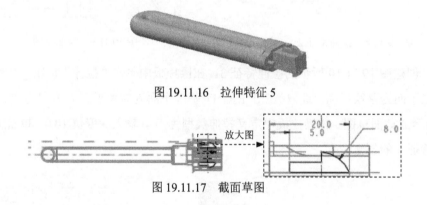

图 19.11.16　拉伸特征 5

放大图

图 19.11.17　截面草图

Step11. 保存模型文件。

19.12　台灯总装配

Step1. 单击"新建"按钮 □，在系统弹出的"新建"对话框中进行下列操作。选中 类型 选项组下的 ◉ □ 装配 单选项；选中 子类型 选项组下的 ◉ 设计 单选项；在 名称 文本框中输入文件名 READING_LAMP；取消 □ 使用默认模板 复选框中的"√"号，单击该对话框中的 确定 按钮；在系统弹出的"新文件选项"对话框的"模板"选项组中选取 mmns_asm_design

模板命令，单击该对话框中的 确定 按钮。

Step2. 设置模型树的显示。在模型树操作界面中选择 📁 ▾ ➡ ╬ 树过滤器(F)... 命令，然后在"模型树项"对话框中选中 ☑ 特征 复选框，并单击 确定 按钮。

Step3. 创建图 19.12.1 所示的台灯底座 BASE_FIRST_ASM。单击 模型 功能选项卡 元件 ▾ 区域中的"装配"按钮 🔩。在系统弹出的"打开"对话框中选择装配模型文件 BASE_FIRST.ASM，单击 打开 ▾ 按钮；在系统弹出的元件放置操控板中单击 放置 选项卡，在"放置"界面的 约束类型 下拉列表中选择 🔲 默认 选项，将元件按默认放置，此时操控板中显示的信息为 状况:完全约束，说明零件已经完全约束放置；单击操控板中的 ✔ 按钮。

Step4. 在装配体中创建连接管（JIONING_LAMP.PRT）。零件模型及模型树如图 19.12.2 所示；单击 模型 功能选项卡 元件 ▾ 区域中的"创建"按钮 🔳；此时系统弹出 "元件创建"对话框，选中 类型 选项组中的 ◉ 零件 单选项，选中 子类型 选项组中的 ◉ 实体 单选项，然后在 名称 文本框中输入文件名 JIONING_LAMP，单击 确定 按钮。在系统弹出的 "创建选项"对话框中选中 ◉ 空 单选项，单击 确定 按钮。

图 19.12.1 创建 BASE_FIRST_ASM   图 19.12.2 模型及模型树

Step5. 在模型树中单击 🔲 JIONING_LAMP.PRT，然后右击，在系统弹出的快捷菜单中选择 激活 命令。

Step6. 创建图 19.12.3 所示的拉伸特征 1。单击 模型 功能选项卡 形状 ▾ 区域中的"拉伸"按钮 🔲 拉伸；在图形区右击，从系统弹出的快捷菜单中选择 定义内部草绘... 命令；选取 DTM2 基准平面为草绘平面，选取 ASM_RIGHT 基准平面为参考平面，方向为 右；单击 草绘 按钮，绘制图 19.12.4 所示的截面草图；在操控板中定义拉伸类型为 ⊥，输入深度值 10.0，单击 ╳ 按钮调整拉伸方向；在操控板中单击"完成"按钮 ✔，完成拉伸特征 1 的创建。

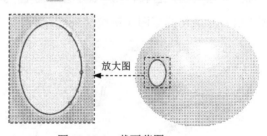

图 19.12.3 拉伸特征 1   图 19.12.4 截面草图

Step7. 创建图 19.12.5 所示的扫描特征 1。在操控板中单击"草绘"按钮 🔲；选取

ASM_TOP 基准平面为草绘平面，选取 ASM_RIGHT 基准平面为参考平面，方向为 右，单击 反向 按钮调整草绘视图方向；单击 草绘 按钮，绘制图 19.12.6 所示的扫描轨迹草图；单击 模型 功能选项卡 形状 ▾ 区域中的 扫描 ▾ 按钮；在图形区中选取图 19.12.6 所示的扫描轨迹曲线，在操控板中确认"实体"按钮 □ 和"恒定轨迹"按钮 ━ 被按下，单击箭头，切换扫描的起始点，切换后的扫描轨迹曲线如图 19.12.6 所示；在操控板中单击"创建或编辑扫描截面"按钮 ☑，系统自动进入草绘环境，绘制并标注扫描截面的草图，如图 19.12.7 所示，完成截面的绘制和标注后，单击"确定"按钮 ✔；单击操控板中的 ✔ 按钮，完成扫描特征的创建。

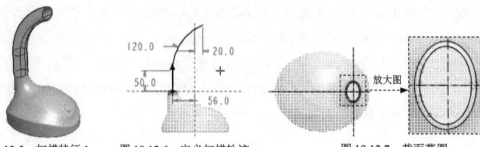

图 19.12.5　扫描特征 1　　　图 19.12.6　定义扫描轨迹　　　图 19.12.7　截面草图

Step8. 创建图 19.12.8 所示的基准平面 1。单击 模型 功能选项卡 基准 ▾ 区域中的"平面"按钮 ▱，选取图 19.12.9 所示的面为偏距参考平面，在对话框中输入偏移距离值 15.0，单击对话框中的 确定 按钮。

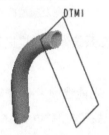
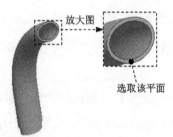

图 19.12.8　基准平面 1　　　　　图 19.12.9　定义偏距参考平面

Step9. 创建图 19.12.10 所示的草图 2。在操控板中单击"草绘"按钮 ◠；选取图 19.12.9 所示的面为草绘平面，选取 ASM_TOP 基准平面为参考平面，方向为 上，单击 草绘 按钮，绘制图 19.12.10 所示的草图（草图曲线被打断）。

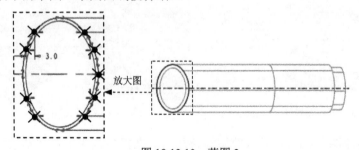

图 19.12.10　草图 2

Step10. 创建图 19.12.11 所示的草图 3。在操控板中单击 "草绘" 按钮 ⬠；选取 DTM1 基准平面为草绘平面，选取 ASM_TOP 基准平面为参考平面，方向为 上，单击 草绘 按钮，绘制图 19.12.11 所示的草图（草图曲线被打断）。

Step11. 创建图 19.12.12 所示的草图 4。在操控板中单击 "草绘" 按钮 ⬠；选取 ASM_TOP 基准平面为草绘平面，选取 ASM_RIGHT 基准平面为参照平面，方向为 上，单击 草绘 按钮，绘制图 19.12.12 所示的草图。

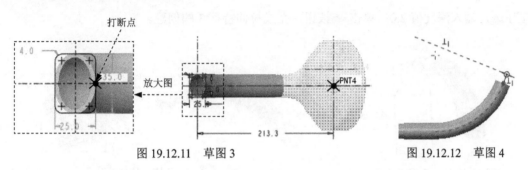

图 19.12.11 草图 3   图 19.12.12 草图 4

Step12. 创建图 19.12.13 所示的扫描混合特征 1。单击 模型 功能选项卡 形状 ▾ 区域中的 ⬠扫描混合 按钮；在操控板中确认 "实体" 按钮 □ 被按下，选取 Step11 所创建的草图 4 作为扫描轨迹曲线；在操控板中单击 截面 选项卡，在系统弹出的界面中选中 ◉ 选定截面 单选项，分别选取草图 2 和草图 3 为扫描截面，并选取拖动点移动，使其截面光滑；在操控板中单击 相切 选项卡，在系统弹出的界面中将开始截面的约束设置为 相切，选取扫描特征 1 为相切对象；单击操控板中的 ✓ 按钮，完成扫描混合特征 1 的创建。

Step13. 创建图 19.12.14 所示的拉伸特征 2。在操控板中单击 "拉伸" 按钮 ⬠拉伸。选取图 19.12.15 所示的平面为草绘平面，选取 ASM_TOP 基准平面为参考平面，方向为 右；绘制图 19.12.16 所示的截面草图，在操控板中定义拉伸类型为 ⬒，输入深度值 10.0；单击 ✓ 按钮，完成拉伸特征 2 的创建。

图 19.12.13 扫描混合特征 1

图 19.12.14 拉伸特征 2

图 19.12.15 定义草绘平面

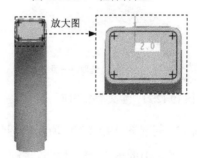

图 19.12.16 截面草图

Step14. 创建图 19.12.17 所示的基准平面 2。单击 模型 功能选项卡 基准 ▾ 区域中的
"平面"按钮 ▱，选取图 19.12.17 所示的面为偏距参考面，在对话框中输入偏移距离值
−3.5，单击对话框中的 确定 按钮。

Step15. 创建图 19.12.18 所示的拉伸特征 3。在操控板中单击"拉伸"按钮 ⬚ 拉伸，按
下操控板中的"移除材料"按钮 ⬚。选取 DTM2 基准平面为草绘平面，选取 ASM_TOP 基
准平面为参考平面，方向为 右；绘制图 19.12.19 所示的截面草图，在操控板中定义拉伸类
型为 ⬚，输入深度值 2.0；单击 ✔ 按钮，完成拉伸特征 3 的创建。

图 19.12.17　基准平面 2　　　　　　　　图 19.12.18　拉伸特征 3

Step16. 创建图 19.12.20 所示的拉伸特征 4（将底座显示）。在操控板中单击"拉伸"按
钮 ⬚ 拉伸，按下操控板中的"移除材料"按钮 ⬚。选取图 19.12.21 所示的平面为草绘平面，
选取 ASM_TOP 基准平面为参考平面，方向为 右；绘制图 19.12.22 所示的截面草图，在操
控板中定义拉伸类型为 ⬚；单击 ✔ 按钮，完成拉伸特征 4 的创建。

图 19.12.19　截面草图　　　　　　　　图 19.12.20　拉伸特征 4

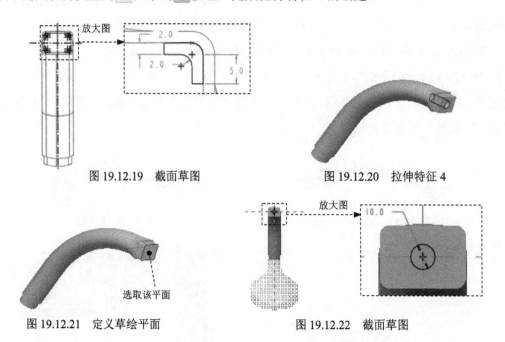

图 19.12.21　定义草绘平面　　　　　　　图 19.12.22　截面草图

Step17. 创建图 19.12.23b 所示的圆角特征 1（台灯底座已隐藏）。单击 模型 功能选项
卡 工程 ▾ 区域中的 倒圆角 ▾ 按钮，选取图 19.12.23a 所示的边线为圆角放置参照，在圆角

半径文本框中输入值 0.5。

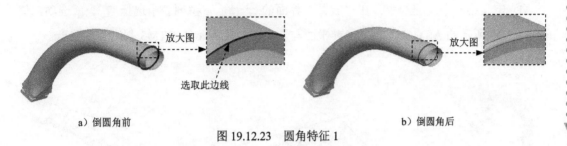

a）倒圆角前　　　　　　　　　　　　　　　　b）倒圆角后

图 19.12.23　圆角特征 1

Step18. 创建图 19.12.24 所示的草图 5。在操控板中单击"草绘"按钮 ；选取图 19.12.25 所示的面为草绘平面，选取 ASM_TOP 基准平面为参考平面，方向为 上，单击 草绘 按钮，绘制图 19.12.26 所示的截面草图。

Step19. 创建图 19.12.27 所示的基准平面 3。单击 模型 功能选项卡 基准 ▾ 区域中的 "平面"按钮 ，选取图 19.12.28 所示的曲线为参考，将其约束类型设置为 穿过，按住 Ctrl 键，选取图 19.12.28 所示的平面为参考，将其约束类型设置为 平行；单击对话框中的 确定 按钮。

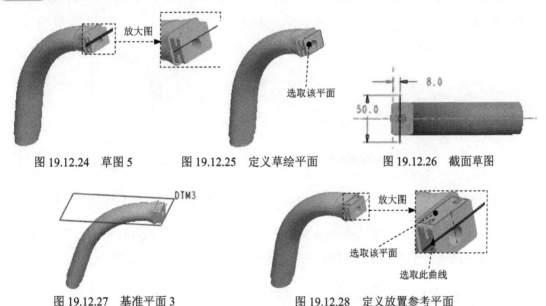

图 19.12.24　草图 5　　　　图 19.12.25　定义草绘平面　　　　图 19.12.26　截面草图

图 19.12.27　基准平面 3　　　　　　图 19.12.28　定义放置参考平面

Step20. 激活总装配模型，取消隐藏台灯底座。

Step21. 创建图 19.12.29 所示的灯罩 LAMP_CAPUT.ASM。

（1）单击 模型 功能选项卡 元件 ▾ 区域中的"装配"按钮 。在系统弹出的"打开"对话框中选择装配模型文件 LAMP_CAPUT.ASM，单击 打开 ▾ 按钮。

（2）在元件放置操控板中单击 移动 选项卡，在 运动类型 下拉列表中选择 平移 选项，在"移动"界面中选中 ⦿ 在视图平面中相对 单选项，将 LAMP_CAPUT.ASM 移动到合适的位置。

（3）定义装配约束。

① 定义第一个装配约束。在"放置"界面的 约束类型 下拉列表中选择 工 重合 选项，使图 19.12.30 所示的 ASM_FRONT 基准平面与图 19.12.31 所示的 DTM3 基准平面重合。

图 19.12.29　添加灯罩　　　　　图 19.12.30　定义重合参考平面 1　　　图 19.12.31　定义重合参考平面 2

说明： 在装配体窗口中，因零件和基准平面较多，为了能更加方便且准确地选取到读者所需的基准平面和特征，可将不必要的一些零件隐藏。

② 定义第二个装配约束。单击 ➡新建约束 选项，在"放置"界面的 约束类型 下拉列表中选择 工 重合 选项，使图 19.12.32 所示的 ASM_TOP 基准平面与图 19.12.33 所示的 ASM_TOP 基准平面重合。

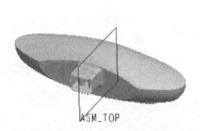

图 19.12.32　定义重合参考平面 3　　　　　　图 19.12.33　定义重合参考平面 4

③ 定义第三个装配约束。单击 ➡新建约束 选项，在"放置"界面的 约束类型 下拉列表中选择 工 重合 选项，使图 19.12.34 所示的平面与图 19.12.35 所示的平面重合。

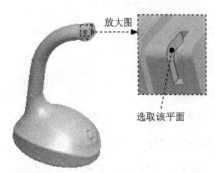

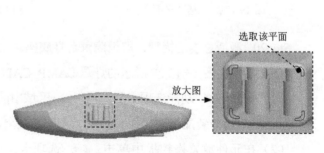

图 19.12.34　定义重合参考平面 5　　　　图 19.12.35　定义重合参考平面 6

实例 19　台灯自顶向下设计

Step22. 此时操控板中显示的信息为 状况:完全约束 ，说明零件已经完全约束放置；单击操控板中的 ✔ 按钮。

Step23. 编辑装配模型显示。按住 Ctrl 键，在模型树中选取底座中的 FIRST.PRT 和灯罩中的 LAMPSHADE_FIRST.PRT ，然后右击，在系统弹出的下拉列表中单击 隐藏 命令；在模型树区域选取 📋· 下拉列表中的 层树(L) 选项，在系统弹出的层区域中按住 Ctrl 键，依次选取 ▶ AXIS 、▶ CURVE 、▶ DATUM 和 ▶ QUILT ，然后右击，在系统弹出的下拉列表中单击 隐藏 命令；在"层树"列表中右击，在系统弹出的下拉列表中单击 保存状况 命令，然后单击 📋· ➡ 模型树(M) 命令。

Step24. 保存装配模型文件。

读者意见反馈卡

尊敬的读者:

感谢您购买机械工业出版社出版的图书!

我们一直致力于 CAD、CAPP、PDM、CAM 和 CAE 等相关技术的跟踪, 希望能将更多优秀作者的宝贵经验与技巧介绍给您。当然, 我们的工作离不开您的支持。如果您在看完本书之后, 有什么好的意见和建议, 或是有一些感兴趣的技术话题, 都可以直接与我联系。

策划编辑: 丁锋

为了感谢广大读者对兆迪科技图书的信任与支持, 兆迪科技面向读者推出"免费送课"活动, 即日起, 读者凭有效购书证明, 可领取价值 100 元的在线课程代金券 1 张, 此券可在兆迪科技网校 (http://www.zalldy.com/) 免费换购在线课程 1 门。活动详情可以登录兆迪网校或者关注兆迪公众号查看。

兆迪网校

兆迪公众号

书名:《Creo 6.0 曲面设计实例精解》

1. 读者个人资料:

   姓名: _____ 性别: ___ 年龄: ____ 职业: _____ 职务: _____ 学历: _____

   专业: _____ 单位名称: _____ 办公电话: _____ 手机: _____

   QQ: _____ 微信: _____ E-mail: _____

2. 影响您购买本书的因素 (可以选择多项):

   ☐内容　　　　　　　　　　☐作者　　　　　　　　　　☐价格

   ☐朋友推荐　　　　　　　　☐出版社品牌　　　　　　　☐书评广告

   ☐工作单位 (就读学校) 指定　☐内容提要、前言或目录　　☐封面封底

   ☐购买了本书所属丛书中的其他图书　　　　　　　　　　☐其他_____

3. 您对本书的总体感觉:

   ☐很好　　　　　　　　　　☐一般　　　　　　　　　　☐不好

4. 您认为本书的语言文字水平:

   ☐很好　　　　　　　　　　☐一般　　　　　　　　　　☐不好

5. 您认为本书的版式编排:

   ☐很好　　　　　　　　　　☐一般　　　　　　　　　　☐不好

6. 您认为 Creo 其他哪些方面的内容是您所迫切需要的?

   _____

7. 其他哪些 CAD/CAM/CAE 方面的图书是您所需要的?

   _____

8. 您认为我们的图书在叙述方式、内容选择等方面还有哪些需要改进的?

   _____